Simulation nichtlinearer Schaltungen in der Leistungselektronik mit Python

Shivkumar V. Iyer

Simulation nichtlinearer Schaltungen in der Leistungselektronik mit Python

Ein Open-Source-Simulator, basierend auf Python™

python™

Springer Vieweg

Shivkumar V. Iyer
Hamburg, Deutschland

ISBN 978-3-031-58980-5 ISBN 978-3-031-58981-2 (eBook)
https://doi.org/10.1007/978-3-031-58981-2

Die Deutsche Nationalbibliothek verzeichnet diese Publikation in der Deutschen Nationalbibliografie; detaillierte bibliografische Daten sind im Internet über https://portal.dnb.de abrufbar.

Dieses Buch ist eine Übersetzung des Originals in Englisch „Simulating Nonlinear Circuits with Python Power Electronics" von Shivkumar V. Iyer, publiziert durch Springer Nature Switzerland AG im Jahr 2018. Die Übersetzung erfolgte mit Hilfe von künstlicher Intelligenz (maschinelle Übersetzung). Eine anschließende Überarbeitung im Satzbetrieb erfolgte vor allem in inhaltlicher Hinsicht, so dass sich das Buch stilistisch anders lesen wird als eine herkömmliche Übersetzung. Springer Nature arbeitet kontinuierlich an der Weiterentwicklung von Werkzeugen für die Produktion von Büchern und an den damit verbundenen Technologien zur Unterstützung der Autoren.

Planung/Lektorat: Charles Glaser
Springer Vieweg ist ein Imprint der eingetragenen Gesellschaft Springer Nature Switzerland AG und ist ein Teil von Springer Nature.
Die Anschrift der Gesellschaft ist: Gewerbestrasse 11, 6330 Cham, Switzerland

Zu Rakhat

Danksagungen

Ich möchte Prof. Bin Wu und Prof. Bala Venkatesh von der Abteilung für Elektro- und Computertechnik, Ryerson University, für ihr Interesse und ihre Unterstützung bei der Entwicklung von Python Power Electronics danken. Ich möchte auch Dr. Dan McGillivray danken, der der Geschäftsführer des Centre for Urban Energy, Ryerson University, war, für die vielen Gespräche, die wir über das Potenzial der Software geführt haben. Ich möchte Mukundan R. vom National Institute of Industrial Engineering für seine ständigen Ratschläge und Vorschläge danken. Ich möchte Zoubin Zarin für seine Ratschläge bei der Entwicklung der Software und bei der Veröffentlichung dieses Buches danken. Ich möchte Janamejaya C dafür danken, dass er ein treuer Anhänger des Projekts ist und seine ständige Ermutigung. Ich möchte der Python-Community und ihren vielen aktiven Mitgliedern für all ihre Unterstützung danken und dafür, dass sie mich als Redner auf der PyCon Canada 2016 und PyCon Canada 2013 hatten.

Shivkumar V. Iyer

Inhaltsverzeichnis

Kapitel 1
Einführung

Zusammenfassung Dieses Kapitel führt in das Konzept der Simulation ein und beschreibt ihren Nutzen mit einige allgemeinen technischen Beispielen. Das Kapitel behandelt dann den aktuellen Zustand des Stromsystems und die jüngsten Veränderungen, die eingetreten sind, sowie die Veränderungen, die in der Zukunft erwartet werden. Das Kapitel zeigt die Herausforderung, den Klimawandel mit erneuerbarer Energie zu bewältigen und die jüngsten Fortschritte in der Wind- und Solarenergie. Vor diesem Hintergrund führt das Kapitel in die Leistungselektronik mit Python ein und beschreibt die Nützlichkeit eines freien und Open-Source-Schaltungssimulators und den Aufbau einer Gemeinschaft von Energieingenieuren.

Schlüsselwörter Simulation · Moderne Stromsysteme · Erneuerbare Energie · Klimawandel · Intelligente Stromnetze · Stromqualität · Open-Source-Technologie

1.1 Konzept der Simulation

Simulation ist in ihrer grundlegenden Definition die Nachahmung eines tatsächlichen Prozesses. In der modernen Zeit ist auch die Softwaredefinition von Simulation verfügbar – die Darstellung des Verhaltens oder der Eigenschaften eines Systems durch die Verwendung eines anderen Systems, insbesondere eines Computerprogramms, das für diesen Zweck entwickelt wurde. Obwohl die meisten Ingenieure einen erheblichen Teil ihrer Zeit damit verbringen, die von ihnen untersuchten Systeme zu simulieren, ist die Simulation als das oben definierte Konzept etwas, mit dem fast jeder schon einmal zu tun hatte. Simulation ist per Definition, wenn ein realer Prozess wiederholt wird. Lassen Sie uns einige Beispiele für Simulationen betrachten, über die wir nie nachgedacht haben.

Für die meisten von uns, die geboren wurden, als Computer allgegenwärtige Haushaltsgeräte waren, sind Computerspiele die erste Form von Simulationen. Ein Computerspiel kann ein Autorennspiel, ein Kriegs- oder Kampfspiel, Schach

S. V. Iyer, *Simulation nichtlinearer Schaltungen in der Leistungselektronik mit Python*, https://doi.org/10.1007/978-3-031-58981-2_1

gegen den Computer oder eines der Strategiespiele sein, die in letzter Zeit sehr beliebt geworden sind. Fast alle von ihnen sind Nachahmungen von realen Ereignissen. Hinter der ausgefallenen Grafik und den prominenten Charakteren liegt ein sehr komplexer Algorithmus, der die Umgebung schafft, in der sich Spieler ständig herausgefordert sehen. Die Umgebung ändert sich, um das Spiel für den Spieler in verschiedenen Formen zu erschweren – stärkere Feinde, schwierigere Straßenbedingungen zum Fahren oder komplexere Schachzüge. Dies sind Beispiele dafür, wie ein Computerprogramm entwickelt wurde, um eine unterhaltsame Plattform für einen Benutzer zu bieten. Das Programm passt sich auch den Benutzereingaben an, nicht nur, indem es dem Benutzer erlaubt, die Software zu navigieren, sondern auch, indem es die Plattform für den Benutzer herausfordernder macht.

Wenn es für jüngere Erwachsene an der Zeit ist, ihren Führerschein zu machen, werden sie oft mit Fahrsimulatoren konfrontiert. Im Gegensatz zu Videospielen haben diese einen praktischeren Zweck, indem sie einem neuen Fahrer notwendige Fähigkeiten vermitteln und auch Ratschläge zur Verkehrssicherheit und illegalen Manövern geben. Heutzutage gibt es einige Länder auf der Welt, in denen ein Führerschein nach Bestehen einer virtuellen Fahrprüfung in einem Simulator statt auf der Straße ausgestellt wird. Dies zeigt, wie groß das Vertrauen in Simulatoren ist, wo bisher nur dem Urteil eines erfahrenen Profis vertraut wurde. Eine fortschrittlichere Form des Simulators ist der Flugsimulator, der Piloten während der Ausbildung zur Verfügung gestellt wird. Diese werden jedoch selten als einzige Form der Ausbildung akzeptiert, da die zu erwerbenden Fähigkeiten von entscheidender Bedeutung sind.

Als Erwachsene haben die meisten von uns Simulatoren benutzt, ohne es zu wissen, z. B. Steuerplanungssoftware. Fast jeder benutzt sie, wenn es an der Zeit ist, die Steuererklärung abzugeben. Wie viel würden wir an Steuern zahlen? Wie viel würden wir sparen, wenn wir in Plan A investieren und wie sieht das im Vergleich mit Plan B aus? Welche Ausgaben sind steuerlich absetzbar? Bringt Ihnen Ihr Wohnort Steuervorteile? Berechtigt Sie die Art Ihrer Beschäftigung zu abzugsfähigen Ausgaben? Wenn jemand, der dieses Buch liest, noch nie eine Steuerplanungssoftware verwendet hat, zahlt er wahrscheinlich viel zu viel Steuern. Auch in diesem Fall gibt es ein ziemlich komplexes Programm, das die Benutzer nach jedem Detail fragt, das ihre Steuern beeinflussen könnte, und die geschuldete Steuer berechnet.

Eine der komplexesten Formen der Simulation, die noch nicht vollständig beherrscht wird, ist die Wettervorhersage. Mit dem Mobiltelefon in der Hand schaut fast jeder auf die Wettervorhersage, bevor er das Haus verlässt. Die Wettervorhersage ist unglaublich herausfordernd, weil sie sehr stark vom Standort abhängt – Küste versus Landesinnere, tropisch versus gemäßigt, Äquator versus Subarktis. Und die Wettervorhersage ist immer noch eine enorme Herausforderung. Die stärkste Form der Wettervorhersage ist die Vorhersage der Sturmwarnung. Hier wird ein Sturm von dem Zeitpunkt an verfolgt, an dem er sich aufbaut, bis zu dem Zeitpunkt, an dem er schließlich stirbt. Die Anzahl der Variablen, die bei der Wettervorhersage eine Rolle spielen, ist einfach atemberaubend.

Mit dem oben genannten Hintergrund zu Beispielen von Simulatoren, denen jeder ausgesetzt ist, wollen wir die spezialisierten Simulatoren untersuchen, um die es in diesem Buch geht. Eine Simulation ist eine leistungsstarke und bequeme Möglichkeit, einen physischen Prozess zu überwachen und zu verstehen. Die Simulation beinhaltet die Darstellung des physischen Prozesses in Form von mathematischen Gleichungen, die als mathematisches Modell bezeichnet werden, und deren Lösung im Laufe der Zeit. Die Eingaben in das mathematische Modell sind die Faktoren, die den physischen Prozess beeinflussen, und die Ausgaben des mathematischen Modells sind die physischen Größen, die aus verschiedenen Gründen von Interesse sind – Effizienz, Sicherheit, Ausdauer und viele andere.

1.2 Der Grund für Simulation

Es gibt eine Reihe von Gründen, warum Ingenieure das System, das sie entwerfen, simulieren möchten, und wir werden sie nacheinander untersuchen. Der einfachste Grund für die Simulation eines physischen Systems besteht darin, dass Computer, die leistungsfähig genug sind, um Simulationen durchzuführen, heute allgegenwärtig sind. Vor fünfzig Jahren musste ein Ingenieur, um ein Computerprogramm auszuführen, „Rechenzeit" auf einem Großrechner kaufen. Diese Verarbeitungszeit war ziemlich teuer, und daher wurden physische Systeme simuliert, wenn der Bau eines Prototyps sehr teuer war. Heutzutage kann ein vernünftig leistungsfähiger Computer von der Stange gekauft und technische Software auf fast jedem Gerät installiert werden. Die Antwort auf die erste Frage „Warum möchten Sie ein physisches System simulieren?" lautet also „Warum nicht?".

Um die anderen Vorteile zu beschreiben, lassen Sie uns schrittweise von einfachen Fällen zu komplexeren Fällen gehen. Wenn ein Ingenieur ein relativ einfaches System entwirft, z. B. ein Pendel oder einen batteriebetriebenen Miniaturmotor, kann er den Simulationsschritt überspringen und durch Versuch und Irrtum zum endgültigen Design gelangen. Jedes Design benötigt jedoch die Beschaffung von Teilen und Materialien sowie die Herstellung von Konstruktionen. Eine Änderung im Entwurf führt nur zu wiederholter Beschaffung neuer Materialien und Teile, sodass Modifikationen an den Strukturen oder sogar völlig neue Strukturen notwendig werden. Eine Simulation dieser einfachen Systeme könnte die Anzahl der Entwürfe erheblich reduzieren, wenn nicht sogar ein funktionierendes Design im ersten Schritt erzeugen. Das Ergebnis ist eine kürzere Zeit bis zur endgültigen Gestaltung, niedrigere Projektkosten und weniger Abfall.

Nun zu einem komplizierteren Fall, nehmen wir an, ein Ingenieur muss eine Stromversorgung entwerfen. Dieser Entwurf erfordert ein detailliertes Verständnis der Leistungsanforderungen der vorgesehenen Last, der Topologie der Stromversorgung, die eine solche Leistungsqualität erreichen wird, und schließlich eine Methode zur Steuerung von Geräten, damit diese Leistungsqualität immer erreicht wird. In einem solchen Ingenieurprojekt gibt es mehrere Komponenten und Variablen, die angemessen ausgewählt werden müssen und darüber hinaus beeinflusst die Wahl der einen die andere. Zum Beispiel kann ein Filter am Ausgang der Stromversorgung so eingesetzt werden, dass er sicherstellt, dass die am Ausgang bereitgestellte Leistung die gewünschte Qualität hat. Dieser Filter könnte jedoch die Steuerung des Leistungsgeräts extrem komplex oder sogar unmöglich machen. Würde dieses Ingenieurprojekt direkt in der Prototypenphase realisiert, wäre es sehr zeitaufwendig, könnte mehrere Änderungen erfordern und möglicherweise sogar zu Fehlern und zu beschädigten Komponenten führen. Andererseits würde eine Simulation dazu beitragen, die Entwürfe, die völlig unpraktikabel sind, zu eliminieren. Die endgültige Implementierungsphase könnte dann kleinere Modifikationen erfordern, da die Simulation eventuell einige physikalische Phänomene nicht berücksichtigt hat. Die Simulation hat somit dazu beigetragen, den Entwurfsprozess erheblich zu vereinfachen.

Nun zu einem noch komplexeren Fall, diesmal ein nichtmechanischer Fall. Nehmen wir an, ein Ingenieur sollte ein Kühlsystem für ein Gerät entwerfen. Dieses Kühlsystem könnte eine Kombination aus Kühlrippen auf der Außenfläche und einem Netzwerk von Rohren sein, die Kühlflüssigkeit transportieren. Bei einem solchen Entwurfsproblem ist die Methode von Versuch und Irrtum fast ausgeschlossen, da zahlreiche Variablen zu berücksichtigen sind. Zunächst muss eine ziemlich detaillierte Wärmeabgabekarte des zu kühlenden Geräts erstellt werden. Die thermische Simulation in diesem Fall muss den schlimmsten Fall der Wärmeemission in jedem Teil des Geräts zusammen mit der bestehenden Wärmeabgabe an die Außenumgebung berücksichtigen, um das Temperaturmuster im gesamten Gerät zu bestimmen. Das Ziel ist es, die Präsenz von Wärmequellen zu ermitteln, die Schäden am Gerät verursachen könnten. Nachdem die thermische Belastung des Geräts genau bestimmt wurde, muss das Kühlsystem entworfen und wiederholt auf Änderungen in der Temperaturkarte des Geräts untersucht werden. Es würde mehrere Iterationen erfordern, bevor das Kühlsystem als ausreichend befunden wird und der Entwurf abgeschlossen ist.

Kommen wir nun zu einem großen technischen Projekt. Betrachten wir den Entwurf einer Brücke. Dies wäre ein Beispiel für ein riesiges Bauprojekt. In einem solchen Fall müssten Simulationen für eine Reihe verschiedener Probleme durchgeführt werden – strukturelle, thermische, korrosive, seismische (erdbebensichere) und sogar finanzielle Simulationen. Die Bedeutung des Entwurfs erfordert extrem detaillierte Modelle, die immer wieder von unabhängigen Quellen mit unterschiedlicher Software überprüft werden. Zum Beispiel könnte aus struktureller Sicht eine Schwingungsanalyse durchgeführt werden, um die Belastung der Brücke zu beurteilen. Die Möglichkeit, dass die Brücke einem Erdbeben standhält, fügt eine völlig neue Dimension zur erforderlichen Elastizität der Brücke hinzu. Riesige Ingenieurprojekte wie diese haben einen großen Entwicklungszyklus, und jeder mögliche Aspekt des Entwurfs muss analysiert und getestet werden.

Wie aus der Vielzahl der Fälle hervorgeht, entwickelt sich der Bedarf an Simulationen von wünschenswert zu absolut notwendig. Der Vorteil der Simulation besteht in der Möglichkeit, die Analyse für eine Reihe von Bedingungen zu wiederholen, die vom besten bis zum schlechtesten Fall reichen, ohne dass es zu physischen Schäden oder Zerstörungen kommt. Die Hauptaufgabe besteht darin, sicherzustellen, dass eine Simulation genau ist und das physische System widerspiegelt, indem das physische Phänomen modelliert wird, das untersucht werden soll. Sobald ein Simulationsmodell validiert und getestet wurde, kann es wiederholt zur Untersuchung physischer Systeme einer bestimmten Kategorie verwendet werden. Das Ziel ist es, den ursprünglichen Entwurf, der mit mathematischen Formeln erstellt wurde, zu verbessern. Ein solcher Entwurf könnte grundlegende Mängel aufweisen, bestimmte Grenzen insbesondere in komplexen Systemen verletzen oder in extremen Bedingungen Schäden erleiden.

Der Prozess der Simulationen hat auch erhebliche Veränderungen durchlaufen. Anfangs bedeutete die Durchführung einer Simulation das Schreiben eines Programms, das alle mathematischen Gleichungen löst, die das physische Phänomen beschreiben. Ein solcher Prozess war an sich ziemlich mühsam und fehleranfällig, was wiederum bedeutete, dass sich eine Simulation aufgrund der Komplexität möglicherweise nicht lohnte, es sei denn, der Entwurf war physisch umsetzbar. Heutzutage gibt es jedoch eine Simulationssoftware für jeden Zweck – mechanisch, chemisch, elektrisch, finanziell. Diese spezialisierte Software verfügt über aufwendige Benutzeroberflächen, die Daten über das simulierte System in einem bestimmten Format benötigen und die notwendigen Gleichungen generieren und lösen. Ausgabedaten sind in einer Reihe von Formaten verfügbar – Tabellenkalkulationen, Plots und viele mehr. Der Prozess der Simulation ist daher so vereinfacht worden, dass ein Benutzer sich nicht um das mathematische Modell kümmern muss, das formuliert und gelöst werden muss.

An den meisten Universitäten der Welt werden Studenten der Ingenieurwissenschaften bereits in einem recht frühen Stadium mit Simulationssoftware vertraut gemacht. Außerdem ist Programmieren oft auf verschiedenen Ebenen obligatorisch, was die Verwendung von Simulationssoftware erleichtert, falls diese Software einige grundlegende Programmierfähigkeiten erfordert. Auf dem Graduiertenniveau erfordert fast jede Arbeit und Aufgabe eine detaillierte Simulation, sodass die moderne Ingenieursgeneration ziemlich geschickt im Umgang mit Simulationen ist. Die Simulation ist ein Kernbestandteil des technischen Prozesses und wird mit der Zeit weiter wachsen. Die Anforderungen an die Simulation wiederum steigen, da das Bedürfnis, physische Prozesse detaillierter zu modellieren, weiterhin zunimmt.

1.3 Simulation in der Leistungselektronik und die Herausforderungen

Mit dem oben genannten Hintergrund zur Simulation im Allgemeinen tauchen wir nun in das Thema dieses Buches ein – Simulation für die Leistungselektronik. Es gibt eine Reihe von Simulatoren für die Leistungselektronik, die meisten davon sind kommerziell lizenziert. Die Mehrzahl der Lehrbücher über Leistungselektronik enthalten mittlerweile Simulationsbeispiele, die die Studenten zur Unterstützung des Lernens der Theorie verwenden können. Die meisten der populär genutzten Konverter haben Simulationsmodelle, die entweder als Pakete mit Software frei heruntergeladen werden können oder als Ergänzung zu Lehrbüchern erhältlich sind. Die Simulation hat sich als sehr effektive Technik beim Testen von Steuerungsstrategien für Konverter erwiesen. Simulationen helfen auch bei Verlustberechnungen und der Bestimmung der Effizienz von Konvertern.

Die Energiewirtschaft hat in den letzten Jahrzehnten eine große Transformation durchlaufen, und es werden noch weit mehr Veränderungen erwartet. Der größte Faktor im Energiesystem ist nun erneuerbare Energie, hauptsächlich Wind und Sonne, aber auch eine ganze Reihe anderer – Gezeitenenergie, Geothermie, Biomasse und viele andere. Es gibt einige Länder wie Dänemark, die bereits einen Anteil von über 50 % erneuerbarer Energie erreicht haben. Die zunehmende erneuerbare Energie im Energiesystem ist eine großartige Nachricht für die Umwelt angesichts der Sorgen um die globale Erwärmung und den Klimawandel. Für den Betreiber des Energiesystems ist der Anstieg der erneuerbaren Energien jedoch ein Grund zur Sorge hinsichtlich der Zuverlässigkeit des Energiesystems. Dies liegt daran, dass der Strom nun in Bereichen des Systems erzeugt wird, die nie als Erzeugungsstationen vorgesehen waren.

Das konventionelle Energiesystem bestand aus entfernten Kraftwerken – thermisch (Kohle oder Kernkraft) oder Wasserkraft –, die Strom zu Lastzentren – städtisch, ländlich und industriell – liefern würden. Die Stromversorgung würde ein ganzes Netzwerk von Übertragungsleitungen, Umspannwerken und Verteilungsleitungen erfordern, wobei die Spannung auf verschiedene Ebenen transformiert wird, um eine effiziente Übertragung zu gewährleisten. Der Betreiber des Energiesystems musste sicherstellen, dass die Stromnachfrage der Lastzentren durch ausreichende Erzeugung gedeckt wurde und dass Übertragungs- und Verteilungsleitungen nie überlastet waren. Ein weiterer Aspekt war die Kontrolle des Spannungspegels in verschiedenen Teilen des Energiesystems, um Sicherheit und Kontinuität der Stromversorgung zu gewährleisten. Mit der Erzeugung erneuerbarer Energie wird nun Strom im gesamten Energiesystem erzeugt – den Lastzentren, dem Verteilungssystem und dem Übertragungssystem. Ein Beispiel dafür sind die Solarphotovoltaik-Module auf dem Dach, die Strom am Kundenlastzentrum erzeugen, oder der Windpark, der an einer Umspannstation an das Übertragungssystem angeschlossen ist.

Die größte Herausforderung bei der Integration erneuerbarer Energien ist die intermittierende Natur der Quellen wie Solarphotovoltaik und Wind. Ein erheblicher Anteil an erneuerbaren Energien kann daher den Betrieb des Energiesystems stören. Es wurden Fälle gemeldet, in denen Windparks in ländlichen Gebieten Spannungsschwankungen verursachen, da sich ändernde Windgeschwindigkeiten und die damit verbundene schwankende Leistung die Spannung am System, an dem der Park angeschlossen ist, verändern. Eine Reihe von Problemen wurden mit erneuerbaren Energien gemeldet, einige davon lassen sich recht einfach lösen, andere wiederum erfordern komplexe und teure Lösungen. Der Druck, die Stromerzeugung auf Basis fossiler Brennstoffe durch erneuerbare Energie zu reduzieren, erfordert daher praktikable Lösungen für die Verbindungsprobleme, die mit erneuerbarer Energie auftreten.

Andererseits haben sich auch die Lasten und Geräte im Laufe der Jahre erheblich verändert. Erhöhte Automatisierung und Energieeinsparung in Geräten haben sie effizienter gemacht, aber sie sind empfindlicher gegenüber Spannungsschwankungen geworden. Industrielle Prozesse wurden nun automatisiert, sodass kein menschliches Bedienpersonal mehr notwendig ist. Dieser Automatisierungsprozess hat ihre Immunität gegenüber Spannungsänderungen verringert. Viele Industrien sind aus verschiedenen Gründen abgelegen, und das bedeutet, dass die an sie gelieferte Spannung nicht von derselben Qualität ist wie bei einem städtischen Kunden. Spannungsschwankungen, die normalerweise von der älteren Ausrüstung toleriert worden wären, führen dazu, dass neue Geräte entweder zurückgesetzt oder fehlerhaft werden. Die meisten Versorgungsunternehmen garantieren in der Regel die an einen Kunden gelieferte Spannung zwischen ±3–5 %. Heutzutage sind Spannungsschwankungen innerhalb dieses Bereichs ausreichend, um Geräte zu stören.

In vielen der oben genannten Fälle spielt die Leistungselektronik eine große Rolle. Die meisten erneuerbaren Energien wie Solar- und Windenergie haben Leistungselektronik-Schnittstellen, um die maximal mögliche Energie aus ihnen zu extrahieren und die Energie so umzuwandeln, dass sie den Netzvorschriften entspricht. Automatisierte Prozesse haben oft Leistungselektronik-Schnittstellen, ein Beispiel dafür sind variable Geschwindigkeitsantriebe. Die meisten Geräte zur Spannungskonditionierung und zur Korrektur des Leistungsfaktors haben auch Leistungselektronik-Konverter. Daher ist es notwendig, um den Betrieb dieser modernen Energiesysteme vollständig zu verstehen, diese Leistungskonverter zusammen mit ihren Steuerungen modellieren zu können. Eine Simulationsstudie eines modernen Energiesystems muss nun die Simulation von Leistungskonvertern beinhalten, um die Auswirkungen erneuerbarer Quellen untersuchen zu können.

Nachfolgend wird ein Beispiel für eine solche Simulationsstudie gegeben. Angenommen, ein Windpark, der an einem ländlichen Standort auf einer Übertragungsspannungsebene von 120 kV angeschlossen ist, steht im Mittelpunkt der Aufmerksamkeit, da Industriekunden in der Nähe über schwankende Spannungen berichtet haben. Eine Reihe von Szenarien ist möglich. Der Windpark wurde möglicherweise unangemessen dimensioniert, wodurch Leistungsrampen die Spannung am Anschlusspunkt außerhalb der Grenzen schwanken lassen können. Ein weiterer Grund könnte sein, dass der Windpark nicht übermäßig dimensioniert ist, aber die Funktion der Windturbinensteuerungen so ist, dass die Transienten während der Leistungsrampen die Spannung außerhalb der Grenzen zwingen. Es ist auch möglich, dass die Spannung möglicherweise nicht außerhalb der von den Versorgungsunternehmen festgelegten Grenzen schwankt, aber die Industrien haben Prozesse, die extrem empfindlich auf Spannungsänderungen reagieren. In Szenarien wie diesen, in denen viel mit dem Finger auf andere gezeigt wird, können einfache Messungen an verschiedenen Stromnetzen zur Bestimmung von Spannungsänderungen möglicherweise nicht genügend Aufschluss über das Problem geben. Eine detaillierte Simulationsstudie zur Untersuchung jedes Transienten in diesem Teil des Energiesystems muss möglicherweise durchgeführt werden.

Die Simulation von Leistungselektronik-Konvertern zur Überprüfung von Steuerungsstrategien und zur Schätzung ihrer Effizienz ist nun ziemlich gut etabliert. Eine Reihe von Simulationssoftware kann für diesen Zweck verwendet werden. Software, die verteilte Systeme wie ein Segment eines Energiesystems mit einem Solarpark oder einem Windpark simulieren kann, ist dagegen ein Spezialgebiet. Viel Simulationssoftware übernimmt die Aufgabe, verteilte Systeme zu verarbeiten, indem sie entweder eine herkömmliche Lastflussanalyse für Stromnetze durchführt oder approximiert und eine Energiebilanz aufstellt. Der Nachteil dieser Methode ist, dass die Transienten, die mit den Regelkreisen der Leistungskonverter verbunden sind, nicht erfasst werden. Diese Simulationstechniken sind dennoch effektiv bei der Bestimmung von Leistungsflüssen, Effizienz und potenzieller Überlastung, und daher ist ihre Verwendung in der Planungsphase fest verankert. Die Probleme der Stromqualität im Zusammenhang mit Schwankungen von Zyklus zu Zyklus erfordern jedoch einen detaillierteren Ansatz.

Der Ansatz, der bei der Untersuchung von Problemen der Stromqualität wirksam wäre, besteht darin, eine detaillierte Transientenanalyse durchzuführen. Diese Transientenanalyse wird ein mathematisches Modell des Energiesystems aus den grundlegenden Netzwerkgesetzen, nämlich dem Kirchhoff'schen Spannungsgesetz und dem Kirchhoff'schen Stromgesetz, erstellen. Das mathematische Modell wird gelöst, indem als Eingaben die Momentanwerte der verfügbaren Energiesystemspannungen, die Schaltmuster der Leistungskonverter und als Ausgaben die Ströme in allen Teilen des Energiesystems erzeugt werden. Diese Form der Transientensimulation wird typischerweise für kleinere Schaltungen verwendet, da die Rechenlast für ein kleines System nicht signifikant ist. Für ein Energiesystem ist jedoch die Durchführung einer Transientenanalyse eine Herausforderung.

Die erste Herausforderung besteht darin, genaue mathematische Modelle des Energiesystems in Anwesenheit von Leistungselektronik-Konvertern zu entwickeln. Die zweite Herausforderung besteht darin, die Gleichungen, die sich auf das Modell beziehen, zu lösen und die Menge der durch die Lösung erzeugten Daten zu handhaben. Die letztgenannte Herausforderung ist von entscheidender Bedeutung, wenn eine Simulation über einen langen Zeitraum ausgeführt werden muss, da die von den Simulatoren erzeugten Daten oft dazu führen, dass selbst fortschrittliche Computer ihre Speichergrenzen überschreiten. Eine Simulation eines komplizierten Systems mit mehreren Leistungskonvertern könnte mehrere Tage dauern, und im Falle der meisten Software führt die intensive Art der Berechnungen dazu, dass alle Ressourcen des Computers von der Simulationssoftware verbraucht werden. Dies führt zu einer ineffizienten Nutzung von Rechenressourcen, Speicher und letztendlich zu längeren Entwicklungszeiten für Projekte.

Um diese Herausforderungen zu bewältigen, wurde Python Power Electronics entwickelt. Der nächste Abschnitt wird beschreiben, wie die Software entwickelt wurde und wie der aktuelle Stand des Projekts ist.

1.4 Python Power Electronics

Die Ursprünge dieser Software reichen zurück, als ich noch Doktorand war und Leistungselektronik-Umwandler für meine Master- und später meine Doktorarbeit simulierte. Ich arbeitete am Thema Mikronetze und das bedeutete mehrere Wandler in einem einzigen System. Um die Simulationen zu beschleunigen, löste ich die Gleichungen für die Schaltungen in C++. Die Vorteile waren erheblich. Die Simulationen waren nun mehrere Male schneller und ich konnte mehrere Simulationen gleichzeitig durchführen. Darüber hinaus konnte ich durch die Verwendung eines Unix-basierten Betriebssystems das Speichermanagement weiter verbessern und verhindern, dass mein Computer an Ressourcenmangel leidet. Neben den Simulationen verfasste ich Manuskripte, bereitete Präsentationen vor und schrieb schließlich meine Dissertation. Der einzige Nachteil war, dass alle Gleichungen für jede Schaltung vollständig in den Simulationen programmiert werden mussten, was die anfängliche Entwicklungszeit erhöhte.

Nach meinem Abschluss dachte ich über Möglichkeiten nach, den oben genannten Simulator zu verbessern, um ihn automatischer zu gestalten. Wenn der Benutzer alle Gleichungen für jede Schaltung schreiben musste, würden nur sehr wenige den Simulator jemals verwenden. Daher sollte der Benutzer, wie bei kommerziellen Simulatoren, nur ein Schema bereitstellen und der Simulator sollte in der Lage sein, die notwendigen Gleichungen zu generieren und zu lösen. Das Projekt begann als Blog, der unter folgender Adresse zu finden ist:

http://www.pythonpowerelectronics.blogspot.com

Die Benutzeroberfläche zum Entwerfen von Schaltungen wurde konzipiert. Schaltungen konnten in Tabellenkalkulationen entworfen werden, die als Comma-Separated-Value(.csv)-Dateien gespeichert wurden. Der Simulator wurde so konzipiert, dass er die Verbindungsinformationen der Schaltung liest und das mathematische Modell generiert. Nach der Programmierung eines Gleichungslösers konnte der Simulator passive lineare Schaltungen lösen.

Nach dem Aufbau eines grundlegenden Simulators, der passive lineare Schaltungen simulieren konnte, wurde die Software kostenlos und Open Source auf SourceForge veröffentlicht unter:

http://sourceforge.net/projects/pythonpowerelec/

Nach einem weiteren Jahr der Entwicklung und der Veröffentlichung mehrerer Versionen der Software konnte der Simulator nichtlineare Schaltungen mit Leistungswandlern lösen. Die Entwicklung des Simulators wurde ausführlich im Blog dokumentiert. Schließlich wurde eine eigene Website für den Simulator ausgewählt, die unter folgender Adresse zu finden ist:

http://www.pythonpowerelectronics.com

Diese Website enthält Dokumentationen zur Verwendung der Software, Download-Links für die Software und Fallstudien, wie Musterkreise simuliert wurden.

Die erste Frage – warum Python? Dies wird im nächsten Kapitel ausführlich beschrieben, aber an dieser Stelle sollte erwähnt werden, dass Python eine kostenlose und Open-Source-Hochsprache ist, die insbesondere in der wissenschaftlichen Gemeinschaft intensiv genutzt wird. Die zweite Frage – warum Open Source? Ich bin seit über einem Jahrzehnt Nutzer von Open-Source-Software – Linux für das Betriebssystem, Python/C für die Programmierung, Latex/ LibreOffice für die Dokumentation. Ich bin ein starker Befürworter von Open-Source-Software, da ich glaube, dass sie auf lange Sicht zu besserem Code und einer größeren Benutzerbasis führt. Eines der größten Probleme, mit denen ich als Leistungsingenieur konfrontiert wurde, war der Mangel an guten Open-Source-Simulatoren, da fast alle von Studenten häufig verwendeten Simulatoren kommerziell lizenziert sind. Im Laufe der Jahre, als ich zwischen Universitäten und Unternehmen wechselte, habe ich zahlreiche Simulationssoftware verwendet, was dazu führte, dass ich Simulationen auf verschiedenen Plattformen wiederholte und immer wieder Arbeit duplizierte. Meine Hoffnung ist es, eine Simulationssoftware zu entwickeln, die von Leistungsingenieuren wie mir verwendet werden kann, um Simulationsmodelle auf lange Sicht zu entwickeln, ohne sich um Softwarelizenzen kümmern zu müssen.

Wie im vorherigen Abschnitt erwähnt, besteht eine der größten Herausforderungen für Simulatoren beim Lösen verteilter Schaltungen mit mehreren Leistungswandlern in der Bewältigung großer Datenmengen. Typischerweise speichern die meisten Softwareprogramme Simulationsdaten im flüchtigen Speicher (RAM), da dies eine schnellere Verarbeitung gewährleistet. Wenn die Simulation jedoch über einen längeren Zeitraum fortschreitet, besteht die einzige Option darin, Daten vorübergehend auf die Festplatte zu schreiben und den RAM-Speicher für die zukünftige Verarbeitung freizugeben. Bei Python Power Electronics werden nur minimale Daten im RAM gehalten und Ausgabedaten werden im Allgemeinen auf die Festplatte geschrieben. Die Daten, die im eingebauten Cache-Speicher von Python im RAM gehalten werden, gelten für den aktuellen und den vorherigen Simulationszeitpunkt. Obwohl dies die Verarbeitung für kleinere Systeme verlangsamen kann, verhindert es bei größeren Systemen Speicherüberläufe und macht den Simulator stabil.

Python Power Electronics hat sich in den vier Jahren seit seiner ersten Einführung erheblich weiterentwickelt. Es wurde für eine Reihe von Schaltungen mit verschiedenen Topologien von Leistungswandlern getestet. Die Software wurde jedes Mal modifiziert, wenn ein Fehler gefunden wurde, und eine neue Version wurde veröffentlicht. Die Komplexität der Schaltungen und die Anzahl der Leistungswandler wurden kontinuierlich erhöht mit dem Ziel, ein Stromsystem mit einem Wind- oder Solarpark zu simulieren. Ein weiterer bedeutender Aspekt im Entwicklungsprozess war jedoch neben der industriellen oder Forschungsanwendung die Lernerfahrung. Die Entwicklung dieses Schaltungssimulators hat eine Fülle von Informationen über nichtlineare Schaltungen und die Verwendung von Netzwerkgesetzen zu ihrer Lösung geliefert. Alle in den letzten vier Jahren gelernten Lektionen, die derzeit in Blog-Posts stehen, in ein Buch zu kompilieren, das für Studenten und praktizierende Ingenieure in der Leistungselektronik von Interesse sein könnte, war die Motivation hinter dem Schreiben dieses Buches.

Der nächste Abschnitt wird einen Überblick über das Buch und die Inhalte in jedem Kapitel geben.

1.5 Gliederung des Buches

Das Buch besteht aus sieben Kapiteln und kann in zwei Teile unterteilt werden, obwohl eine solche Unterteilung tatsächlich nicht gemacht wird. Die ersten vier Kapitel beschreiben die äußere Schicht der Software oder die Benutzeroberfläche und untersuchen insbesondere, wie der Simulator die Benutzeroberfläche verarbeitet. Die letzten drei Kapitel hingegen untersuchen den Kern des Simulationsprogramms und wie die Schaltungsanalyse durchgeführt wird. Das Ziel des ersten Teils besteht darin, dem Benutzer zu beschreiben, wie der Simulator durch Bereitstellung von Musterschaltungen, Programmen und schließlich einer vollständigen Fallstudie verwendet wird. Das Ziel des zweiten Teils besteht darin, dem Benutzer zu erläutern, wie der Simulator die Schaltung löst, und da dieser gesamte Vorgang für den Benutzer unsichtbar ist, wird der Prozess als Konzept und nicht durch Code beschrieben.

Kap. 2 gibt einen Überblick über die Programmiersprache Python. Wie in diesem Kapitel erwähnt, besteht der Zweck darin, dem Benutzer eine kurze Einführung in Python zu geben. Für ein detailliertes Tutorial wird dem Leser empfohlen, entweder ein Buch über Python-Programmierung zu lesen oder einem Online-Tutorial im Internet zu folgen. Der Zweck des Kapitels besteht darin, dem Leser zu ermöglichen, die Code-Segmente zu verstehen, die in den folgenden Kapiteln bereitgestellt werden, die sich mit benutzerdefinierten Steuerungsfunktionen und der Fallstudie befassen.

Kap. 3 beschreibt die Schnittstelle, die der Simulator verwendet, um mit dem Benutzer zu interagieren. Das Kapitel beschreibt die Philosophie hinter der Wahl von Tabellenkalkulationen als Mittel zur Informationsgewinnung vom Benutzer. Tabellenkalkulationen werden vom Benutzer verwendet, um Simulationsparameter, Schaltpläne, Parameter der Komponenten in den Schaltplänen und auch die Struktur der Steuerungsfunktionen einzugeben. Das Kapitel beschreibt, wie die Struktur jeder Komponentenklasse in der Simulatorbibliothek und wie die vom Benutzer eingegebenen Daten von jeder Komponentenklasse verarbeitet werden. Das Kapitel beschreibt auch das Konzept, wie Klassen für jede gefundene Komponente instanziiert werden, was zu Objekten führt und wie diese Objekte vom Simulator referenziert werden. Das Kapitel beschreibt den Ausführungsfluss im Simulator und wie der Simulator die vom Benutzer bereitgestellten Daten verarbeitet und sie dem Kern der Simulationssoftware zur Verfügung stellt. Das Kapitel beschreibt nicht, wie benutzerdefinierte Steuerungsfunktionen verarbeitet werden, da das gesamte Kap. 4 diesem Zweck gewidmet ist.

Kap. 4 beschreibt, wie ein Benutzer Steuerungsfunktionen für eine Simulation schreiben kann. Kap. 3 hat gezeigt, welche der Schaltungskomponenten extern gesteuert werden können. Neben diesen steuerbaren Komponenten muss eine Steuerungsfunktion keine Steuerungsaktion durchführen, sondern kann stattdessen zur Verarbeitung von Simulationsdaten oder zur Durchführung von Berechnungen verwendet werden. In diesem Kapitel wird dargelegt, wie die Steuerungsfunktionen als Python-2-Dateien geschrieben und in der

Simulationsparameter-Tabelle angegeben werden müssen. Jede Steuerungsfunktion wird eine Schnittstelle zur Simulation in Form von Eingaben und Ausgaben haben, und diese Schnittstelle wird durch eine Tabelle namens Deskriptor beschrieben. Neben Eingaben und Ausgaben kann jede Steuerungsfunktion bestimmte Arten von Variablen verwenden, die spezielle Funktionen ausführen. Im Kapitel wird die Bedeutung jeder Art von Steuervariable erklärt und wie sie im Simulator implementiert ist. Das Kapitel zeigt, wie Steuerungsfunktionen vom Simulator mithilfe von Zeitereignissen geplant werden, und es wird anhand eines Beispiels beschrieben, wie der Simulator sicherstellt, dass die Steuerungsfunktionen zum gewünschten Zeitpunkt ausgeführt werden. Ein einfaches Beispiel wurde gegeben, um zu veranschaulichen, wie Steuerungsfunktionen mit der Simulation und auch miteinander verbunden werden können.

Kap. 5 beschreibt, wie ein Benutzer eine Schaltung mit einem Leistungselektronik-Konverter simulieren kann. Das ausgewählte Beispiel war ein parallel geschalteter dreiphasiger VAR-Kompensator, der mit einem zweistufigen Spannungsquellen-Umrichter in einem dreiphasigen System realisiert wurde. Der Spannungsquellen-Umrichter besteht aus steuerbaren idealen Schaltern, die durch Pulsweitenmodulation ein- und ausgeschaltet werden. Im Kapitel wird erläutert, wie der Benutzer diese Simulation in Stufen aufbauen kann, sodass jedes neue Subsystem, das zur Schaltung hinzugefügt wird, überprüft werden kann. Das Kapitel veranschaulicht auch, wie der Benutzer Steuerungsfunktionen mit detaillierten Beispielen jeder Steuerungsfunktion in der Simulation schreiben und auch die Steuerschnittstellen durch Deskriptoren entwerfen kann. Jede Stufe des Kapitels enthält Simulationsergebnisse, um zu zeigen, wie das Projekt sich entwickelt. Durch dieses Beispiel wurde jede Funktion des Simulators mit Details beschrieben, sodass Benutzer ihre eigenen Simulationen entwickeln können.

Im Kap. 6 wird erklärt, wie der Simulator die Schaltpläne verarbeitet, die der Benutzer in Tabellen eingibt. Die Konnektivitätsinformationen werden in Form von Knoten, Zweigen und Schleifen aus den Schaltplänen extrahiert. Knoten, Zweige und Schleifen werden verwendet, um die Schaltungsanalyse durch Schleifenanalyse und Knotenanalyse durchzuführen, die in den nächsten Kapiteln beschrieben werden. Das Kapitel beschreibt anhand von Beispielkreisen die Algorithmen, die zur Bestimmung der Knoten, Zweige und Schleifen verwendet werden. Das Kapitel führt das Konzept der LoopMap ein, das zur Durchführung der Schleifenanalyse in Kap. 7 und das Konzept der KCLBranchMap, das zur Durchführung der Knotenanalyse in Kap. 8 verwendet wird.

Kap. 7 beschreibt, wie die Schleifenanalyse im Simulator durchgeführt wird. Das Kapitel legt dar, wie die Matrixgleichung zur Durchführung der Schleifenanalyse aus der in Kap. 6 beschriebenen LoopMap erzeugt wird. Eine kurze Übersicht wird darüber gegeben, wie die Matrizen in dieser Gleichung durch Zeilenoperationen transformiert werden, sodass sie mit numerischen Integrationsverfahren gelöst werden können. Das Kapitel zeigt, wie Schleifenströme und Zweigströme in der Schaltung abgebildet werden können, was die Berechnung von Zweigströmen aus Schleifenströmen und umgekehrt ermöglicht. Das Kapitel erläutert anhand eines Beispiels, wie Zeitkonstanten von Zweigen der Schaltung die Simulation instabil machen können und führt das Konzept einer steifen Schleife ein. Durch Bereitstellung eines Beispielkreises und seiner entsprechenden LoopMap beschreibt das Kapitel die Notwendigkeit, steife Schleifen zu isolieren, um eine Schaltung simulieren zu können. Mit diesem Beispiel wird das Konzept der Schleifenmanipulationen vorgestellt und mit fortgeschrittenen Beispielen wird die Wirksamkeit des Verfahrens beschrieben. Das Kapitel dokumentiert die Begrenzung der Schleifenanalyse mit einer weiteren Reihe von Beispielen und daher die Notwendigkeit der Knotenanalyse.

Kap. 8 beschreibt, wie die Knotenanalyse verwendet werden kann, um die Ströme durch steife Zweige (die eine sehr niedrige Zeitkonstante haben) in der Schaltung zu bestimmen. Mit dem Beispiel eines einfachen Buck-Konverters beleuchtet das Kapitel, wie die Schleifenanalyse unzureichend ist, um die Leitung von Leistungsvorrichtungen während Schaltvorgängen zu bestimmen. Das Kapitel führt dann aus, wie die Knotenanalyse effektiv zur Bestimmung des Verhaltens von Leistungsgeräten und der Stromübertragung von einem Gerät zum anderen eingesetzt werden kann. Das Kapitel stellt das Konzept von Ereignissen vor und erläutert, wie die Matrixgleichungen für die Schaltung konstant sein werden, bis ein Ereignis eintritt. Schließlich wird der logische Ablauf der Prozesse im Simulator beschrieben, der nacheinander die Schleifenanalyse und die Knotenanalyse durchführt.

Kap. 9 schließt das Buch ab, indem es die Vorteile des Simulators und die im Rahmen dieses Projekts beabsichtigte zukünftige Entwicklung hervorhebt.

1.6 Über das Buch

Einer der Hauptgründe für das Schreiben dieses Buches war das Fehlen von Dokumentationen, die für Python Power Electronics als Software verfügbar sind. Die vorhandene Dokumentation befindet sich auf der Website und auf dem Blog, jedoch existiert kein detailliertes Benutzerhandbuch. Anstatt ein Benutzerhandbuch zu erstellen, habe ich mich entschieden, einen Schritt weiter zu gehen und über den Simulator in Form eines detaillierten Buches zu schreiben, das nicht nur Beispiele für Benutzer zeigt, um ihre eigenen Schaltungen zu simulieren, sondern auch die Theorie hinter dem Simulator. Der Simulator ist völlig kostenlos und Open Source, und dies wird interessierten Studenten ermöglichen, die Theorie in diesem Buch mit dem Code im Simulator zu kombinieren, um Schaltungen besser zu verstehen. Wie bereits erwähnt, war einer der größten Vorteile dieses Projekts die Lernerfahrung in Bezug auf das Verständnis, wie Leistungselektronikschaltungen funktionieren. Als Doktorand der Leistungselektronik fand ich sehr wenige Ressourcen, um fortgeschrittene Leistungselektronikschaltungen durch Simulationen zu verstehen. Da die Energiebranche erhebliche Veränderungen durchläuft, steigen die Erwartungen an neue Ingenieure, die in diesen Sektor eintreten, ständig. Ich hoffe, dass durch Open-Source-Software und gemeinschaftlich betriebene Projekte, die den Wissensaustausch fördern, die Energiebranche gut vorbereitete und kenntnisreiche Ingenieure erhält.

Kapitel 2
Einführung in Python

Zusammenfassung Dieses Kapitel führt kurz in die Programmiersprache Python ein, um als schnelle Referenz für die späteren Kapitel zu fungieren. Es beschreibt die Eigenschaften der Programmiersprache und auch die verschiedenen Arten von Objekten und ihre zugehörigen Funktionen. Dieses Kapitel ist nicht als detailliertes Tutorial zur Python-Programmierung zu verstehen, sondern als Schnellreferenz für das Material im Buch.

Schlüsselwörter Python-Programmiersprache · Objektorientierte Programmierung · Integrierte Entwicklungsumgebungen (IDEs) · Compiler · Betriebssysteme · Open-Source-Software

2.1 Einführung

Der Simulator wurde mit Python und eingebauten Modulen entwickelt. Die Wahl der Python-Sprache gegenüber anderen Hochsprachen wie C, C++ oder Java war darauf zurückzuführen, dass Python von der wissenschaftlichen Gemeinschaft für eine große Anzahl von Anwendungen übernommen wird. Darüber hinaus werden viele dieser Anwendungen in Forschungslabors und Universitäten entwickelt und eine erhebliche Anzahl von ihnen ist vollständig Open Source. Eine Open-Source-Anwendung hat den großen Vorteil, dass sie von mehreren unabhängigen Gruppen gleichzeitig entwickelt und modifiziert werden kann, was zu besserer Software und größerem Community-Engagement führt. Die Meldung von Fehlern und die anschließenden Fehlerbehebungen führen zu saubererem Code. Derzeit ist der Schaltungssimulator nicht vollständig unabhängig als Anwendung. Um den Simulator zu nutzen, benötigt ein Benutzer einige zusätzliche Software, die in diesem Kapitel beschrieben wird.

Der Schaltungssimulator Python Power Electronics ist völlig kostenlos und Open Source. Um zu den Ursprüngen des Simulators zurückzukehren, wird dem Leser empfohlen, den Blog zu lesen:

http://pythonpowerelectronics.blogspot.ca

S. V. Iyer, *Simulation nichtlinearer Schaltungen in der Leistungselektronik mit Python*, https://doi.org/10.1007/978-3-031-58981-2_2

Der Simulator begann als Hobby und mit bloßen Blogposts. Nach einigen Monaten, mit einer grundlegenden Arbeitsversion eines Simulators, wurde ein Projekt in SourceForge gestartet:

http://sourceforge.net/projects/pythonpowerelec/

Im November 2015 wurden der Schaltungssimulator und alle zugehörigen Dokumentationen auf der Website verfügbar gemacht:

http://www.pythonpowerelectronics.com

Diese Website enthält Links zum Herunterladen der Software, Dokumentation zur Verwendung der Software und einen Blog, der eine Sammlung von Fallstudien ist, in denen der Simulator zur Untersuchung verschiedener Schaltungen verwendet wurde.

Es wird dringend empfohlen, dass ein Benutzer, der diesen Simulator umfangreich nutzen möchte, versuchen sollte, in den Quellcode einzudringen, da dies bei der Fehlersuche in Simulationen und einem besseren Verständnis dafür, wie Schaltungen gelöst werden, hilfreich wäre. Dieses Kapitel bietet eine grundlegende Einführung in die Python-Sprache. Für ein detailliertes und vertieftes Tutorial wird dem Benutzer empfohlen, ein Buch [1] über Python zu lesen oder die Dokumentation auf der Python-Website durchzugehen (http://www.python.org). Im Internet sind verschiedene kostenlose Tutorials mit verschiedenen Benutzerkenntnissen über Python und seine Module verfügbar. Der Zweck dieses Kapitels besteht darin, dem Benutzer das Verständnis der Implementierung von Schaltungsanalysefunktionen in Python in den folgenden Kapiteln zu ermöglichen und auch Steuerungsfunktionen schreiben zu können. Dieses Kapitel bietet einen grundlegenden Überblick über die Python-Objekte und -Funktionen, die im Schaltungssimulator verwendet werden und auch später in den Kap. 4 und 5 verwendet werden, während beschrieben wird, wie Steuerungsfunktionen in Simulationen implementiert werden können.

2.2 Überblick über Python

Python wurde in den 1990er Jahren von Guido van Rossum am Stichting Mathematisch Centrum geschaffen, und er trägt nun den Titel, der ihm von der Python-Community verliehen wurde „wohlwollender Diktator auf Lebenszeit“. Der Fokus hinter dieser Sprache war Einfachheit, verbesserte Codelesbarkeit und dynamische Programmierfähigkeiten. Es wurde von vielen Gruppen in der gesamten Softwarewelt übernommen – wissenschaftliches Rechnen, Webentwicklung, Datenbankverwaltung und viele mehr. Was die Attraktivität von Python erhöht hat, ist seine Freiheit und Open Source, die es jedem ermöglicht, eine Anwendung damit für jeden Zweck zu erstellen. Dies hat wiederum die Entwicklung von Python Power

Electronics vorangetrieben. In diesem Abschnitt wird kurz beschrieben, wie sich Python von anderen Hochsprachen unterscheidet und warum Python als Software für die Entwicklung dieses Schaltungssimulators gewählt wurde.

Dem Leser wird empfohlen, das Zen von Python zu konsultieren, das die Leitprinzipien hinter dem Design der Programmiersprache diktiert. Ein schnelles Lesen macht deutlich, dass eine der Kernphilosophien von Python eine Sprache war, in der der Code leicht lesbar ist. Als Programmierer werden wir ermutigt, Codeblöcke einzurücken, um die Lesbarkeit zu verbessern, z. B. einen Codeblock innerhalb einer Schleife, innerhalb einer If-then-else-Bedingung, innerhalb einer Funktion oder für jeden anderen Zweck, bei dem ein Codeblock eine besondere Bedeutung hat. In Python ist die Einrückung obligatorisch. Es gibt keine öffnenden und schließenden Klammern ({}) wie in C/C++ und auch keine Begin/End-Anweisungen. Die Einrückung ist die Art und Weise, wie der Compiler weiß, welcher Codeblock innerhalb eines Blocks wie einer Schleife oder einer Funktion kommt. Ebenso weiß der Compiler, wenn die Einrückung wieder normal wird, dass der Block beendet ist. Die Einrückung verbessert automatisch die Lesbarkeit des Codes, da nun Codeblöcke leicht zu sehen sind und der Code leichter zu debuggen ist.

Python ist eine dynamische Sprache. Dies hat eine sehr lange und ausführliche Beschreibung, für die der Benutzer die Dokumentation auf der Website oder in [1] suchen sollte, aber was hier gegeben wird, ist die Kurzversion davon. In Python muss eine Variable nicht wie in C/C++ und in vielen anderen Sprachen deklariert werden. Eine Variable wird erstellt, wenn ihr ein Wert zugewiesen wird. Darüber hinaus ist in Python alles ein Objekt – jede Variable, jede Klasse, jede Funktion, fast alles andere. Ein Objekt ist eine Sammlung von Daten und Funktionen, die auf diesen Daten arbeiten. In Python, wenn Sie einer Variable einen String zuweisen, werden nicht nur Daten gleich dem String erstellt, sondern ein Objekt mit den Daten, die der String sind, und eine Vielzahl von Funktionen, die auf diesen Daten arbeiten können, sind automatisch verfügbar. Mehr dazu später. Der Vorteil davon ist, dass der Benutzer keine Funktionen für grundlegende Operationen auf den Daten erstellen muss, da diese vom Compiler automatisch bereitgestellt werden, wenn die Variable dieses Datentyps erstellt wird. Als Erweiterung von Datentypen ist eine weitere nützliche Funktion in Python die Möglichkeit, komplexe eingebettete Datentypen zu erstellen. Diese Funktion wird in diesem Schaltungssimulator stark genutzt. Als Beispiel ist es möglich, eine Variable zu erzeugen, die eine Liste ist, deren Elemente wiederum eine Kombination aus Listen, Fließkommazahlen und Ganzzahlen sind. Da eine elektrische Schaltung ein dynamisches System ist und noch mehr eine Leistungselektronikschaltung, die nichtlinear ist, ist die Fähigkeit, Variablen zu definieren, deren Struktur und Inhalt geändert werden können, ein großer Vorteil.

Ein weiteres Merkmal von Python ist die begrenzte Syntax, die Teil der Philosophie der Sprache ist. Zum Beispiel kann in Python eine Schleife mit zwei möglichen Konstrukten erreicht werden – einer For-Schleife oder einer While-Schleife. Im Gegensatz dazu haben C/C++ For-Schleifen, While-Schleifen, Do-while-Schleifen, Do-until-Schleifen und vielleicht sogar mehr. Die Philosophie von Python ist, wenn eine Reihe von Aufgaben höchstens zwei oder drei Konstrukte benötigen, dann soll es höchstens zwei oder drei Konstrukte geben. Der Vorteil einer solchen Methode ist, dass der Code oft ähnlich ist, auch wenn er von Programmierern mit sehr unterschiedlichen Hintergründen geschrieben wurde. Dies macht es Entwicklern viel einfacher, in bereits veröffentlichten Open-Source-Code einzudringen und darauf aufzubauen. Die Einfachheit der Sprache ist auch einer der Gründe dafür, dass sie in vielfältigen Anwendungen verwendet wird. Einige der beliebtesten Frameworks, die auf Python basieren, sind Django (ein Framework für die Webentwicklung), NumPy und SciPy (wissenschaftliche und mathematische Frameworks) und Matplotlib (eine Plotting-Software). Für eine vollständige Liste der auf Python basierenden Software besuchen Sie die Python-Website oder führen Sie eine einfache Internetsuche durch. Die Anwendungen von Python sind einfach umwerfend, und insbesondere das Interesse, das die wissenschaftliche Gemeinschaft an Python zeigt, war einer der Hauptgründe für die Wahl von Python, um diesen Schaltkreissimulator zu erstellen.

2.3 Erste Schritte

Der Schaltungssimulator basiert auf Python 2, obwohl in naher Zukunft eine Kompatibilität mit Python 3 eingeführt wird. Zum Zeitpunkt des Erstellung dieses Buches ist Python 2 eine Voraussetzung und daher wird dem Benutzer empfohlen, Python 2.7.x zu installieren und sicherzustellen, dass alle Python-Dateien, die sich auf den Simulator beziehen, als Python-2-Dateien kompiliert werden. Dieser Abschnitt beschreibt die Anforderungen für die Verwendung des Schaltungssimulators.

Der erste Schritt ist die Installation von Python 2.7.x. Ein Benutzer hat mehrere Optionen, abhängig vom verwendeten Betriebssystem. Es gibt mehrere integrierte Entwicklungsumgebungen (IDEs) mit Python. Es handelt sich um Software, mit der der Benutzer Python-Code erstellen, schreiben und bearbeiten und sie auch kompilieren kann, um das Ergebnis in einer separaten Shell zu sehen. Viele IDEs sind kostenlos, während einige urheberrechtlich geschützt sind – die vollständige Liste finden Sie auf der Website:

http://wiki.python.org/moin/IntegratedDevelopmentEnvironments

Der Benutzer ist frei, mit einigen von ihnen zu experimentieren, bis einer von ihnen als geeignet befunden wird. Bewertungen für diese IDEs finden Sie in vielen Foren. Die bevorzugte Art, den Simulator zu verwenden, besteht darin, ihn in einem Unix-basierten Betriebssystem zu verwenden, in dem Python von der Befehlszeile in einer Shell wie BASH (Bourne Again Shell) aufgerufen wird. Die Python-Programme können mit jedem Editor (Vim, gedit usw.) bearbeitet werden. Eine solche Kombination macht den Simulator leichtgewichtig und beseitigt Probleme wie Softwareabstürze oder Hängenbleiben. Es ist jedoch nützlich, eine IDE mit einer Python-Shell zu haben, da diese Shell es Ihnen ermöglicht, Python-Befehle auszuführen und die Ergebnisse sofort zu sehen, was beim Debuggen nützlich sein kann.

Der Simulator hat keine grafische Benutzeroberfläche (GUI). Alle Eingaben an den Simulator erfolgen entweder über die Befehlszeile oder über Tabellenkalkulationen. Der Schwerpunkt liegt auf Eingaben über Tabellenkalkulationen, da in diesem Fall die Eingaben nicht wiederholt vom Benutzer eingegeben werden müssen, wie es bei der Befehlszeile der Fall wäre. Aus diesem Grund ist es notwendig, eine Software zu haben, die eine Tabellenkalkulation bearbeiten kann. Solche Software existiert in jedem Betriebssystem, und es gibt auch kostenlose und Open-Source-Optionen. Die bevorzugte Software ist LibreOffice https://www.libreoffice.org/. LibreOffice ist kostenlos und Open Source und verfügt über eine Tabellenkalkulationssoftware namens LibreOffice Calc. Es werden keine Kommentare zur Gesamtleistung dieser oder einer anderen Software abgegeben. Für den Schaltungssimulator kann LibreOffice Tabellenkalkulationen erstellen und bearbeiten und sie als Comma-Separated-Value(.csv)-Dateien speichern.

Schließlich besteht die Ausgabe des Schaltungssimulators aus Daten, die in eine Textdatei geschrieben werden. Die Ausgabedaten sind die gemessenen Ausgaben verschiedener Messgeräte oder anderer vom Benutzer zur Ausgabe in die Datendatei bestimmter Variablen. Jeder Datenpunkt ist als Spalte in der Datendatei verfügbar, getrennt von anderen Elementen durch ein einzelnes Leerzeichen. Die erste Spalte ist der Zeitpunkt der Simulation. Jede Zeile der Datendatei entspricht allen gemessenen Daten und anderen Variablen zu einem bestimmten Zeitpunkt in der Simulation. Die Plot-Software muss in der Lage sein, Spalten im Verhältnis zueinander darzustellen. Die bevorzugte Plot-Software ist Gnuplot, die ebenfalls kostenlos und Open Source ist. Es gibt viele andere Plot-Software, einige benötigen möglicherweise die Daten in einem anderen Format. Der größte Vorteil der Verwendung von Gnuplot besteht darin, dass die Wellenformen beobachtet werden können, während die Simulation fortschreitet, indem die Plots aktualisiert werden. Auf diese Weise können die Simulation und die Ausgabe von Plot-Daten unabhängige Aufgaben sein. Es sollte beachtet werden, dass das Plotten normalerweise eine große rechnerische Belastung für die Simulation großer Schaltungen über lange Zeiträume darstellt, wenn die Ausgabedatendateien Größen von Hunderten von Megabyte überschreiten können. Gnuplot hat sich als eine Software erwiesen, die solche großen Datenmengen auf bestmögliche Weise verarbeiten kann.

Nach einer kurzen Einführung in die Software, mit der der Benutzer vertraut sein sollte, beginnt der nächste Abschnitt mit einer Vorstellung der Python-Sprache.

2.4 Ganzzahlen, Fließkommazahlen und Zeichenketten

Dies sind die grundlegenden Datentypen, die im Schaltungssimulator und auch in vom Benutzer geschriebenen Steuerfunktionen verwendet werden. Trotz ihrer Grundnatur sind in Python Variablen dieser Datentypen Objekte. Dies bedeutet, dass die Variable neben dem Wert der Variable auch andere zugehörige Daten und Funktionen enthält, die auf den Wert der Variable wirken.

Um eine Variable des Datentyps Ganzzahl zu erstellen, muss nur ein Ganzzahlwert einer Variable zugewiesen werden. Die folgende Aussage:

```
a = 4
```

wird ein Ganzzahlobjekt mit dem Wert 4 erstellen. Um das Konzept eines Ganzzahlobjekts zu verstehen, führen Sie in Ihrer IDE nach der obigen Anweisung folgende Schritte aus:

```
Type a. and then press <TAB> key.
```

Die meisten IDEs listen alle Funktionen und Daten auf, die mit diesem Objekt verbunden sind, da „.“ das Trennzeichen ist, das uns den Zugriff auf das Mitglied, das mit einem Objekt verbunden ist, ermöglicht. Das Ganzzahlobjekt a wird die folgenden Mitgliederdaten und -funktionen haben:

```
a.numerator
a.denominator
a.real
a.imag
a.bit_length()
a.conjugate()
```

Um zu wissen, was diese Elemente sind, geben Sie ein:

```
print a.conjugate.__doc__
```

Dies gibt die Dokumentation zur Funktion conjugate des Ganzzahldatentyps a aus, die lautet:

```
Returns self, the complex conjugate of any int.
```

Dies ist ein Beispiel dafür, wie Python jede Variable als Objekt behandelt. Selbst etwas so Einfaches wie eine Ganzzahl hat Mitgliedsfunktionen und Mitgliedsdaten, die jedoch im Kontext des Schaltungssimulators unnötig sind. Im Simulator sind Ganzzahlen die Indizes von Vektoren und Matrizen. Auch in einer Schleife werden Ganzzahlen verwendet, um den Zähler der Schleife zu erhöhen.

Ähnlich wie bei Ganzzahlen wird eine Fließkommazahl erstellt, indem einer Variable eine Fließkommazahl zugewiesen wird. Wie bereits erwähnt, wird beim Zuweisen eines Werts zu einer Variable ein Objekt dieses Datentyps erstellt und der Variable zugewiesen. Daher wird der Variablen a, der ein Ganzzahlwert zugewiesen wurde, ein Fließkommawert wie folgt zugewiesen:

```
a = 4.3
```

Das Ganzzahlobjekt, das a zugewiesen wurde, wird zerstört, und ein Fließkommazahlobjekt wird a mit dem Wert 4.3 zugewiesen. Wie bei dem Ganzzahltyp hat dieses Objekt mehrere Mitgliedsfunktionen und Mitgliedsdaten. Im Simulator wird jedoch eine Fließkommazahl typischerweise für die meisten physikalischen Größen verwendet. Ganzzahl- und Fließkommavariablen können Teil von mathematischen Operationen sein – Addition, Subtraktion, Multiplikation und Division. Die Python-Dokumentation ist ein guter Ausgangspunkt für alle möglichen mathematischen Operationen, die mit Ganzzahlen und Fließkommazahlen durchgeführt werden können. Der Schaltungssimulator führt eine Vielzahl von Berechnungen mit Ganzzahlen und Fließkommazahlen durch, die für die Lösung von Gleichungen unerlässlich sind.

Eine Variable vom Typ String wird erstellt, indem ein String der Variable zugewiesen wird. Zum Beispiel:

```
a =''hello there''
```

Ein String-Objekt hat jedoch mehrere nützliche Member-Funktionen. Im Simulator erfolgt jede Eingabe des Benutzers entweder über die Befehlszeile oder eine Tabelle durch Strings. Daher ist der Umgang mit Strings in jedem Programm, das eine Benutzeroberfläche hat, ziemlich wichtig. Zwei nützliche Member-Funktionen in jedem String-Objekt sind lower() und upper().

```
a.upper()
```

wird „HELLO THERE“ erzeugen, da die Funktion den String in Großbuchstaben umwandelt. Die Funktion lower() hingegen wandelt den String komplett in Kleinbuchstaben um. Eine weitere äußerst nützliche Funktion ist die Split()-Funktion. Diese Funktion teilt den String mit dem angegebenen Trennzeichen (wenn kein Trennzeichen angegeben ist, wird es als einzelnes Leerzeichen angenommen), um eine Liste von Strings zu erzeugen, die durch das Trennzeichen getrennt sind. Zum Beispiel wird

```
a.split()
```

[„hello“, „there“] erzeugen, wobei das Standardtrennzeichen ein einzelnes Leerzeichen ist. Andererseits wird

```
a.split(''o'')
```

[„hell“, „there“] erzeugen, da das Trennzeichen nun das Zeichen „o“ ist. Das Trennzeichen muss kein einzelnes Zeichen sein und kann ein String sein. Wenn das Trennzeichen nicht im String gefunden wird, wird der gesamte String zurückgegeben. Die Split()-Funktion wird im Simulator häufig verwendet, da sie hilft, Muster in einem String zu suchen. Zum Beispiel kann split(„.“) verwendet werden, um den Dateinamen und die Erweiterung zu trennen, wenn nach der Erweiterung einer Datei gesucht wird. Der Leser wird ermutigt, die Member-Funktionen eines Beispielsstrings in einer IDE zu überprüfen und einige davon auszuprobieren. Zusätzlich ist es möglich, zwei Strings zu verketten, indem man sie „zusammenfügt".

```
''hello'' + '' there''
```

wird „hello there“ erzeugen. Diese Funktion wird auch oft im Simulator verwendet, wenn es notwendig wird, dem Benutzer eine Variable in einem Format auszugeben, das vom Benutzer verstanden werden kann.

Es ist möglich, eine Form von Variable in eine andere umzuwandeln. Zum Beispiel wird

```
str(4.3)
```

einen String „4.3“ erzeugen. Ebenso kann dies durch

```
float(''4.3'')
```

wieder in eine Gleitkommazahl umgewandelt werden. Die Operation

```
int(''4.3'')
```

wird jedoch einen Fehler erzeugen, da der String bei Umwandlung in eine Zahl eine Gleitkommazahl ist. Es ist möglich, einen Gleitkommawert in einen String und umgekehrt umzuwandeln,

```
int(float(''4.3''))
```

wird 4 erzeugen. Ebenso wird

```
str(float(4))
```

„4.0“ erzeugen. Diese Umwandlung wird notwendig, wenn versucht wird, Zahlen entweder aus der Befehlszeileneingabe oder aus einer Tabelle zu lesen. Die Werte, die von der Befehlszeile oder Tabellen gelesen werden, sind Strings, und sie müssen in Gleitkommazahlen oder Ganzzahlen umgewandelt werden. Es gibt andere numerische Datentypen in Python wie „long“ und „complex“. Diese werden im Schaltungssimulator nicht verwendet und werden daher hier nicht beschrieben. Sie können jedoch in der Python-Dokumentation oder in jedem auf Python basierenden Programmierbuch gefunden werden [1]. Die späteren Abschnitte werden Beispiele dafür liefern, wie die verschiedenen Datentypen verwendet und manipuliert werden können, insbesondere mit Programmen, die für den Simulator relevant sind. Für ein allgemeineres Verständnis von Datentypen wird dem Leser empfohlen, einen Kurs in Python zu belegen.

2.5 Listen und Tupel

Sowohl Listen als auch Tupel sind äußerst leistungsfähige eingebaute Typen, die in Python bereitgestellt werden. Listen werden ausgiebig im Schaltungssimulator verwendet, obwohl auch Tupel einige nützliche Eigenschaften haben. Sowohl Listen als auch Tupel sind Sammlungen von Objekten – Ganzzahlen, Fließkommazahlen, Zeichenketten oder sogar andere Objekte. Betrachten wir eine Liste x und ein Tupel y.

```
x = [1, 2, 3, 4]
y = (1, 2, 3, 4)
```

Wie man sehen kann, wird eine Liste mit eckigen Klammern [] und ein Tupel mit runden Klammern () definiert. Die obigen Beispiele sind ziemlich einfach. Betrachten Sie das Folgende:

```
x = [1, ''Monday'', 4.7, ''September'', \
                    [1, ''Active'', 2232.65]]
y = (1, ''Monday'', 4.7, ''September'', \
                    [1, ''Active'', 2232.65])
```

Wie bereits erwähnt, können die Objekte in einer Liste in jeder Form vorliegen – sie müssen nicht vom gleichen Typ sein, und sie können auch andere Listen oder Tupel sein. Diese Eigenschaft macht Listen und Tupel äußerst leistungsfähig, da sie es Ihnen ermöglichen, alle Arten von Informationen zusammenzufassen. Der Unterschied zwischen Listen und Tupeln besteht darin, dass Tupel unveränderlich (kann nicht geändert werden) sind, während Listen veränderlich (kann geändert werden) sind. Um dies weiter zu untersuchen, versuchen Sie, die Liste x und das Tupel y oben in einer IDE zu erstellen. Verwenden Sie den .-Operator mit ihnen, um die Mitgliedsfunktionen und Daten zu untersuchen, die mit diesen Objekten verfügbar sind.

Es gibt einige äußerst nützliche Funktionen mit dem Listenobjekt, die häufig im Schaltungssimulator verwendet werden. Eine davon ist die Anhängefunktion, die wie folgt verwendet wird:

```
x.append(''Interest'')
```

was „Interesse" oder für diese Angelegenheit jedes in der Funktion angegebene Objekt zur Liste x hinzufügen wird, um zu produzieren:

```
x = [1, ''Monday'', 4.7, ''September'', \
                    [1, ''Active'', 2232.65], \
                    ''Interest'']
```

Die Erweiterungsfunktion wird auch häufig mit Listen verwendet.

```
x.extend([''Quarterly'', 512.23])
```

wird den in der Funktion angegebenen Parameter (normalerweise eine andere Liste) verwenden, um die Liste x zu erweitern und wird produzieren:

```
x = [1, ''Monday'', 4.7, ''September'', \
                    [1, ''Active'', 2232.65], \
                    ''Interest'', ''Quarterly'', \
                    512.23]
```

Im Gegensatz dazu wird die Append-Funktion lediglich das in der Funktion angegebene Objekt hinzufügen. Der Unterschied zwischen den Funktionen wäre also, dass die Append-Funktion mit dem gleichen Argument

```
x.append([``Quarterly'', 512.23])
```

produzieren wird:

```
x = [1, ``Monday'', 4.7, ``September'', \
                [1, ``Active'', 2232.65], \
                ``Interest'', \
                [``Quarterly'', 512.23]]
```

Wie man sehen kann, wurde das Listenobjekt [„Quarterly“, 512.23] zur Liste x hinzugefügt, anstatt die Liste x mit dem Listenargument zu erweitern, was die Erweiterungsfunktion tut.

Auf ein Listenelement kann wie folgt zugegriffen werden:

```
x[3]
```

wird produzieren:

```
''September''
```

Es sollte beachtet werden, dass Listenindizes bei 0 beginnen. Daher ist x[0] das erste Element. Es gibt eine weitere sehr praktische Funktionalität, die mit Listen bereitgestellt wird. Auf das letzte Element einer Liste kann auf zwei Arten zugegriffen werden, indem auf das Element mit der Länge der Liste zugegriffen wird oder indem der -1-Index verwendet wird.

```
x[len(x)-1]

[``Quarterly'', 512.23]
```

Es ist zu beachten, dass das obige Ergebnis die Anweisung anhängen berücksichtigt. Gleichzeitig wird

```
x[-1]
```

das gleiche Ergebnis liefern. Daher impliziert jeder negative Index den Zugriff auf die Listenelemente rückwärts. Ebenso wird x[-2] das zweitletzte Element der Liste x, x[-3] das drittletzte Element usw. erzeugen.

Andererseits sind keine dieser Funktionen in einem Tupel verfügbar. Es ist nicht möglich, ein Tupel hinzuzufügen oder zu erweitern. Ein Tupel ist jedoch schneller zu durchlaufen, sodass, wenn bekannt ist, dass ein Objekt sich nicht ändert, die Deklaration als Tupel eine schnellere Verarbeitung ermöglicht. Darüber hinaus kann ein Tupel, da es unveränderlich ist, als Schlüssel für ein Wörterbuch verwendet werden, während eine Liste es nicht kann. Wörterbücher werden im nächsten Abschnitt behandelt.

2.6 Wörterbücher

Ein Wörterbuch ist ein Datentyp in Python, der Objekte auf Bezeichnungen, die als Schlüssel bezeichnet werden, abbildet. Wörterbücher werden ausgiebig im Schaltungssimulator verwendet. Nachfolgend ein einfaches Beispiel für ein Wörterbuch:

```
a = {''resistor'': 100, ''capacitor'': [0.1, 0.1], \
        (100,0): ''position''}
```

Ein Wörterbuch ist eine Sammlung von ⟨ Schlüssel ⟩: ⟨Wert ⟩-Paaren innerhalb von Klammern. Zum Beispiel ist „Widerstand“: 100 ein ⟨ Schlüssel ⟩: ⟨ Wert ⟩-Paar. Der Schlüssel ist eine Bezeichnung für den Eintrag und muss im Wörterbuch einzigartig sein, da auf den Wörterbuchartikel mit dem Artikelschlüssel zugegriffen wird. Zum Beispiel würde

```
a[''resistor'']
```

den Wert 100 erzeugen. Der mit einem Schlüssel in einem Wörterbuchartikel verbundene Wert kann jedes Objekt sein – jede Zahl, Zeichenkette, Liste, Tupel oder sogar ein benutzerdefiniertes Objekt. Der Schlüssel muss jedoch einzigartig und unveränderlich sein und kann entweder eine Zeichenkette oder ein Tupel sein, da keines von beiden veränderbar ist.

Der Vorteil der Verwendung von Wörterbüchern besteht darin, dass der Zugriff auf eine Sammlung von Objekten über eindeutige Bezeichner möglich ist, wenn sie zu Wörterbucheinträgen gemacht werden, was einen schnellen Zugriff ermöglicht. Python verfügt über schnelle Suchfunktionen, mit denen Objekte, die Wörterbuchartikel sind, abgerufen werden können. Die Herausforderung besteht darin, eindeutige Schlüssel für alle Wörterbucheinträge zu generieren. Der Schaltungssimulator verwendet Wörterbücher für verschiedene Zwecke. Ein Wörterbuch wird genutzt, um die Objekte für jede Schaltungskomponente zu speichern, wobei ihre Schlüssel die Tabellenposition der Komponenten sind. Ein Wörterbuch wird auch für die Speicherung von Verzweigungsinformationen verwendet, um Schleifeninformationen und damit verbundene Informationen für die Durchführung der Schaltungsanalyse speichern zu können. Durch die Verwendung eines Wörterbuchs entfällt die Notwendigkeit, nach einem Objekt zu suchen, wie es der Fall wäre, wenn die Objekte in einer Liste wären. Darüber hinaus ist ein Wörterbuch nicht geordnet. Im obigen Beispiel wurde das Wörterbuch „a“ in der oben gezeigten Reihenfolge definiert. Aber Python könnte einen anderen Weg finden, die Wörterbuchartikel zu ordnen und die Reihenfolge ändern, wenn neue Einträge hinzugefügt werden. Das Wichtigste in Python-Wörterbüchern ist die ⟨ Schlüssel ⟩: ⟨ Wert ⟩-Zuordnung.

Um ein Wörterbuch zu erstellen, gibt es mehrere Methoden, die in der Dokumentation nachgeschlagen werden können. Die Methode, die im Simulator verwendet wird, besteht darin, den Schlüssel für den Artikel zu verwenden. Nehmen wir z. B. an, ein leeres Wörterbuch wird erstellt:

```
a = {}
```

Wie bereits erwähnt, ist das Python-Wörterbuch nicht geordnet. Daher haben die Einträge keine Indizes wie in Listen. Um den Artikel mit dem Schlüssel „Widerstand“ hinzuzufügen,

```
a[''resistor''] = 100
```

wird das Wörterbuchelement erstellt. Das Wörterbuch lautet dann:

```
a = {''resistor'':100}

a[''resistor''] = 200
```

Der Zugriff auf ein Wörterbuchelement mit einem Schlüssel, der nicht existiert, ist ein Fehler. Daher wird die folgende Aussage

```
print a[''capacitor'']
```

einen Fehler erzeugen, da das Wörterbuch „a“ kein Element mit dem Schlüssel „Kondensator“ hat. Um zu wissen, welche Schlüssel in einem Wörterbuch existieren, hat ein Wörterbuch die Funktion keys(), die eine Liste aller im Wörterbuch vorhandenen Schlüssel zurückgibt. Daher wird

```
if ''capacitor'' in a.keys():
        print a[''capacitor'']
```

einen Schlüsselfehler verhindern. Die Funktion a.keys() gibt die Liste [„Widerstand“] zurück, da „Widerstand“ der einzige Schlüssel im Wörterbuch ist, der nur ein einziges Element enthält. Um den Wörterbuchartikel mit dem Schlüssel „Kondensator“ zu erstellen, sind die folgenden zwei Methoden möglich:

```
a[''capacitor''] = [0.1, 0.1]
```

Diese Aussage wird ein Element mit dem Schlüssel „Kondensator“ erstellen und der Liste [0.1, 0.1] als Wert für dieses Element zuweisen. Wenn jedoch ein Element mit dem Schlüssel „Kondensator“ existiert, würde die obige Aussage das dem Element zugewiesene Objekt löschen und es durch die Liste [0.1, 0.1] ersetzen. Wenn das nicht beabsichtigt ist,

```
if ''capacitor'' in a.keys():
        a[''capacitor''].append(1000.0)
else:
        a[''capacitor''] = [0.1, 0.1]
```

Wenn in dieser Struktur ein Element mit dem Schlüssel „Kondensator“ existiert und sein Wert als Liste bekannt ist, wird der Wert 1000.0 an die Liste angehängt, während das Element, wenn es nicht existiert, mit der Liste [0.1, 0.1] initialisiert wird. In der Praxis können Wörterbuchmanipulationen recht komplex sein.

2.7 Beispiele für Python-Code im Simulator – Listen und Matrizen

Der vorherige Abschnitt beschrieb die Python-Datentypen, die vom Schaltungssimulator intensiv genutzt werden. Die Dokumentation zu Python ist umfangreich, und es wird empfohlen, dass der Leser dieses Buches einige Zeit damit verbringt, sich zumindest mit dem Umfang der Programmiersprache und den immensen Möglichkeiten, die sie dem Programmierer bietet, vertraut zu machen. Die Tatsache, dass dieser gesamte Schaltungssimulator in Python geschrieben wurde, zeigt, wie flexibel die Sprache ist. Der Leser wird jedoch ermutigt, die zusätzlichen Module, die mit Python verfügbar sind, wie NumPy und SciPy, zu erkunden. Dieser Abschnitt wird den Leser schnell mit Programmierungstechniken in Python vertraut machen. Dies wäre nützlich, wenn der Leser sofort Steuerungsfunktionen schreiben möchte, wie sie im späteren Kapitel beschrieben werden.

Beginnen wir mit Matrizen und Matrixmanipulationen. Um einen Vektor darzustellen, verwendet der Simulator eine einfache Liste. Zum Beispiel kann der Eingangsvektor zur Schaltung, der normalerweise die Spannungsquellen in der Schaltung sind, in einer Liste zusammengefasst werden. Im Falle einer Dreiphasenschaltung mit einer Dreiphasenspannungsquelle würde der Eingangsvektor wie folgt geschrieben:

```
import math
va = math.sqrt(2)*120.0*math.sin(2*math.pi*60*t)
vb = math.sqrt(2)*120.0*math.sin(2*math.pi*60*t - \
        120*math.pi/180)
vc = math.sqrt(2)*120.0*math.sin(2*math.pi*60*t - \
        240*math.pi/180)
sys_u = [va, vb, vc]
```

Im obigen Codebeispiel importiert „import math" das eingebaute Mathematikmodul, das mit Python verfügbar ist. Dieses Modul hat nützliche Funktionen wie $\sqrt{}$ (sqrt), Sinus (sin) oder Konstanten wie π (pi). Diese Objekte (Funktionen oder Konstanten) können als Mitglieder des Mathematikmoduls aufgerufen werden. Um die oben genannten Quellspannungen für eine bestimmte Zeitdauer mit einem festen Zeitschritt zu erzeugen, lautet der Code wie folgt:

```
import math
for t_index in range(1000):
        t = t_index*10.0e-6
        va = math.sqrt(2)*120.0*math.sin(2*math.pi*60*t)
        vb = math.sqrt(2)*120.0*math.sin(2*math.pi*60*t - \
                120*math.pi/180)
        vc = math.sqrt(2)*120.0*math.sin(2*math.pi*60*t - \
                240*math.pi/180)
        sys_u = [va, vb, vc]
```

Die For-Schleife erzeugt eine Reihe von Werten für die Variable t. Da Schleifen ein sehr kritischer Teil des Simulators sind und in Verbindung mit Listen stehen, wollen wir sie zusammen betrachten.

Die oben verwendete Funktion „range" ist eine sehr nützliche Funktion in Python, die eine Liste entsprechend den ihr übergebenen Argumenten generiert. Um die Details der Funktion zu erfahren, führen Sie

```
print range.__doc__
```

in einer IDE aus. Kurz gesagt, der Bereich (1000), wie es im obigen Beispiel verwendet wird, erstellt eine Liste [0, 1, 2, · · ·, 999]. Die Funktion kann nur eine Liste von Ganzzahlen erstellen, weshalb wir zur Generierung eines Zeitpunkts, der eine Gleitkommazahl ist, eine Zahl aus der Liste mit dem Zeitschritt 10 μs multiplizieren. Die For-Schleife weist jedem Element in der Liste die angegebene Variable zu und führt den Block von Anweisungen innerhalb der For-Schleife aus, der durch den Einzug gekennzeichnet ist. Es ist auch möglich, einen Schritt in der Bereichsfunktion zusammen mit expliziten Start- und Stoppzahlen zu generieren. Daher wird

```
range (3, 10, 2)
```

die Liste [3, 5, 7, 9] generieren, da die Funktion nun im Bereich (Anfang, Ende, Schritt) liegt. Wenn kein Schritt angegeben ist, wird angenommen, dass er 1 ist. Daher wird der Bereich (3, 6) die Liste [3, 4, 5] erzeugen. Es ist auch möglich, eine absteigende Liste als Bereich (10, 3, −2) zu generieren, um [10, 8, 6, 4] zu erhalten. Aus diesen Beispielen sollte hervorgehen, dass die Liste mit der angegebenen Anfangszahl beginnt und Zahlen in folgender Weise hinzufügt werden:

```
number + step <= stop
```

Für eine abnehmende Liste wird die Bedingung sein:

```
number + step >= stop
```

Eine Zahl wird nicht erscheinen, wenn sie die Endbedingung verletzt. Aus diesem Grund könnte eine Liste leer sein. Der Bereich (4, 3) beispielsweise erzeugt eine leere Liste [], da der Schritt, wenn er nicht angegeben ist, 1 ist und die Anfangszahl 4 die Bedingung $4 + 1 <= 3$ verletzt. Andererseits erzeugt der Bereich (4, 3, −1) eine Liste mit einem einzigen Element [4], da nur die Anfangszahl die Bedingung $4 - 1 >= 3$ erfüllt.

Das nächste Beispiel verwendet die oben genannte Bereichsfunktion zusammen mit einer weiteren eingebauten Funktion len(), um die Multiplikation von Matrizen durchzuführen. Um durch die Elemente eines Vektors zu iterieren, würde die folgende Schleifenanweisung funktionieren:

```
for c1 in range(len(vector_a)):
```

`len(vector_a)` würde die Länge der Liste `vector_a` zurückgeben. Also würde `len([1, 3, 5, 7])` 4 erzeugen, und der Bereich `(len([1, 3, 5,`

7])) wäre wiederum gleich dem Bereich (4), was [0, 1, 2, 3] wäre. Daher würde c1 durch die Indizes der Liste `vector_a` iterieren, was wir wollen. Also:

```
for c1 in range(len(vector_a)):
        print vector_a[c1]
```

wird erzeugen:

```
1
3
5
7
```

Eine Matrix oder ein Array in Python ist lediglich eine Sammlung von Listen innerhalb einer Liste. Also, eine 4 × 4-Matrix wie eine Einheitsmatrix der Größe 4 × 4wäre [[1,0,0,0], [0,1,0,0], [0,0,1,0], [0,0,0,1]]. Wenn wir auf jedes Element dieser Matrix zeilenweise zugreifen möchten, würden die folgenden eingebetteten Schleifen funktionieren:

```
for c1 in range(len(matrix_b)):
        for c2 in range(len(matrix_b[c1])):
```

Die äußere Schleife iteriert über die Elemente der Liste, die auch Listen sind, die die Zeilen der Matrix darstellen. Die innere Schleife iteriert über die Elemente der Zeilen. Die Funktion `len(matrix_b)` gibt die Anzahl der Elemente innerhalb der Liste `matrix_b` zurück, die die Zeilen sind, während `len(matrix_b[c1])` die Länge der Zeilen zurückgibt, die die Anzahl der Spalten der Matrix sind. Auf die Elemente der Matrix kann dann als `matrix_b[c1][c2]` zugegriffen werden. Lassen Sie uns nun `matrix_b` und `vector_a` multiplizieren.

```
vector_c = []
for c1 in range(len(matrix_b)):
        if len(matrix_b[c1])==len(matrix_a):
                element_sum = 0.0
                for c2 in range(len(matrix_b[c1])):
                        element_sum += matrix_b[c1][c2]*
                                        matrix_a[c2]
                vector_c.append(element_sum)
        else:
                print ''Matrices are not compatible''
                del vector_c
                break
```

Das Ergebnis der Multiplikation ist `vector_c`. In diesem Beispiel sind ein paar Dinge neu. Bevor zwei Matrizen oder eine Matrix und ein Vektor multipliziert werden, muss überprüft werden, ob sie kompatibel sind. In diesem Fall muss die

Anzahl der Spalten von matrix_b gleich der Anzahl der Elemente von vector_a sein, sonst sind die Matrizen nicht kompatibel. Da eine Matrix eine Sammlung von Listen innerhalb einer Liste ist, muss diese Überprüfung für jede Zeile von matrix_b durchgeführt werden, um sicherzustellen, dass kein Fehler vorliegt. Im Falle einer Inkompatibilität wird der Fehler ausgegeben und das resultierende vector_c wird gelöscht, da die vorhandenen Elemente irrelevant sind. Die Break-Anweisung veranlasst, dass die Ausführung aus der For-Schleife springt und das Programm beendet. Die Break-Anweisung bewirkt, dass die Ausführung die Schleife verlässt, in der sie gefunden wird. Wenn die Break-Anweisung in der inneren Schleife von verschachtelten Schleifen auftritt, würde die Ausführung zur äußeren Schleife springen, aber mit dieser Schleife fortfahren, was wiederum dazu führen würde, dass die innere Schleife erneut durchlaufen wird. Daher ist die Funktion break eine bequeme Möglichkeit, die Ausführung einer bestimmten Schleife zu stoppen. Das Ergebnis vector_c beginnt als leere Liste. Das muss nicht der Fall sein. vector_c kann zu einer Liste mit vier Elementen initialisiert werden, und jedem Element kann sein Wert zugewiesen werden, anstatt dass der neueste Wert berechnet und an vector_c angehängt wird, wie im Beispiel gezeigt. Oft werden die resultierenden Matrizen erstellt und initialisiert. Das obige Beispiel zeigt lediglich, wie ein einfaches Beispiel mit eingebauten Listenfunktionen realisiert werden kann.

```
vector_c = [0.0, 0.0, 0.0, 0.0]
for c1 in range(len(matrix_b)):
        if len(matrix_b[c1])==len(matrix_a):
                for c2 in range(len(matrix_b[c1])):
                        vector_c[c1] += matrix_b[c1][c2]*
                                        matrix_a[c2]
        else:
                print ''Matrices are not compatible''
                del vector_c
                break
```

Matrixmanipulationen sind das Rückgrat des Schaltungssimulators und für detaillierte Beispiele zu verschiedenen Arten von Matrixoperationen lesen Sie den Code in solver.py des Schaltungssimulators. Neben der Matrixmultiplikation findet sich dort auch Code zur Durchzuführung von Matrixdreiecksbildung und Matrixinversion sowie zur Lösung von Matrixgleichungen.

2.8 Beispiele für Python-Code im Simulator – Strings

Im Schaltungssimulator spielen Strings eine wichtige Rolle in der Benutzeroberfläche. Jede Eingabe vom Benutzer, ob über die Befehlszeile oder über Tabellenkalkulationen, wird zunächst in Form von Strings extrahiert und dann in andere Objekte umgewandelt. Dieser Abschnitt wird einige Codebeispiele in Bezug auf

Tab. 2.1 Einzelne Zeile eines Tabellenblatts mit Schaltplänen

Spalten	A	B	C	D	E
Zeile	Draht	`Widerstand_R1`	Draht	`Induktor_L1`	Draht

den Schaltungssimulator liefern, die den Lesern helfen, ihren eigenen Python-Code zu schreiben.

Die Benutzeroberfläche wird im nächsten Kapitel ausführlich beschrieben. An dieser Stelle wird jedoch, um diesen Abschnitt relevant zu machen, eine kurze Beschreibung der Verwendung von Tabellenkalkulationen als Benutzeroberfläche gegeben. In diesem Schaltungssimulator werden die meisten Eingaben vom Benutzer aus Tabellenkalkulationen bezogen, die als Comma-Separated-Value(.csv)-Dateien gespeichert werden. Dies bedeutet, dass Schaltpläne, Komponentenparameter, Simulationsparameter und Steuerfunktionsbeschreibungen alle .csv-Dateien sind. Wenn eine Tabellenkalkulation als .csv-Datei gespeichert wird, ist das Ergebnis eine Textdatei, in der jede Zeile der Tabellenkalkulation eine separate Zeile in der Textdatei ist und die Zellen in einer Zeile durch Kommas voneinander getrennt sind. Darüber hinaus werden die Zeilen in der .csv-Datei durch Zeilenumbruchszeichen beendet. Als Beispiel betrachten Sie die folgende Zeile einer Tabellenkalkulation (Tab. 2.1)

Wenn die obige Zeile als .csv-Datei gespeichert wird, sieht sie aus wie die unten stehende Textzeile:

```
''wire,Resistor_R1,wire,Inductor_L1,wire\n''
```

Um die Zeilen aus einer als .csv-Datei gespeicherten Tabelle zu lesen, wird der folgende Code verwendet:

```
nw_layout = []
ckt_file = open(''sample_ckt.csv'', ''r'')
for line in ckt_file:
        nw_layout.append(line)
```

Die `Open`-Anweisung öffnet die Datei im Lesemodus und der Inhalt der Datei befindet sich im Objekt `ckt_file`. Dieses Objekt `ckt_file` enthält eine vollständige Reihe von integrierten Funktionen zur Behandlung von Funktionen, und der Leser wird ermutigt, die Mitgliedsfunktionen mit einem Dateiobjekt zu überprüfen. Die For-Schleife in diesem Fall durchläuft jeden String im Objekt `ckt_file`, der das Schaltungslayout enthält. Eine Zeile in der .csv-Datei wird durch ein Zeilenumbruchszeichen beendet, das entweder `''\n"` oder `''\r"` sein kann, wie im obigen Beispiel gezeigt.

Nachdem die Zeilen der .csv-Datei als Strings extrahiert und als Elemente der Liste `nw_layout` gespeichert sind, besteht der nächste Schritt darin, jedes Element, das den Zeilen der Tabelle entspricht, aufzuteilen. Dazu verwenden wir die Funktion `Split()`, die mit jedem String in Python verbunden ist. Nehmen wir z. B. an, die oben als Beispiel gegebene Zeile ist die fünfte Zeile in `nw_layout`,

d. h. nw_layout[4]. Es gibt einen Unterschied zwischen dem Listenindex und der Zeilennummer, da die Zeilennummer mit 1 beginnt, während der Listenindex mit 0 beginnt. Daher gilt

```
nw_layout[4] = ''wire,Resistor_R1 ,wire,Inductor_L1 ,wire\n''
```

Durchführen:

```
nw_layout[4].split('','')
```

was den String in nw_layout[4] mit dem Komma „," als Trennzeichen aufteilt und liefert:

```
[''wire'', ''Resistor_R1'', ''wire'', ''Inductor_L1'', ''wire\n'']
```

Der folgende Codeblock extrahiert ein gesamtes Schaltungslayout aus einer .csv-Datei und speichert es als Matrix, d. h. eine Liste, die Listen enthält, wie zuvor beschrieben.

```
nw_layout = []
ckt_file = open(''sample_ckt.csv'', ''r'')
for line in ckt_file:
        nw_layout.append(line.split('',''))
```

Auf diese Weise kann die Schaltung in einer als .csv-Textdatei gespeicherten Tabelle in eine Matrix in Python extrahiert werden. Es ist immer möglich, dass der Benutzer führende oder nachfolgende Leerzeichen in einer Zelle lässt. Außerdem ist es unerlässlich, alle Zeilenumbruchzeichen ''\n" oder ''\r" in der Matrix, die die Schaltung darstellt, zu entfernen. Dies kann durch Manipulation von Zeichenketten erfolgen. Nehmen wir an, das Element nw_layout[0][1] = "Resistor_R1" hat ein führendes Leerzeichen. Die folgende Aussage könnte dieses Leerzeichen beseitigen:

```
nw_layout[0][1] = nw_layout[0][1][1:]
```

Der Grund, warum dies möglich ist, liegt darin, dass eine Zeichenkette als Liste (ein Array) von Zeichen gesehen wird. So

```
nw_layout[0][1] = '' Resistor_R1'' = ['' '', ''R'', ''e'',
                    ''s'', ''i'', ''s'', ''t'', ''o'',
                    ''r'', ''_'', ''R'', ''1'']
```

Python erlaubt das Extrahieren von Elementen aus einer Liste in Form einer anderen Liste. Daher ist [1:] eine Extraktionsmethode, bei der das Element 1 bis zum letzten Element (wenn das zweite Element nicht angegeben ist, ist es das letzte) extrahiert wird, um eine andere Liste und in diesem Fall eine Zeichenkette zu bilden. Um einige weitere Beispiele zu geben, betrachten Sie

```
nw_layout[0][1][1:4]
```

Dies bedeutet, dass Elemente von 1 bis 4-1 extrahiert werden. Daher wird das Ergebnis „Res“ sein. Der Leser wird ermutigt, die oben genannte Methode mit einigen Beispielen in einer IDE auszuprobieren, um den Dreh herauszufinden. Im Allgemeinen wird für eine Liste (oder Zeichenkette) x der Länge N die Extraktion

```
x[n:m]
```

eine Liste der Elemente von x erzeugen, die von n bis m-1 beginnt. Wenn jedoch `n>m`, ist das Ergebnis eine leere Liste. Der Codeblock zum Entfernen von führenden Leerzeichen lautet:

```
if nw_layout[0][1]:
        while nw_layout[0][1][0]==‘‘ ’’:
                nw_layout[0][1] = nw_layout[0][1][1:]
                if not nw_layout[0][1]:
                        break
```

Bevor man versucht, irgendeine Änderung an einer Zeichenkette vorzunehmen, ist es notwendig zu überprüfen, ob die Zeichenkette nicht eine Nullzeichenkette ist. Der Versuch, auf irgendein Element einer Nullzeichenkette zuzugreifen, wird einen Index außerhalb des Bereichsfehlers erzeugen. Die nächste While-Schleife wird weiterhin überprüfen, ob das erste Element (Zeichen) einer Zeichenkette ein Leerzeichen ist, und wenn ja, wird es dieses entfernen, indem es die Zeichenkette ab Zeichen 1 bis zum letzten Zeichen extrahiert. Nach jeder Extraktion wird überprüft, ob die resultierende Zeichenkette eine leere Zeichenkette ist, da wir in diesem Fall die Schleife verlassen müssen und nicht versuchen sollten, auf irgendein Element davon zuzugreifen.

In ähnlicher Weise wie oben müssen auch die nachfolgenden Leerzeichen entfernt werden. Es gibt zwei Methoden, um dies zu tun. Zum Beispiel, nehmen wir an, die obige Zeichenkette war

```
nw_layout[0][1] = ‘‘Resistor_R1 ’’
```

Um das nachfolgende Leerzeichen auszuschließen, wird der folgende Befehl ausreichen:

```
nw_layout[0][1][:len(nw_layout[0][1])−1]
```

Dies wird funktionieren, weil das Startelement, wenn es nicht angegeben ist, als 0. Element der Zeichenkette (oder Liste) angenommen wird und die Extraktion ein Element vor dem angegebenen Stoppelement, das in diesem Fall die Länge der Zeichenkette ist, endet. Eine bequemere Art, die oben genannte Aufgabe auszuführen, ist:

```
nw_layout[0][1][:−1]
```

Wie bereits erwähnt, kann das letzte Element einer Liste (oder einer Zeichenkette) in Python als −1. Element aufgerufen werden. Daher ist das Element [−1] gleichwertig mit `[len(nw_layout[0][1])-1]` und daher wird [:−1] die Zeichenkette vom 0. Element bis zum vorletzten Element extrahieren, wodurch das nachfolgende Leerzeichen ausgeschlossen wird. Der Codeblock zum Extrahieren der nachfolgenden Leerzeichen wäre wie folgt:

```
if nw_layout[0][1]:
        while nw_layout[0][1][-1]==' ':
                nw_layout[0][1] = nw_layout[0][1][:-1]
                if not nw_layout[0][1]:
                        break
```

Die Zeilenumbruchzeichen `''\n"` oder `''\r"` können auf ähnliche Weise entfernt werden:

```
if nw_layout[0][1]:
        while nw_layout[0][1][-1]=='\n' \
                or nw_layout[0][1][-1]=='\r':
                nw_layout[0][1] = nw_layout[0][1][:-1]
                if not nw_layout[0][1]:
                        break
```

Die Zeilenumbruchzeichen `''\n"` oder `''\r"` sind nur die letzten Zeichen in einer Zeichenkette, da sie eine Zeile in der Tabelle beenden, wenn sie als .csv-Datei gespeichert wird. Das Entfernen von führenden und abschließenden Leerzeichen und Zeilenumbruchzeichen wird für alle aus Tabellen extrahierten Daten durchgeführt. Dies liegt daran, dass bei der Vergleichung von zwei Zeichenketten die Hinzufügung eines einzigen Zeichens wie eines Leerzeichens ausreicht, um den Algorithmus zu unterbrechen.

2.9 Beispiele für Python-Code im Simulator – Wörterbücher

Wörterbücher werden im Schaltungssimulator häufig verwendet, da sie einen schnellen Zugriff auf Daten ermöglichen, vorausgesetzt, jedes Datenobjekt ist mit einem eindeutigen Schlüssel gekennzeichnet. In einigen Anwendungen ist der Schlüssel eindeutig, während in anderen ein eindeutiger Schlüssel aus dem Zustand der Schaltung generiert werden muss und beim Zugriff auf die Daten eine gewisse Menge an Buchführung notwendig ist.

Das erste Beispiel für ein Wörterbuch im Schaltungssimulator gilt für die Art der Komponenten, die in einem Schaltplan gefunden werden. Als Beispiel betrachten wir eine Schaltung, die die folgenden Komponenten hat:

```
Resistor_R   Inductor_L1 , Resistor_R2 , Capacitor_C1 , Ammeter_A1
```

Um die Art einer Komponente zu bestimmen, wird die Zeichenkette, die die gesamte Komponente enthält, wie folgt mit dem Unterstrich (_) aufgeteilt:

```
ckt_comp.split(''_'')
```

Wenn die Komponente „`Resistor_R1`" ist, wird das Ergebnis der Aufteilung die Liste [„Resistor", „R1"] sein. Daher wurde die Komponente in den Typ und den Namen der Komponente aufgeteilt. Anfangs wird ein leeres Wörterbuch mit dem Namen `components_found` erstellt.

```
components_found = {}
```

Wenn eine Komponente in Typ und Name aufgeteilt wird, wird überprüft, ob der Typ in `components_found` existiert. Dies kann durch Überprüfen der Schlüssel in der Komponente ermittelt werden:

```
if not ckt_comp.split(''_'')[0] in \
        components_found.keys():
```

Da `components_found` ein leeres Wörterbuch ist, wird `components_found.keys()` eine leere Liste zurückgeben. Da die obige Bedingung zutrifft, kann ein Schlüssel namens „Resistor" wie folgt erstellt werden:

```
components_found[ckt_comp.split(''_'')[0]] = []
```

was übersetzt wird zu:

```
components_found[''Resistor''] = []
```

Wir initialisieren das Objekt, das dem Element mit dem Schlüssel „Resistor" entspricht, mit einer leeren Liste, da alle in der Schaltung gefundenen Widerstände zu dieser Liste hinzugefügt werden. Dann fügen wir den ersten gefundenen Widerstand wie folgt hinzu:

```
components_found[ckt_comp.split(''_'')[0]].append( \
        [ckt_comp.split(''_'')[1], comp_cell_position])
```

```
components_found[''Resistor''].append([''R1'', ''5E''])
```

Eine Liste, die den Namen der Komponente als 0. Element und die Position der Tabellenzelle als 1. Element enthält, wird hinzugefügt. Die Position der Tabellenzelle `comp_cell_position` von „5E" ist im obigen Beispiel völlig willkürlich. Diese Zellenposition wird von der Tabelle durch eine separate Funktion berechnet. Das Wörterbuch `components_found` sieht nun so aus:

```
{''Resistor'': [[''R1'', ''5E'']]}
```

Wenn `Resistor_R2` hinzugefügt werden muss, sieht der Code so aus:

```
if not ckt_comp.split(''_'')[0] in components_found.keys():
        components_found[ckt_comp.split(''_'')[0]] = []
else:
        components_found[ckt_comp.split(''_'')[0]].append\
                ([ckt_comp.split(''_'')[1], \
                comp_cell_position])
```

Im obigen Fall fügt eine `Else`-Bedingung die Liste mit `Resistor_R2` hinzu, da der Wörterbuchschlüssel `Resistor` existiert. Nachdem die Komponente `Resistor_R2` hinzugefügt wurde, sieht `components_found` so aus:

```
{''Resistor'': [[''R1'', ''5E''], [''R2'', ''9D'']]}
```

Auf diese Weise werden alle Widerstände in der Schaltung als Listen mit zwei Elementen (Name und Tabellenposition) zur Liste hinzugefügt, die dem Schlüssel „Resistor" entspricht.

Wenn alle Komponenten im Beispiel hinzugefügt werden, wird das Wörterbuch `components_found` sein:

```
{''Resistor'': [[''R1'', ''5E''], [''R2'', ''9D'']],
        ''Inductor'': [[''L1'', ''12F'']],
        ''Capacitor'': [[''C1'', ''4D'']],
        ''Ammeter'': [[''A1'', ''2C'']]}
```

Der Vorteil der Verwendung von Wörterbüchern besteht darin, dass Daten, die einem Schlüssel entsprechen, viel schneller extrahiert werden können, da Python schnelle Suchfunktionen hat. Ohne Wörterbücher müssten wir unsere eigenen Datenstrukturen erstellen und Suchalgorithmen generieren, um Daten zu extrahieren. Für einen großen Schaltkreis mit einer großen Anzahl von Komponenten verschiedener Typen kann die Parameter-Datei für die Komponenten viel schneller generiert werden, als die Komponenten in einer allgemeinen Liste zu suchen. In diesem Fall war der Schlüssel der Komponententyp, der ein vordefinierter Satz von Möglichkeiten ist. Der Schaltungssimulator verwendet jedoch auch Wörterbücher für Fälle, in denen die Schlüssel aus dem Zustand der Schaltung generiert werden. Zum Beispiel speichert eine Schaltung Daten in Bezug auf die Schaltung basierend auf der Anzahl der Zweige, die in einer bestimmten geschlossenen Schleife vorhanden sind. Angenommen, es gibt sechs Zweige in der Schaltung. Und nehmen wir an, dass in einer gegebenen geschlossenen Schleife nur die Zweige 2, 4 und 5 (ab 0 gezählt) vorhanden sind. Daher kann eine Zeichenkette verwendet werden, um diese Schleife in Bezug auf die in ihr vorhandenen Zweige darzustellen als:

```
''001011''
```

wo „0“ anzeigt, dass ein Zweig nicht in der Schleife vorhanden ist, während eine „1“ anzeigt, dass ein Zweig in der Schleife vorhanden ist. Die obige Zeichenkette kann generiert werden, indem die Schleife auf das Vorhandensein von Zweigen untersucht wird. Der Wörterbucheintrag für die obige Schleife könnte sein:

```
{‘‘001011’’: <Loop object>}<Loop object>
```

ist ziemlich komplex und eine Sammlung von Matrizen und Listen, die alle notwendigen Gleichungen für die bestimmte Schleife generieren. Auf diese Weise kann für jede Schleife ein Such-Tag generiert werden und dieser kann verwendet werden, um nach vorhandenen Schlüsseln im Wörterbuch zu suchen. Wenn der Tag existiert, werden die Daten extrahiert. Wenn der Tag nicht existiert, werden die Matrizen berechnet und ein neuer Eintrag mit diesem Schlüssel-Tag wird erstellt.

2.10 Schlussfolgerungen

Dieses Kapitel hat einen Überblick über die Python-Konstrukte gegeben, die im Schaltungssimulator verwendet werden. Ein bedeutendes Merkmal von Python ist, dass alles ein Objekt ist. Daher enthält jeder Datentyp eingebaute Funktionen. Ein Beispiel ist die `Split`-Funktion, die mit Zeichenketten verfügbar ist und im Simulator ausgiebig verwendet wird. Eine der Hauptmerkmale von Python war die Einfachheit, mit der ein komplexes Datenobjekt erstellt werden kann. Ein Beispiel wurde von einer Liste gegeben, die Gleitkommazahlen, Zeichenketten und sogar andere Listen enthält. Der Schaltungssimulator nutzt diese Funktionalität von Python umfangreich. Wie in den kommenden Kapiteln gezeigt wird, erfordert die Schaltungsanalyse das Sammeln von Informationen über die Schaltung in verschiedenen Formen – Zweigkarten, Schleifenkarten usw. Darüber hinaus führen Aktualisierungen der Schaltungsinformationen bei jeder Iteration der Schaltungsanalyse zu Aktualisierungen verschiedener Datenstrukturen, die entscheiden, wie die nächste Iteration der Schaltungsanalyse fortgesetzt werden soll. All dies erfordert komplexe Datenstrukturen, die eine Kombination aus Listen, Gleitkommazahlen, Zeichenketten und manchmal benutzerdefinierten Objekten sind. Die Verwendung von Python hat daher die Zeit für die Entwicklung von Algorithmen erheblich reduziert.

Der größte Teil des Codes für den Schaltungssimulator wurde im Laufe der Zeit evolutionär und mit häufigen Modifikationen entwickelt. Die Verwendung von Python und den eingebauten Bibliotheken hat es einfacher gemacht, Algorithmen und zugehörige Datenstrukturen kontinuierlich zu modifizieren. Das Hauptziel dieses Projekts war es, einen Schaltungssimulator zu erarbeiten, der sehr große Schaltungen ohne signifikante Rechenbelastung simulieren kann. Diese Aussage enthält einige Widersprüche. Zunächst einmal hat die Verwendung einer so hochrangigen Sprache wie Python eine inhärente signifikante Rechenbelastung in den Simulator eingebaut. Der Schaltungssimulator hat jedoch immer noch den Vorteil, leichtgewichtig zu sein, da er ohne eine grafische Benutzeroberfläche in Bezug auf die Rechenbelastung nicht zu schwer für einen Prozessor ist. Als Beispiel wurde der Schaltungssimulator verwendet, um mehrere Simulationen parallel auszuführen. Um zu erläutern, nehmen wir an, eine Schaltung muss simuliert werden, aber mehrere Fälle müssen ausgeführt werden – verschiedene Lasten, verschiedene Eingangsbedingungen, verschiedene Steuerparameter. Wenn einige oder alle dieser Fälle parallel ausgeführt werden können, würde dies eine erhebliche Menge an Entwicklungszeit sparen. Bei einigen der simulierten Systeme waren mehrere gleichzeitige Simulationen möglich, was ein signifikanter Vorteil des Schaltungssimulators ist. Daher hat die Wahl einer Hochsprache wie Python für den Schaltungssimulator keinen bedeutenden Einfluss auf die Leistung in Bezug auf die Geschwindigkeit der Simulationen gehabt.

Wie bereits erwähnt, war einer der Gründe für die Wahl von Python die wissenschaftlichen und mathematischen Anwendungen, die in Python entwickelt werden. Zum Zeitpunkt des Erstellens dieses Buches wurden nur in Python integrierte Module wie das Mathematikmodul verwendet. Für die Zukunft ist jedoch der Einsatz von Modulen wie NumPy oder SciPy geplant. Bei der Simulation von Schaltungen ist es auch notwendig, eine Nachbearbeitung von Daten wie Fourier-Analyse, Wavelet-Transformationen und andere Signalverarbeitungsfunktionen durchzuführen. Es wird eine eigenständige Software entwickelt, die diese Funktionen ausführt, und zu einem späteren Zeitpunkt könnte der Schaltungssimulator mit diesen Modulen kombiniert werden. Dies wäre notwendig, wenn der Schaltungssimulator mit kommerzieller Simulationssoftware vergleichbar sein soll, die eine Vielzahl von Verarbeitungs- und mathematischen Funktionen zusammen mit der Schaltungssimulation bietet.

Die nächsten Kapitel werden beschreiben, wie der Schaltungssimulator verwendet werden kann, um Leistungselektronikschaltungen zu simulieren. Der Schwerpunkt dieser Kapitel wird darauf liegen, als Benutzerhandbuch für jeden zu dienen, der den Schaltungssimulator einsetzen möchte. Kap. 3 wird beschreiben, wie Schaltpläne entwickelt werden können und welche Komponentenbibliothek mit dem Simulator verfügbar ist. Kap. 4 wird zeigen, wie eine Steuerfunktion mit diesem Simulator geschrieben werden kann und wie spezielle Variablen verwendet werden können, um mathematische Berechnungen durchzuführen. Kap. 5 wird darlegen, wie eine Simulation in Stufen mit einem Shunt-verbundenen VAR-Kompensator als Beispiel entwickelt werden kann. Diese drei Kapitel werden Codebeispiele enthalten und die Bedeutung der Merkmale des Schaltungssimulators mit Beispielen beschreiben. Das kurze Python-Tutorial, das in diesem Kapitel bereitgestellt wurde, würde es einem Leser ermöglichen, den Beispielcode zu verstehen, während er die folgenden Kapitel liest. Der Leser könnte auch den Blog lesen, der Fallstudien mit Simulationsergebnissen enthält.

Kapitel 3
Benutzeroberfläche

Zusammenfassung Dieses Kapitel beschreibt die Schnittstelle, die der Simulator zur Interaktion mit dem Benutzer verwendet. In diesem Kapitel wird die Philosophie erläutert, die hinter der Wahl von Tabellenkalkulationen als Methode zur Extraktion von Informationen vom Benutzer steht, sei es zur Eingabe von Simulationsparametern, Schaltplänen, Parametern der Komponenten in den Schaltplänen und auch zur Struktur von Steuerungsfunktionen. Das Kapitel legt dar, wie die Struktur jeder Komponentenklasse in der Simulatorbibliothek und wie die vom Benutzer eingegebenen Daten von jeder Komponentenklasse verarbeitet werden. Das Kapitel behandelt auch das Konzept, wie Klassen für jede gefundene Komponente instanziiert werden, was zu Objekten führt und wie diese Objekte vom Simulator referenziert werden. Weiterhin wird der Ablauf der Ausführung im Simulator beschrieben und wie der Simulator die vom Benutzer bereitgestellten Daten verarbeitet und sie dem Kernsimulationssystem zur Verfügung stellt.

Schlüsselwörter Benutzeroberfläche · Tabellenkalkulationen · Schaltpläne · Objektorientierte Programmierung · Klassen · Instanziierung · Zeiger · Justified · Simulationsablauf

3.1 Einführung

Im Kap. 2 wurde eine grundlegende Einführung in Python und einige Codebeispiele gegeben, wie sie im Schaltungssimulator verwendet werden. Mit diesem Kapitel beginnt eine detaillierte Erklärung des Schaltungssimulators. Die Benutzeroberfläche bildet die äußerste Schicht des Simulators, da hier der Datenaustausch mit dem Benutzer stattfindet. Die Benutzeroberfläche besteht derzeit aus einer Kombination von Tabellenkalkulationen und Befehlszeileneingaben, da der Simulator keine grafische Benutzeroberfläche hat. Kap. 5 liefert ein detailliertes Beispiel dafür, wie eine Schaltung simuliert wird und beschreibt den Schritt-für-Schritt-Prozess der Verwendung des Simulators. In diesem Kapitel liegt der

S. V. Iyer, *Simulation nichtlinearer Schaltungen in der Leistungselektronik mit Python*, https://doi.org/10.1007/978-3-031-58981-2_3

Schwerpunkt auf den verschiedenen Eingaben, die der Benutzer machen kann und wie diese vom Simulator verarbeitet werden.

Die Benutzeroberfläche besteht aus einer Kombination von Fragen, die vom Simulator gestellt werden, und Daten in Tabellenkalkulationen, die als .csv-Dateien gespeichert sind. Wenn der Simulator Daten benötigt, die eingegeben oder in einer Tabelle aktualisiert werden sollen, verwendet der Simulator die Befehlszeile oder Shell, um den Benutzer über die Tabelle zu informieren, die aktualisiert werden muss und wann er bereit ist, fortzufahren. Eine grundlegende Fehlerprüfung wird in jeder Phase durchgeführt, um sicherzustellen, dass bestimmte unzulässige Operationen nicht durchgeführt werden. Wenn Fehler auftreten, informiert der Simulator den Benutzer über den Ort des Fehlers in den Tabellen. Die Benutzeroberfläche wurde so interaktiv wie möglich gestaltet, um sicherzustellen, dass der Benutzer über die erwartete Eingabe, benötigte Korrekturen und den Zeitpunkt, zu dem die Simulationsergebnisse dargestellt werden können, informiert wird.

Zum Zeitpunkt der Bucherstellung wurde die Benutzeroberfläche aus zwei Gründen minimalistisch gestaltet. Erstens, um sicherzustellen, dass der Simulator leichtgewichtig ist und die geringstmöglichen Ressourcen des Prozessors verbraucht. Dies liegt daran, dass die vorgeschlagene Anwendung des Simulators auf große Schaltungen mit mehreren Stromwandlern abzielt. Zweitens ist der Simulator durch die Bereitstellung einer minimalen Schnittstelle zwischen Betriebssystemen portabel und, was noch wichtiger ist, ein Simulationsfall, der auf einem Betriebssystem entworfen wurde, kann direkt in einem anderen verwendet werden. Dies ist besonders praktisch, wenn ein Benutzer ein Betriebssystem verwenden möchte, um ein Simulationsszenario zu entwerfen und dann die Simulation über einen längeren Zeitraum auf einem anderen Computer über eine virtuelle Maschine oder Remote-Login ausführen möchte. Um den Simulator nutzen zu können, benötigt ein Benutzer Python, einen Editor für Python-Skripte, eine Tabellenkalkulationssoftware und eine Drittanbieter-Plotting-Software.

3.2 Schaltungsrepräsentation

Die erste Stufe im Schaltungssimulator besteht darin, ein Schaltungsschema zu erstellen. Ein Schaltungsschema sollte in der Lage sein, die in einer Schaltung vorhandenen Komponenten zu beschreiben und auch zu erläutern, wie diese Komponenten miteinander verbunden sind. Das Ziel des Schaltungssimulators ist es, große Schaltungen mit mehreren Stromwandlern simulieren zu können. Daher sollte die Methode zur Darstellung von Schaltungen für große Schaltungen praktisch sein. Gleichzeitig wäre es wünschenswert, dass der Simulator zwischen Betriebssystemen portabel ist. Die Benutzeroberfläche zur Bereitstellung von Daten für den Simulator sind Tabellenkalkulationen – sei es das Schaltungsschema oder die Parameter der Komponenten. Einer der Gründe für die Wahl von Tabellenkalkulationen als Eingabemodus ist, dass Tabellenkalkulationen allgegenwärtig sind und Software zum Bearbeiten und Erstellen von ihnen in jedem Betriebssystem verfügbar ist. Die Schaltung wird in einer Tabelle „gezeichnet“. Jede Tabellenkalkulationssoftware kann verwendet werden, solange sie die Datei als Comma-Separated-Value(.csv)-Datei speichern kann und jedes einzelne Feld ein in Anführungszeichen eingeschlossene Zeichenkette ist. Eine .csv-Datei ist im Grunde eine Textdatei, die von jeder Dateihandlungsfunktion in Python gelesen werden kann. In der .csv-Datei erscheint jede Zeile der Tabelle in einer separaten Zeile und die Inhalte der Zellen in einer Zeile sind durch Kommas getrennt. Gleichzeitig kann eine .csv-Datei in einer Tabellenkalkulationssoftware geöffnet werden. Das Öffnen einer .csv-Datei in einer Tabellenkalkulationssoftware führt dazu, dass der Benutzer einige der mit der Software verfügbaren Funktionen verliert. Da das einzige Ziel der .csv-Datei jedoch ein Eingabemodus für den Simulator ist, stellen die nicht verfügbaren Funktionen keinen Nachteil dar. Der Vorteil einer solchen Darstellung besteht darin, dass eine komplexe Schaltung auf fast grafische Weise, aber ohne grafische Benutzeroberfläche, beschrieben werden kann. Die Tabelle kann als zweidimensionales Gitter behandelt werden, auf dem die Schaltungskomponenten platziert und durch Drähte miteinander verbunden sind. Ein weiterer Vorteil eines solchen zweidimensionalen Gitters besteht darin, dass eine in einer Zelle platzierte Komponente durch die eindeutige Zellenposition referenziert werden kann. In diesem Abschnitt wird beschrieben, wie der Schaltungssimulator ein Schaltungsschema in einer Tabelle verarbeitet.

Betrachten Sie die einfache Schaltung in Abb. 3.1. Eine solche Schaltung kann in einer Tabelle wie folgt beschrieben werden, siehe Abb. 3.2. Wie aus der Tabelle ersichtlich ist, kann eine Schaltung recht bequem beschrieben oder „gezeichnet“ werden, da in diesem Schema nur die Konnektivität wichtig ist. Das obige Schema zeigt, wie Komponenten miteinander verbunden sind, um Zweige zu bilden, und wie diese Zweige wiederum miteinander verbunden sind. Die meisten kommerziellen Softwareprogramme bieten eine grafische Benutzeroberfläche (GUI), in der ein Benutzer tatsächlich Werkzeuge verwenden kann, um eine Schaltung zu zeichnen. Die Komponenten hätten eindeutige Symbole für die Komponenten in der oben gezeigten Schaltung. In der Tabelle werden diese Symbole jedoch durch Schlüsselwörter ersetzt – VoltageSource, Resistor, Inductor. Normalerweise bietet die GUI auch eine Option, bei der die Komponenten Symbole haben und diese Symbole im Schema sichtbar gemacht werden können. In der Tabelle sind jedoch die Symbole der Komponenten – V1, R1, R2, R3, L1 – immer vorhanden und sind mit den Komponenten verbunden. Die „Draht“-Elemente in der Tabelle sind lediglich Drahtverbinder, die zum Verbinden von Komponenten verwendet

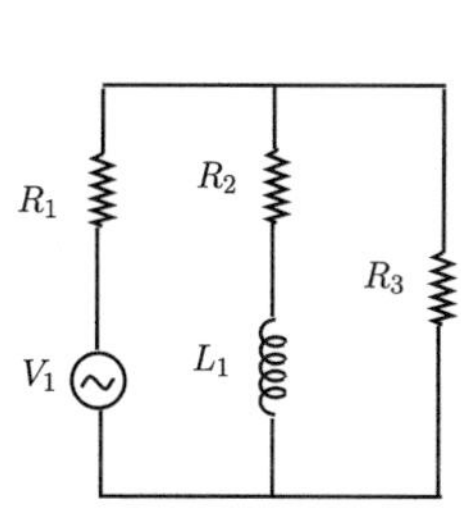

Abb. 3.1 Beispiel einer Schaltung

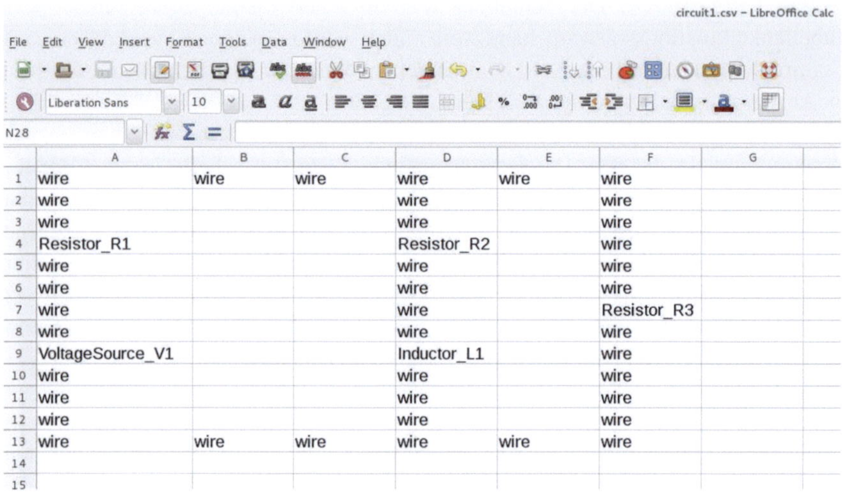

circuit1.csv – LibreOffice Calc

	A	B	C	D	E	F	G
1	wire	wire	wire	wire	wire	wire	
2	wire			wire		wire	
3	wire			wire		wire	
4	Resistor_R1			Resistor_R2		wire	
5	wire			wire		wire	
6	wire			wire		wire	
7	wire			wire		Resistor_R3	
8	wire			wire		wire	
9	VoltageSource_V1			Inductor_L1		wire	
10	wire			wire		wire	
11	wire			wire		wire	
12	wire			wire		wire	
13	wire	wire	wire	wire	wire	wire	
14							
15							

Abb. 3.2 Tabellenkalkulationsschema der Schaltung

werden. Komponenten können nebeneinander platziert werden, wenn der Benutzer dies bevorzugt, aber das Verbinden von ihnen mit Drähten macht die Schaltung ansprechender und erleichtert auch das Einfügen von Komponenten in Zweige zwischen bestehenden Komponenten. Zwei Komponenten in benachbarten Zellen implizieren eine elektrische Verbindung. Dies könnten zwei elektrische Komponenten, zwei Drahtelemente oder ein Drahtelement und eine Komponente sein. Umgekehrt bedeutet eine leere Zelle keine elektrische Verbindung. Daher bedeutet es, wenn zwei Komponenten durch mindestens eine leere Zelle getrennt sind, dass sie nicht physisch entlang dieses Pfades verbunden sind. Die Schaltung hat zwei Knoten, wie aus der Abbildung und der Tabelle ersichtlich ist. Ein Knoten wird einfach durch ein Drahtelement gebildet, das Drahtelemente auf mindestens drei Zellen neben ihm hat. Eine detailliertere Beschreibung von Knoten, Zweigen und Schleifen wird im nächsten Kapitel gegeben. Dieses Kapitel konzentriert sich darauf, wie der Benutzer Eingaben an den Schaltungssimulator gibt.

Wenn die Tabelle als .csv-Datei gespeichert wird, erscheint sie in der Art und Weise, wie in Abb. 3.3 gezeigt. Diese Textdatei kann in jedem Texteditor geöffnet und wichtiger noch als gewöhnliche Textdatei gelesen und behandelt werden. Die Textdatei ist jedoch eine bequeme Form der Eingabe in den Schaltungssimulator. Allerdings kann der Benutzer zum Zwecke der Bearbeitung der Schemadatei die .csv-Datei immer noch in jeder Tabellenkalkulationssoftware wie jede andere Tabelle öffnen und bearbeiten. Daher bietet dies einen doppelten Vorteil – die Leichtigkeit des Lesens in Python und auch die Benutzerfreundlichkeit in Bezug auf die Benutzeroberfläche. Wie bereits erwähnt, wenn die Tabelle als .csv-Datei gespeichert wird, ist es notwendig, das Trennzeichen zwischen den Zellen als Komma anzugeben. In der obigen Textdatei ist zu sehen, dass die Elemente

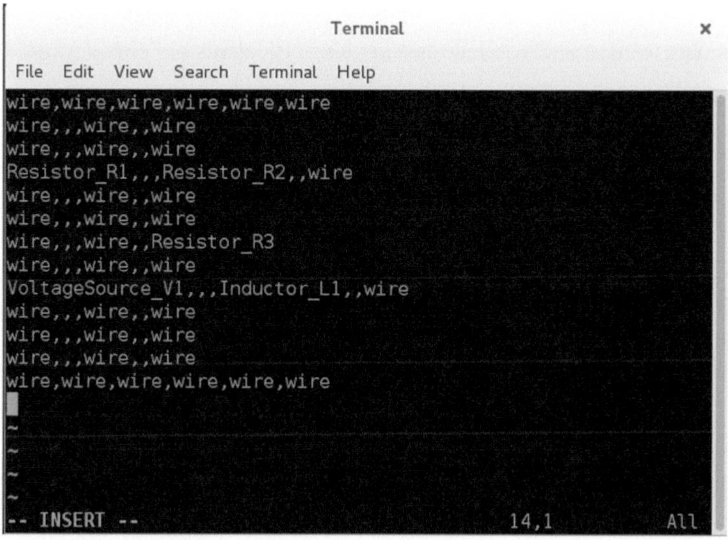

Abb. 3.3 Textdatei des Schaltungsschemas

durch ein Komma getrennt sind. Im Falle einer leeren Zelle wird es kein Element zwischen zwei Kommas geben. Dies wird jedoch vom Simulator berücksichtigt, da das Fehlen eines Elements in einer Zelle keine elektrische Verbindung bedeutet und daher ein Nullelement ist. Dies wird im nächsten Abschnitt ausführlich erklärt, wenn das Konzept der Schaltungsmatrix eingeführt wird. Auch, wie bereits erwähnt, wird jede Zeile der Tabelle in einer anderen Zeile der .csv-Datei erscheinen. Dies kann jedoch zwischen den Softwareprogrammen variieren. Die meisten Softwareprogramme fügen standardmäßig das Zeilenumbruchzeichen `''\n''` nach jeder Zeile hinzu. Einige fügen jedoch `''\r''` zwischen den Zeilen hinzu, wenn sie als .csv-Dateien gespeichert werden. Der Simulator sucht nach beiden als Zeilenumbruchzeichen. Wenn jedoch ein anderes Zeilenumbruchzeichen verwendet wird, ist es ratsam, in die Optionen zu schauen und es in `''\n''` oder `''\r''` zu ändern. Darüber hinaus sind die Komponenten in der oben genannten .csv-Datei Zeichenketten. Daher wird, wenn sie von Python gelesen werden, `Resistor_R1` zu „`Resistor_R1`". Dies liegt daran, dass der Inhalt jeder Zelle der Tabelle in Anführungszeichen eingeschlossen wird. Einige Tabellenkalkulationsprogramme verwenden einfache Anführungszeichen ', während andere doppelte Anführungszeichen " verwenden. Der Simulator sucht nach einem dieser Anführungszeichen. Es ist jedoch unerlässlich, dass einige Anführungszeichen, entweder einfache oder doppelte, verwendet werden, damit der Inhalt der Zellen als Zeichenketten gelesen wird. Auf diese Weise können alle spezialisierten Funktionen, die in Python zur Verfügung stehen, um mit Zeichenketten umzugehen, verwendet werden.

Der nächste Abschnitt wird beschreiben, wie die Komponenten vom Simulator interpretiert werden und wie jede Instanz eines Elements ein einzigartiges Objekt bildet.

3.3 Verarbeitung von Komponenten

Der vorherige Abschnitt hat gezeigt, wie eine Schaltung in einer Tabelle dargestellt wird. Dieser Abschnitt wird vorstellen, wie einzelne Komponenten innerhalb der Schaltung vom Simulator verarbeitet werden. Zunächst gibt es drei Arten von Komponenten im Schaltungssimulator wie bisher:

1. Komponenten – Widerstände, Kondensatoren usw.
2. Sprungmarken
3. Drahtelemente

Die Komponenten sind der Hauptteil des Schaltungssimulators, und die späteren Abschnitte werden sich vollständig der Beschreibung aller verfügbaren Komponenten widmen. Sprungmarken sind lediglich Verbinder, die Zweigsegmente miteinander verbinden. Die Art und Weise, wie mit Sprungmarken umgegangen wird, wird ausführlich in Kap. 6 erläutert, indem die Bestimmung der Zweige beschrieben wird. Die im vorherigen Abschnitt erwähnten Drahtelemente sind Verbinder zwischen Komponenten und tragen zur Klarheit der Schaltung bei. Beginnen wir mit den Komponenten.

Das Beispiel im vorherigen Abschnitt enthielt eine Spannungsquelle, einen Widerstand und eine Induktivität. Es gab nur eine VoltageSource, `VoltageSource_V1`, und einen Inductor, `Inductor_L1`, während es mehrere Resistor-Elemente gab – `Resistoϖϕϖr_R1`, `Resistor_R2` und `Resistor_R3`. In den meisten anderen Simulationsprogrammen wird das Schaltbild eine grafische Benutzeroberfläche (GUI) haben, in der die Komponenten ein einzigartiges Symbol oder eine einzigartige Form haben, und wenn man ihre Eigenschaften aufruft, wird ein Dialogfeld geöffnet, in dem die Parameter aufgelistet sind. Zum Beispiel wäre die Spannungsquelle V1 das Symbol einer Wechsel- oder Gleichspannungsquelle mit folgenden Parametern – Spannungsspitze, Frequenz, Phasenwinkel, Gleichspannungsversatz. Ein weiterer Parameter, der normalerweise aufgelistet ist, aber die meisten Benutzer oft nicht bemerken, ist der Name der Komponente. Simulatoren weisen standardmäßig Symbole mit verschiedenen Benennungsschemata zu; z. B. könnten Spannungsquellen automatische Namen von V1, V2, V3 usw. haben. Der Benutzer hat normalerweise die Möglichkeit, diese Namen zu ändern und in größeren Schaltungen ist es ratsam, dies zu tun. In diesem Schaltungssimulator muss der Benutzer den Namen der Komponente zusammen mit dem Typ angeben. In `VoltageSource_V1` ist `VoltageSource` der Typ der Komponente und V1 ist der Name. Das Unterstrichzeichen (_) wird als Trennzeichen verwendet, um den Typ der Komponente vom Namen der Komponente zu trennen. Da der Teil vor dem Unterstrich (_) der Typ der Komponente ist, kann der Benutzer nur zwischen einer Liste von vordefinierten Komponenten wählen oder seine eigene Komponentenklasse erstellen. Der Teil nach dem Unterstrich (_) ist der Name der Komponente. Dies liegt völlig im Ermessen des Benutzers und kann eine beliebige Kombination aus Buchstaben und Zahlen sein. Allerdings muss für jeden bestimmten Typ von Komponente der Name jeder Instanz einzigartig sein. Auch ist das Unterstrichzeichen (_) in keinem dieser Namen erlaubt, da es ein Trennzeichen zwischen dem Typ und dem Namen der Komponente ist.

Sprungmarken sind lediglich Verbindungsstücke im Schaltplanschema. Wie zuvor erwähnt, werden Sprungmarken ausführlich in Kap. 6 behandelt, aber eine kurze Beschreibung ihrer Funktion wird hier der Vollständigkeit halber gegeben. Sprungmarken werden verwendet, um zwei Segmente eines Zweiges zu verbinden. Sprungmarken müssen paarweise auftreten. Dies liegt daran, dass eine Sprungmarke eine entsprechende Sprungmarke haben muss, von der aus die Verzweigungsstrecke fortgesetzt werden muss. Daher sucht der Simulator bei der Suche nach einem Zweig, wenn er auf eine Sprungmarke trifft, nach der entsprechenden Sprungmarke und fährt von dieser Position aus im schematischen Tabellenblatt fort. Nur eine Sprungmarke zu haben, ist ein Fehler, da der Simulator keinen Zweig abschließen kann. Mehr als zwei Sprungmarken mit dem gleichen Namen sind ein Fehler, da der Simulator nur eine andere Position im Tabellenblatt haben muss, von der aus er die Suche nach dem Zweig fortsetzen kann. Um eine Sprungmarke zu definieren, muss eine Zelle in einem Tabellenblatt die ersten vier Buchstaben „jump" haben und der Rest ist ein eindeutiger Bezeichner für die Sprungmarke. Als Beispiel besteht „jumpsourcevolta" aus dem Sprungbezeichner und dem eindeutigen Label „sourcevolta". Es ist ratsam, bei der Benennung von Sprungmarken so ausführlich wie möglich zu sein, um die Überprüfung eines Schaltplanschemas zu erleichtern.

Die erste Stufe der Verarbeitung besteht darin, die gefundenen Komponenten nach ihrem Typ zu sortieren. Daher wird es in Bezug auf die im vorherigen Abschnitt gezeigte Schaltung für die Komponententypen VoltageSource und Inductor jeweils nur einen geben, nämlich V1 und L1. Für die Komponente Resistor wird es drei Instanzen R1, R2 und R3 geben. Alle Komponenten in der Schaltung werden in einem Wörterbuch namens ComponentsFound zusammengefasst. Für die gezeigte und beschriebene Schaltung wird ComponentsFound sein:

```
{''VoltageSource'': [''V1'',''9A''], ''Inductor'': [''L1'',
                                                      ''9D''],
      ''Resistor'': [[''R1'',''4A''], [''R2'',''4D''],
                     [''R3'', ''7G'']]}
```

Die Schlüssel des Wörterbuchs ComponentsFound sind die Komponententypen, da sie einzigartig sind, und die Werte für jeden Schlüssel sind die Namen dieser Komponenten, die in der Schaltung gefunden wurden. Nur die in einer Schaltung gefundenen Komponenten erscheinen im obigen Wörterbuch. Ein Beispielcode wurde in Kap. 2, Abschn. 2.9 bereitgestellt, um zu beschreiben, wie dieses Wörterbuch erstellt wird. Wenn ein Element in der Schaltung gelesen wird und mit dem Unterstrich (_) als Trennzeichen aufgeteilt wird, ist der erste Teil der Typ der Komponente. Wenn dieser Komponententyp im Wörterbuch ComponentsFound existiert, wird der Name der Komponente, der der zweite Teil ist, zur vorhandenen Liste hinzugefügt, die der Wert des Komponentenschlüssels ist. Wenn der Komponententyp nicht existiert, wird ein neuer Schlüssel zum Wörterbuch ComponentsFound hinzugefügt und der Name der Komponente wird als Erster in der Liste der gefundenen Komponenten dieses Typs hinzugefügt. Der Zweck der Erstellung dieses Wörterbuchs besteht darin, zwei Fehler zu überprüfen, die ein Benutzer machen könnte, aber den Simulator zum Abbruch bringen würden. Der erste Fehler ist, wenn zwei Komponenten desselben Typs den gleichen Namen haben. Zum Beispiel können nicht zwei Widerstandskomponenten den Namen R1 haben. Dies kann sofort erkannt werden, wenn die Komponenten in einem Wörterbuch wie dem oben genannten zusammengefasst werden, da überprüft werden kann, ob der Name einer Komponente, die zur Werteliste hinzugefügt wird, bereits in dieser Liste existiert und daher eine doppelte Komponente ist. Der zweite Fehler ist, dass eine Komponente nicht in der Bibliothek existiert. Dies könnte auf einen einfachen Tippfehler zurückzuführen sein oder der Benutzer geht davon aus, dass eine Komponente existiert, die aber noch nicht in der Grundbibliothek vorhanden ist.

Sobald alle Komponenten zum Wörterbuch ComponentsFound hinzugefügt und Fehler beseitigt wurden, ist der nächste Schritt die Erzeugung von Objekten für jede gefundene Komponente. Ein Objekt in diesem Fall unterscheidet sich vom Standard-Python-Konstrukt. In Python sind alle Variablen und alle Funktionen Python-Objekte. Dies liegt daran, dass selbst, wenn eine Variable nur einen String enthält, sie Funktionen oder Methoden hat, die auf den von der Variable gespeicherten String wirken können. Bei der Gestaltung von Objekten für die Komponenten im Simulator enthält jedes Objekt Daten für den Typ der Komponente, die es repräsentiert, und verfügt über Methoden oder Funktionen, die auf diese Daten wirken und die Daten an den Schaltungssimulator übertragen. Jeder Komponententyp hat eine andere Klasse mit diesem Namen. Daher gibt es für Widerstände eine Widerstandsklasse und alle in der Schaltung gefundenen Widerstandskomponenten haben ein Objekt, das eine Instanz dieser Widerstandsklasse ist. Auf diese Weise wird jede in der Schaltung gefundene Komponente ein einzigartiges Objekt haben. Eine detaillierte Beschreibung der in den Objekten für jeden Komponententyp enthaltenen Daten und auch der Art der Methoden, die auf diese Daten wirken, wird in den nächsten Abschnitten gegeben. In diesem Abschnitt geht es um ein anderes Konzept, und zwar wie diese Objekte benannt, referenziert und vom Schaltungssimulator aufgerufen werden. Um dies zu erläutern, wird der Schaltungssimulator mit fortschreitender Zeit in jeder Iteration der Simulation auf die Daten im Objekt jeder Komponente zugreifen, die Matrizen für die Schleifen- und Knotenanalyse aktualisieren und diese Matrixgleichungen lösen. Nach der Schleifen- und Knotenanalyse wird der Schaltungssimulator die Daten im Objekt in jeder Komponente aktualisieren. Daher benötigt der Schaltungssimulator eine effiziente Möglichkeit, auf das Objekt jeder Komponente zuzugreifen und die Daten der Komponente zu manipulieren.

Der erste Teil besteht darin, das Objekt für jede Komponente automatisch zu benennen. Dieser Name sollte eindeutig sein. Es gibt zwei Möglichkeiten in dieser Angelegenheit. Die erste ist der Typ der Komponente und der Name genauso, wie er im Schaltplanschema erscheint. Zum Beispiel könnte Resistor_

R1 einen Objektnamen von Resistor_R1 haben. Es könnte mehrere Widerstandskomponenten im Schema geben, aber es kann nicht zwei Widerstandskomponenten mit dem Namen R1 geben. Daher wäre dieser Name eindeutig. Der Vorteil ist, dass die Namen der Objekte offensichtlich und leicht zu debuggen wären im Gegensatz zu einer zufälligen Seriennummer. Der Nachteil ist, dass bei einer großen Schaltung mit mehreren Komponenten diese Benennungsschema zu langen Namen führen könnte, die ineffizient sein könnten, wenn auf die Objekte zugegriffen wird. Die andere Option ist die Zellenposition. Zum Beispiel ist in dem oben genannten Beispiel die Zellenposition für Resistor_R1 4A. Eine Zelle in der Tabelle kann nicht zwei Komponenten enthalten. Daher ist durch die Verwendung der Zellenposition ein eindeutiger Name für das Objekt jeder Komponente garantiert. Der Vorteil dieser Methode ist, dass die Zeichenkettenlängen für die Objektnamen viel kleiner sein werden. Der Nachteil wäre, dass die Namen nicht so offensichtlich wären wie die Namen im Schaltplanschema, was es notwendig machen würde, beim Debuggen Querverweise zu erstellen. Zum Zeitpunkt der Bucherstellung gilt die Konvention, das Objekt jeder Komponente in der Schaltung in Bezug auf die Zellenposition im Tabellenblatt zu benennen. Daher ist für die als Beispiel gewählte Schaltung das Wörterbuch, das die Objekte aller Komponenten in den Schaltungen enthält:

```
{''4A'':<ObjectR1 >, ''9A'':<ObjectV1 >, ''4D'':<ObjectR2 >,
        ''9D'':<ObjectL1 >, ''7G'':<ObjectR3 >}
```

In dem obigen Wörterbuch sind die Objekte, die innerhalb von ⟨⟩ bezeichnet sind, nur zur Beschreibung des Konzepts. In Wirklichkeit werden dies Zeiger auf die Objekte sein, die erstellt werden, wenn Python eine Instanz einer Klasse eines Komponententyps erstellt. Daher wird der Wert jedes Schlüssels ein willkürlicher Wert sein, den ein Benutzer nicht verstehen wird, da er vom Python-Compiler generiert wird.

Mit einem Hintergrund darüber, wie eine benutzerdefinierte Schaltung vom Schaltungssimulator verarbeitet wird, werden wir nun untersuchen, wie ein Komponentenobjekt gebildet wird. Der folgende Abschnitt wird die Daten beschreiben, die von jedem Objekttyp enthalten sind, und daher die Parameter beschreiben, die für jedes Objekt angegeben werden können. Der Abschnitt danach wird die Funktionen oder Methoden beschreiben, die auf diese Daten wirken und die Systemmatrizen aktualisieren, die vom Schaltungssimulator verwendet werden.

3.4 Datenstrukturen von Komponenten

Die in Komponentenobjekten enthaltenen Daten lassen sich in drei Typen einteilen – solche, die automatisch generiert werden, solche, die vom Benutzer eingegeben werden, und solche, die im Laufe der Simulation aktualisiert werden. Zunächst werden wir die Daten beschreiben, die automatisch generiert werden und mehr oder weniger für alle Arten von Komponenten gemeinsam sind. Die grundlegenden Variablen, die in jeder Klassendefinition eines Komponententyps vorhanden sind, sind Typ, Position, Tag und Index. Typ ist der Typ des Komponentenobjekts – z. B. wird jedes Objekt des Komponententyps Widerstand dies als „Widerstand" haben. Position ist die Position der Komponente in der Tabelle. Diese Position wird jedoch nicht genau mit der Position in der Tabellenposition übereinstimmen, da diese sowohl Zahlen als auch Buchstaben enthält. Stattdessen wird die Position die Position der Komponente in der Matrix sein, die aus der Tabelle extrahiert wird. So wird beispielsweise der Widerstand R1, der sich an der Zellenposition 4A in der Tabelle befindet, in der Schaltungsmatrix [3, 0] sein und dies wird der Wert von Position sein. Tag ist der Name der Komponente in der Tabelle. Also für Widerstand_R1 an 4A wird das Tag „R1" sein. Index ist eine Standardvariable, die generiert wird, wenn die Komponenten aus der Schaltung gelesen werden. Dies hilft beim Debuggen, hat aber keine Relevanz für den Betrieb des Schaltungssimulators.

Die nächsten Variablen, die für alle gleich sind, sind Statusflags. Diese sind „IsMeter" (ist ein Messgerät), „IsControllable" (ist steuerbar) und „HasVoltage" (hat Spannung), und ihre Werte sind boolesche Variablen – wahr oder falsch. Die Variable „IsMeter" ist wahr, wenn die Komponente die Fähigkeit hat, eine physikalische Größe zu messen. Derzeit hat der Simulator nur Voltmeter und Amperemeter als Messgeräte, bei denen diese Variable auf wahr gesetzt ist. Mit dieser Variable kann der Simulator die Komponenten bestimmen, deren gemessene Werte in der Ausgabedatei gespeichert werden sollen, mit der der Benutzer Wellenformen plotten kann. „IsControllable" ist wahr, wenn eine Komponente kontrolliert werden kann und in allen anderen Fällen falsch. Komponententypen, bei denen diese Variable wahr ist, sind ControlledVoltageSource, VariableResistor, VariableInductor und Switch. Es ist immer möglich, sich andere Elemente vorzustellen, die einen kontrollierbaren Status haben können, in welchem Fall sie auch diese Variable auf wahr gesetzt haben werden. „HasVoltage" ist eine Variable, die wahr ist, wenn die Komponente eine Spannungsquelle hat. Die Komponententypen VoltageSource und ControlledVoltageSource haben diese Variable auf wahr gesetzt, da ihre Funktion im Simulator darin besteht, eine Spannungsquelle erzeugen zu können. Jede Komponente kann jedoch eine Spannungsquelle haben, die als parasitärer Abfall dienen könnte – z. B. können Dioden und Schalter einen programmierten Spannungsabfall neben dem Widerstand haben. Wenn eine Komponente gefunden wird, bei der diese Variable „HasVoltage" auf wahr gesetzt ist, fügt der Simulator die Komponente zur SourceList hinzu. Diese SourceList wird verwendet, um den Eingabevektor zu generieren, der alle Spannungsquellen enthält, die der Schaltungssimulator zur Durchführung der Schaltungsanalyse verwenden wird. Dieses Konzept wird in den späteren Kapiteln bei der Beschreibung der Schleifen- und Knotenanalyse erläutert.

Tab. 3.1 Widerstandsparameter

Variable	Standardwert
Widerstand	100
Typ	„Widerstand“
Tag	Aus der Schaltung
Position	Aus der Schaltung
HasVoltage	Falsch
IsMeter	Falsch
IsControllable	Falsch

Abb. 3.5 Induktor

Abb. 3.4 Widerstand

Nun werden wir beginnen, die spezifischen Daten zu beschreiben, die in jedem Komponententyp enthalten sind. Im Folgenden werden alle Komponenten vorgestellt, die in den Schaltungssimulator aufgenommen werden können.

3.4.1 *Widerstand*

Der grundlegendste Komponententyp hat als einzige spezifische Variable den Wert des Widerstands und diese Variable ist der Widerstand. Der Standardwert der Variable, wenn ein Objekt dieser Klasse instanziiert wird, beträgt 100 Ohm. Das Symbol für den Widerstand ist in Abb. 3.4 zu sehen Die Liste der Variablen für Widerstandskomponententypen befindet sich in Tab. 3.1.

3.4.2 *Induktor*

Ein weiterer grundlegender Komponententyp hat als einzige spezifische Variable den Wert des Induktors und diese Variable ist der Induktor. Der Standardwert der Variable, wenn ein Objekt dieser Klasse instanziiert wird, beträgt 0,001 Henry. Das Symbol für den Induktor ist in Abb. 3.5 zu sehen. Die Liste der Variablen für Induktorkomponententypen befindet sich in Tab. 3.2.

Tab. 3.2 Induktionsparameter

Variable	Standardwert
Induktor	0.001
Typ	„Induktor“
Tag	Vom Schaltkreis
Position	Vom Schaltkreis
HasVoltage	Falsch
IsMeter	Falsch
IsControllable	Falsch

Abb. 3.6 Spannungsquelle

3.4.3 Spannungsquelle

Dies ist ein Basiskomponententyp, der einige Variablen mehr hat als die beiden vorherigen. Es wird angenommen, dass die Spannungsquelle eine Wechselstromquelle mit konstanter Größe und Frequenz ist, mit einer anfänglichen Phasenverschiebung oder -verzögerung und mit einer möglichen Gleichstromverschiebung. Daher sind dies die Parameter des Komponententyps. Darüber hinaus hat eine Spannungsquelle auch eine Polarität. Wenn eine Spannungsquelle in einen Zweig eingefügt wird, zeigt die positive Polarität zu einem der Knotenpunkte des Zweigs hin. Diese Polarität erhält den Standardwert von [–1, –1], wenn das Objekt erstellt wird.

Wenn jedoch die Zellenposition der Spannungsquelle gelesen wird, wird die Polarität willkürlich dem nächsten Element im Zweig zugewiesen und es bleibt dem Benutzer überlassen, sie zu ändern. Das Symbol der Spannungsquelle ist in Abb. 3.6 dargestellt. Die Parameter des Komponententyps sind in Tab. 3.3 aufgelistet.

VoltageOutput ist die endgültige Ausgabe der Quelle, die wie folgt berechnet wird:

```
Peak*sin(2*pi*Frequency*Time + Phase) + DcOffset
```

In diesem Fall hat der Komponententyp die Variable „HasVoltage“ auf wahr gesetzt und daher wird jede Komponente dieses Typs von dem Simulator zur Quellenliste hinzugefügt. Wenn der Benutzer eine Gleichstromquelle anstelle einer Wechselstromquelle möchte, kann der Spitzenwert auf null gesetzt werden und die Variable DcOffset enthält den Wert der Spannungsquelle. Die Wechselstromkomponente wird standardmäßig als Sinuskurve in Bezug auf den aktuellen Zeitpunkt berechnet. Die Variable Phase ermöglicht es jedoch dem Benutzer, einen Phasenvorlauf oder eine Verzögerung zwischen verschiedenen Spannungsquellen in der Schaltung zu definieren.

Tab. 3.3 Parameter der Spannungsquelle

Variable	Standardwert
Spitze	120
Frequenz	60
Phase	0
DcOffset	0
Spannungsausgang	0
Polarität	[–1, –1]
Typ	„Spannungsquelle“
Tag	Vom Schaltkreis
Position	Vom Schaltkreis
HasVoltage	Wahr
IsMeter	Falsch
IsControllable	Falsch

Abb. 3.7 Kondensator

3.4.4 Kondensator

Dies ist die letzte der grundlegenden passiven Komponenten. Das Symbol für den Kondensator ist in Abb. 3.7 dargestellt. Der Kondensator in diesem Schaltungssimulator wurde als Spannungsquelle für die Zwecke der Schleifen- und Knotenanalyse modelliert. Die Spannung des Kondensators wird auf der Grundlage des durch ihn fließenden Stroms aktualisiert, indem die Differentialgleichung integriert wird:

$$v = \frac{1}{C}\int idt \rightarrow v_n = v_{n-1} + \frac{1}{C} i_n \Delta T \tag{3.1}$$

Die Integration wird in einer der Methoden durchgeführt, die im nächsten Abschnitt beschrieben werden. Für den Schaltungssimulator ist der Kondensator jedoch in Bezug auf die Schleifen- oder Knotenanalyse genauso gut wie eine Spannungsquelle. Eine der Variablen dieser Komponente ist der Wert und ist der Kondensator. Die andere Variable ist die Polarität des Kondensators, die hauptsächlich im Fall von Gleichstromkondensatoren wichtig ist. Die Liste der Parameter befindet sich in Tab. 3.4.

Tab. 3.4 Kondensatorparameter

Variable	Standardwert
Kondensator	10.0e-6 (Farad)
Spannung	0
Polarität	[–1, –1]
Typ	„Kondensator“
Tag	Aus der Schaltung
Position	Aus der Schaltung
HasVoltage	Wahr
IsMeter	Falsch
IsControllable	Falsch

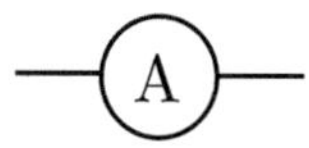

Abb. 3.8 Amperemeter

3.4.5 Amperemeter

Dieses Messgerät wird verwendet, um den Strom in dem Zweig zu messen, in dem es angeschlossen ist. Es ist eines der grundlegendsten Teile jeder Schaltung, da der Strom durch verschiedene Zweige etwas ist, das jeder Schaltungsentwickler messen und aufzeichnen möchte. Der vom Amperemeter gemessene Strom wird automatisch in der vom Benutzer angegebenen Ausgabedatei geschrieben. Physisch hat ein Amperemeter den niedrigstmöglichen Widerstand, damit es den Strom in einem Zweig, in dem es angeschlossen ist, nicht verändert. In der Simulation kann dieser niedrigstmögliche Widerstand auf null gesetzt werden und das wird er auch. Der einzige Parameter, den das Amperemeter hat, ist die Polarität – welcher Strom, der zu einem Knoten im Zweig fließt, gilt als positiv? Das Symbol des Amperemeters ist in Abb. 3.8 dargestellt Da der Widerstand gleich null ist, hat er keinen Einfluss auf einen Zweig und daher auch nicht auf die resultierende Schleifen- und Knotenanalyse. Wie in den späteren Kapiteln erklärt wird, werden die Zweigströme am Ende jeder Simulationsiteration nach der Schleifen- und Knotenanalyse aktualisiert. Je nachdem, in welchem Zweig ein Amperemeter vorhanden ist, wird der Strom des Amperemeters am Ende jeder Simulationsiteration dem Zweigstrom gleichgesetzt und dieser Strom wird in der Ausgabedatendatei aufgezeichnet. Die Liste der Parameter befindet sich in Tab. 3.5.

3.4.6 Voltmeter

Dieses Messgerät wird verwendet, um die Spannung zwischen einem Knotenpaar von Knoten zu messen, indem ein Zweig mit einem Voltmeter über dieses

Tab. 3.5 Parameter des Amperemeters

Variable	Standardwert
Gemessener Strom	0
Polarität	[–1, –1]
Typ	„Amperemeter“
Kennzeichnung	Vom Schaltkreis
Position	Vom Schaltkreis
HasVoltage	Falsch
IsMeter	Wahr
IsControllable	Falsch

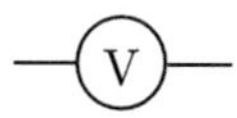

Abb. 3.9 Voltmeter

Knotenpaar verbunden wird. Genau wie das Amperemeter ist es ein äußerst wichtiger Teil des Simulators zur Messung der Spannung über verschiedene Teile der Schaltung. Im Gegensatz zum vorherigen Amperemeter ist das Voltmeter etwas komplizierter. Physisch sollte ein Voltmeter einen ausreichend großen Widerstand haben, sodass der vom Voltmeter aufgenommene Strom vernachlässigbar ist und die Ströme im eigentlichen Stromkreis nicht beeinflusst. Idealerweise würde ein unendlicher Widerstand sicherstellen, dass die Schaltung durch den Anschluss des Voltmeters nicht gestört wird. Ein unendlicher Widerstand ist jedoch in Bezug auf die Berechnungen, die in der Schleifen- und Knotenanalyse involviert sind, nicht möglich. Daher wird der Widerstand des Voltmeters als „sehr groß“ gewählt. Das Konzept von „sehr groß“ ist relativ und bedarf einer Erklärung. Es gibt Schaltungen, die von Natur aus eine geringe Leistung haben – z. B. hätte ein Gleichstrom-Gleichstrom-Wandler eines Mobiltelefons einen maximalen Strom, der unter den meisten Betriebsbedingungen weniger als ein Ampere sein könnte. Andererseits würden die meisten anderen Schaltungen ihre normalen Betriebsströme im Bereich von einigen Ampere haben. Der Schaltungssimulator konzentriert sich auf mittlere bis hohe Leistungsschaltungen, wobei typische Anwendungen in netzgekoppelten erneuerbaren Energiequellen liegen. Daher wurde angenommen, dass ein vernachlässigbarer Strom für ein Element 1 μA ziehen würde und diese Annahme wurde auch auf das Voltmeter angewendet. Der Widerstand des Voltmeters wird so berechnet, dass er einen Strom von nicht mehr als 1 μA zieht. Der einzige andere verbleibende Parameter ist die maximal mögliche Spannung, die über das Voltmeter auftreten könnte. Dieser Parameter muss nur eine Annäherung sein und könnte das Zwei- oder Dreifache der Spannungsquellen im System betragen. Das Symbol des Voltmeters ist in Abb. 3.9 dargestellt, die Parameter sind in Tab. 3.6 aufgeführt.

Tab. 3.6 Parameter des Voltmeters

Variable	Standardwert
Spannungslevel	120
Polarität	[–1, –1]
Gemessene Spannung	0
Typ	„Voltmeter"
Tag	Von der Schaltung
Position	Von der Schaltung
HasVoltage	Falsch
IsMeter	Wahr
IsContrallable	Falsch

Abb. 3.10 VariableResistor

Tab. 3.7 Parameter des VariableResistor

Variable	Standardwert
Widerstand	100
ControlTags	[„Resistance"]
ControlValues	[100]
Typ	„VariableResistor"
Tag	Vom Schaltkreis
Position	Vom Schaltkreis
HasVoltage	Falsch
IsMeter	Falsch
IsControllable	Wahr

3.4.7 VariableResistor

Dies ist eine Erweiterung der zuvor genannten Widerstandsklasse, wobei der Wert des Widerstands durch vom Benutzer geschriebenen Code steuerbar ist. Das Symbol für den VariableResistor ist in Abb. 3.10 dargestellt, während die Parameter in Tab. 3.7 aufgelistet sind. Der Wert des VariableResistor wird immer noch durch die Variable Resistor aufgerufen. Der VariableResistor hat eine Variable namens ControlTags. Alle steuerbaren Komponenten verfügen über diese Variable. ControlTags ist eine Liste aller Steuervariablen, die der Komponententyp aufweist. In diesem Fall gibt es nur eine steuerbare Variable, die standardmäßig den Namen „Resistance" trägt. Diese steuerbare Variable ist die Verbindung zwischen dem Widerstand des VariableResistor und dem vom Benutzer geschriebenen Steuercode. Daher sollte die steuerbare Variable in einen eindeutigen Namen geändert werden, der vorzugsweise relevant für die Funktion des VariableResistor ist, damit der Benutzer immer im Steuercode erkennen kann, welcher Wert des VariableRe-

Abb. 3.11 VariableInductor

Tab. 3.8 Parameter des VariableInductor

Variable	Standardwert
Inductor	0.001
ControlTags	[„Induktivität"]
ControlValues	[0.001]
Typ	„VariableInductor"
Tag	Vom Schaltkreis
Position	Vom Schaltkreis
HasVoltage	Falsch
IsMeter	Falsch
IsControllable	Wahr

sistor geändert wird. ControlValues sind die Liste der Werte der steuerbaren Variablen. In diesem Fall gibt es nur einen Wert, da nur eine Variable vorliegt. Im Falle mehrerer gesteuerter Variablen werden die Elemente in der Liste ControlValues jedoch eine Eins-zu-eins-Entsprechung mit den Namen in ControlTags haben. Das Konzept, wie der Benutzer Steuercodes schreiben kann und wie diese mit den Komponentenparametern verknüpft sind, wird in Kap. 4 beschrieben. Schließlich hat die Variable IsControllable in diesem Komponententyp nun einen Wert von True.

3.4.8 VariableInductor

Dies ist eine Erweiterung der zuvor beschriebenen Inductor-Klasse, bei der der Wert des Induktors durch vom Benutzer geschriebenen Code steuerbar ist. Das Symbol für VariableInductor ist in Abb. 3.11. Die Variablen ähneln dem zuvor beschriebenen Komponententyp VariableResistor und sind in Tab. 3.8 aufgeführt. Die steuerbare Variable heißt standardmäßig „Induktivität" und der Wert des VariableInductor kann über diese Variable im Steuercode abgerufen werden. Der Benutzer kann diese steuerbare Variable ändern, es wird empfohlen, einen einzigartigen und charakteristischen Namen für diese Variable zu wählen.

3.4.9 ControlledVoltageSource

Dies ist eine Modifikation der zuvor genannten Spannungsquellenklasse, wobei der Wert der Spannungsausgabe durch vom Benutzer geschriebenen Code steuer-

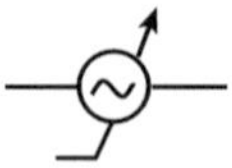

Abb. 3.12 ControlledVoltageSource

Tab. 3.9 Parameter der ControlledVoltageSource

Variable	Standardwert
ControlTags	[„VoltageOutput“]
ControlValues	[0.0]
Polarität	[–1, –1]
Typ	„Kontrollierte Spannungsquelle“
Tag	Aus der Schaltung
Position	Aus der Schaltung
HasVoltage	Wahr
IsMeter	Falsch
IsControllable	Wahr

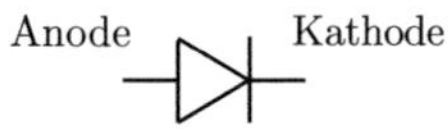

Abb. 3.13 Diode

bar ist. Das Symbol für ControlledVoltageSource (kontrollierte Spannungsquelle) ist in Abb. 3.12 zu sehen. Die steuerbare Variable ist „VoltageOutput“. Diese kann direkt durch den Benutzersteuerungscode in jeder vom Benutzer gewünschten Weise geändert werden. Die Liste der Parameter befindet sich in Tab. 3.9.

3.4.10 Diode

Das Symbol der Diode ist in Abb. 3.13 dargestellt. Die Parameter der Diode sind in Tab. 3.10 aufgelistet. Die Diode ist ein nichtlineares Element, das entweder in einem niederohmigen EIN-Zustand oder in einem hochohmigen AUS-Zustand sein kann. Die Diode hat eine Polarität und kann nur Strom leiten, der von der Anode zur Kathode fließt, und der Benutzer gibt an, in welche Richtung die Kathode zeigt. Wenn die Diode vorwärts vorgespannt ist, was bedeutet, dass die Spannungsdifferenz zwischen Anode und Kathode größer ist als eine Schwelle, die die Sperrspannung ist, schaltet die Diode EIN und geht in den niederohmigen Widerstandszustand ResistanceOn über. Wenn der Strom durch diese Diode im EIN-Zustand negativ wird, schaltet die Diode AUS und geht in den hochohmigen Widerstandszustand ResistanceOff über, wenn sie einen vernachlässigbaren Strom leitet. Wie beim Voltmeter sollte der Widerstand der Diode im AUS-Zustand so hoch sein, dass der von ihr gezogene Strom vernachlässigbar ist und den Rest

Tab. 3.10 Diode Parameter

Variable	Standardwert
Spannungslevel	120
Widerstand	ResistanceOff
Polarität	[–1, –1]
Status	Aus
Spannung	0
Strom	0
Typ	„Diode“
Tag	Von der Schaltung
Position	Von der Schaltung
HasVoltage	Falsch
IsMeter	Falsch
IsControllable	Falsch

Abb. 3.14 Schalter

der Schaltung nicht stört. Daher hat die Diode auch eine Variable VoltageLevel, um eine Schätzung der maximal möglichen Spannung zu liefern, die die Diode im rückwärts vorgespannten Zustand über sich haben könnte. Mit dieser Spannung sollte der AUS-Widerstand der Diode ResistanceOff so sein, dass er einen Strom von nicht mehr als 1 μA zieht. Wie beim Voltmeter muss diese VoltageLevel nur eine Schätzung sein und ein Multiplikator kann mit der Systemspannung verwendet werden, um zu dieser Zahl zu gelangen. Die Variable Status gibt den Zustand der Diode an – ob sie sich im EIN- oder AUS-Zustand befindet.

3.4.11 Schalter

Das Symbol für den Schalter ist in Abb. 3.14. Die Parameter eines Schalters sind in Tab. 3.11. Der Schalter ähnelt der Diode in dem Sinne, dass er den Strom nur in eine Richtung fließen lässt – von Anode zu Kathode. Ähnlich wie die Diode hat der Schalter zwei Betriebsmodi – einen Modus mit geringem Widerstand (ResistanceOn) und einen Modus mit hohem Widerstand (ResistanceOff). Im Gegensatz zur Diode hat der Schalter ein Steuersignal, das als Gating-Signal bezeichnet wird. Nur wenn das Gating-Signal hoch (1) ist, schaltet der Schalter ein, wenn er vorwärts vorgespannt ist. Umgekehrt schaltet der Schalter aus, wenn das Gating-Signal niedrig (0) ist, selbst wenn er einen Strom leitet. Wie bei den vorherigen steuerbaren Komponententypen hat der Schalter die Variable ControlTags, die eine Standardvariable „Control“ enthält. Diese Steuervariable sollte vom Benutzer so geändert werden, dass sie einzigartig und charakteristisch für den Schalter ist. Die Steuervariable ist über den vom Benutzer geschriebenen Steuercode zugänglich.

Tab. 3.11 Schalterparameter

Variable	Standardwert
Spannungslevel	120
Widerstand	WiderstandOff
Polarität	[–1, –1]
ControlTags	[„Control"]
ControlValues	[0]
Status	Aus
Spannung	0
Strom	0
Typ	„Schalter"
Tag	Vom Schaltkreis
Position	Vom Schaltkreis
HasVoltage	Falsch
IsMeter	Falsch
IsControllable	Wahr

3.5 Logischer Ablauf der Simulation

Mit der Beschreibung der Daten, die von den Komponentenobjekten enthalten sind, werden wir nun untersuchen, wie der Schaltungssimulator Daten aus diesen Komponentenobjekten für die Schaltungsanalyse extrahiert und die Daten am Ende jeder Iteration aktualisiert. Die Techniken der Schaltungsanalyse, nämlich die Schleifenanalyse und die Knotenanalyse, werden in den späteren Kapiteln vorgestellt. In der folgenden Beschreibung wird die Schaltungsanalyse als Blackbox betrachtet, wobei der Schwerpunkt auf dem Datenaustausch zwischen dem Kern-Simulationssystem und den Komponentenobjekten liegt.

Zunächst wollen wir untersuchen, wie der Simulator startet. Das Flussdiagramm in Abb. 3.15 zeigt die Startroutine, danach folgt eine Beschreibung jedes einzelnen Schrittes.

3.5.1 Simulator starten

Zum Zeitpunkt der Bucherstellung muss dies durch Ausführen der Hauptdatei „circuit_solver.py" mit Python erfolgen. Es gibt eine Reihe von Python-Umgebungen, in denen Sie Programme ausführen können, zusätzlich zu einer interaktiven Shell. In einer Unix-Umgebung kann man beispielsweise mit einer Shell wie BASH mit folgendem Befehl den Schaltungssimulator starten:

```
$ python circuit_solver.py
```

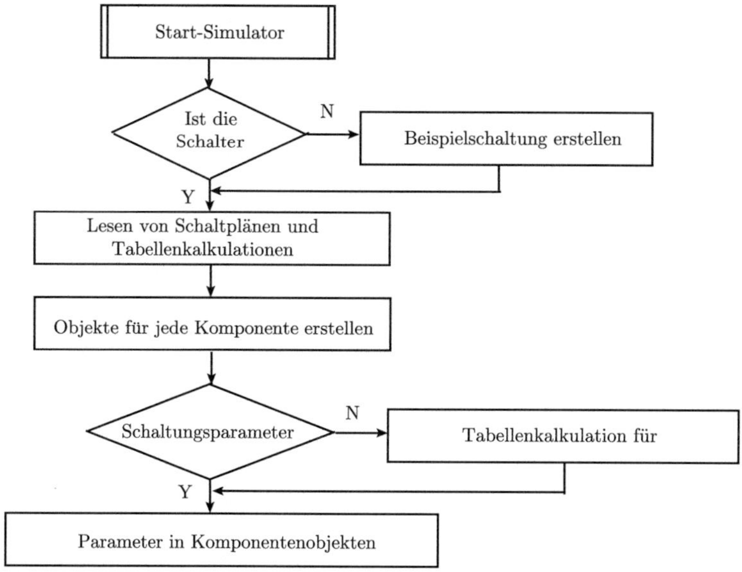

Abb. 3.15 Simulationsprozess

Tab. 3.12 Parameter der Simulation

Name der Schaltungsdatei	circuit1.csv
Zeitdauer der Simulation	180 (s)
Zeitschritt der Simulation	10.0e-6 (s)
Zeitschritt der Datenspeicherung	10.0e-6 (s)
Name der Datenspeicherungsdatei	circuit_output.dat
Name der Steuerungsdateien	
Ausgabedatei aufteilen?	Ja
Länge der Zeitfenster	30 (s)

3.5.2 *Simulationsparameter*

Nach dem Start des Schaltungssimulators sucht der Simulator nach Parametern in der Tabelle circuit_inputs.csv. Diese Tabelle enthält die Daten in Tab. 3.12 und ähnelt dem Dialogfeld für Simulationsparameter in den meisten kommerziellen Softwareprogrammen. Die Schaltungsdatei wurde für das Beispiel ausgewählt, das zu Beginn dieses Kapitels gewählt wurde. Es wird empfohlen, die Richtlinien des verwendeten Betriebssystems zu lesen, um die zulässigen Dateinamen zu kennen und diese bei der Benennung von Schaltungsdateien zu befolgen. Die einzige Anforderung des Schaltungssimulators ist, dass es sich um eine Comma-Separated-Value(.csv)-Datei handeln sollte. Die Zeitdauer und der Simulationsschritt sind ziemlich selbsterklärend – die Zeitdauer ist die maximale Zeitgrenze der Simulation und der Simulationsschritt ist das Zeitintervall nach jeder Iteration. Der Zeitschritt für die Datenspeicherung ist ein Eintrag, der bereitgestellt wird, falls der Benutzer nicht bei jedem Simulationsschritt Daten aufzeichnen möchte, da durch das Überspringen von Datenpunkten die Größe der Ausgabedatei verringert wird und sie leichter zu plotten ist. Der Name der Ausgabedatei liegt wiederum beim Benutzer und es wird empfohlen, dass die Datei den Richtlinien des Betriebssystems entspricht.

Für die Simulation des Beispiels circuit1.csv haben wir keine steuerbaren Komponenten und möchten zu diesem Zeitpunkt keine Datenverarbeitung durchführen. Daher wurden die Steuerungsdateien leer gelassen. Es sollte jedoch beachtet werden, dass es nicht notwendig ist, steuerbare Komponenten zu haben, um eine Steuerungsdatei zu erstellen. Eine Steuerungsdatei könnte in diesem Fall Verarbeitungsaufgaben wie die Berechnung von Leistung, Oberschwingungen und Spitzenwerten durchführen. Steuerungsdateien werden im Detail in Kap. 4 behandelt. Der Simulator bietet die Möglichkeit, die Ausgabedatei aufzuteilen. Dies ist besonders nützlich für Simulationen von langer Dauer, da die Ausgabedatendateien sehr groß sein können – Hunderte von Megabytes oder sogar Gigabytes. Beim Plotten von großen Dateien neigt die meiste Plottersoftware dazu, zu stottern oder hängen zu bleiben. Es ist in der Regel ratsam, die Dateien aufzuteilen und die benötigten Intervalle zu plotten. Wenn ein Intervall von keiner Bedeutung ist, können die Datendateien, die diesem Intervall entsprechen, gelöscht oder alternativ komprimiert werden, um Speicherplatz zu sparen.

Beim Start des Schaltungssimulators sucht der Simulator nach einer Tabelle circuit_inputs.csv. Falls ein neues Projekt gestartet und eine solche Tabelle nicht gefunden wurde, erstellt der Simulator eine Mustertabelle circuit_inputs.csv mit Standardwerten und fordert den Benutzer auf, diese gemäß seinen Anforderungen zu ändern. Wenn eine Tabelle circuit_inputs.csv gefunden wurde, was der Fall wäre, wenn die Simulation wiederholt wird, fordert der Simulator den Benutzer auf, die Simulationsparameter zu überprüfen.

Die in der obigen Tabelle angegebene Schaltplandatei wird vom Simulator gelesen. Es gibt zwei Aspekte bei der Verarbeitung der Schaltplandatei. Der erste Schritt ist die Bestimmung der Komponenten in der Schaltung, die in diesem Kapitel beschrieben wurde. Der zweite Schritt besteht darin, die Verbindungen zwischen den Komponenten in der Schaltung zu bestimmen. Dieses Thema wird in Kap. 6 behandelt. In Kap. 6 wird beschrieben, wie der Simulator das Schaltungslayout extrahiert und es als Matrix speichert. Ein Element der Matrix kann eine Komponente, ein Draht, ein Sprunglabel oder leer sein. Wie jedoch in Kap. 6 gezeigt wird, wird diese Schaltungsmatrix hauptsächlich zur Bestimmung der Knoten, Zweige und Schleifen in der Schaltung verwendet, um die Schaltungsanalyse durchzuführen. Diese Funktion wurde in diesem Kapitel nicht beschrieben, da der Benutzer bei der Bestimmung dieser Knoten, Zweige und Schleifen keine aktive Rolle spielt, allerdings wird in diesem Kapitel die Interaktion zwischen dem Benutzer und dem Simulator aufgezeigt.

3.5.3 Komponentenobjekte erstellen

Nachdem der Schaltungssimulator die Komponenten im vorherigen Schritt extrahiert hat, erstellt er für jede gefundene Komponente Objekte. Hier wird die objektorientierte Natur von Python ausgenutzt. In der objektorientierten Programmierung gehen Daten und Code Hand in Hand. In der traditionellen Codierung wirkt der Code auf die Daten. Da jedoch die Art der Daten variiert, muss der Code so gestaltet werden, dass er auf jede Art von Daten funktionieren kann. Als Beispiel besitzt in dem Schaltungssimulator jede Art von Komponente verschiedene Arten von Daten. Wenn also ein einziger Funktionssatz mit Code für alle in einer Schaltung vorhandenen Komponenten entworfen werden sollte, wären diese Funktionen ziemlich umständlich. Stattdessen wird durch die Definition jeder Komponentenart als Klasse mit Daten und zugehörigen Funktionen, die Code enthalten, eine weitaus effizientere Methode der Programmierung erreicht.

Dieses Kapitel hat die in jeder Art von Komponente vorhandenen Daten und die Funktion dieser Daten beschrieben. Wie gezeigt, werden einige der Daten automatisch vom Simulator generiert, während einige vom Benutzer modifiziert werden. Basierend auf dem Typ einer Komponente wird der Simulator die entsprechende Klasse instanziieren und ein Objekt erstellen, das durch die Zellenposition der Komponente referenziert wird. Die Daten in jeder Komponente sind die Standardwerte, wenn die Komponente instanziiert wird. Dies soll sicherstellen, dass der Benutzer einen Bezugspunkt hat, um Werte zu ändern. Jedes Komponentenobjekt enthält auch Mitgliedsfunktionen, die Daten zwischen den Schaltungsanalysefunktionen des Simulators und der Komponente übertragen. Darüber hinaus verarbeiten einige Mitgliedsfunktionen Komponentendaten, da viele der Komponenten Ausgänge haben.

3.5.4 Datei mit Schaltkreisparametern

Wenn der Benutzer ein neues Schaltkreisschema erstellt, z. B. in diesem Fall circuit1.csv, erstellt der Simulator automatisch Objekte für alle Komponenten. Wie bereits erwähnt, werden einige der Komponentendaten automatisch vom Simulator generiert, während andere Standardwerte zugewiesen bekommen, die vom Benutzer geändert werden können. Zum Beispiel kann der Benutzer den Namen (Tag) einer Komponente oder die Position der Zelle im Schaltplan nicht ändern. Diese werden vom Simulator generiert und wenn der Benutzer diese ändern möchte, muss die Änderung in einem Parameter-Tabellenblatt vorgenommen werden. Was die Parameter betrifft, die vom Benutzer geändert werden können, kann der Benutzer sie ändern, indem er Änderungen an einer Parameter-Tabelle vornimmt.

Für ein Schaltkreisschema circuit1.csv hat die Parameter-Datei den Namen circuit1_params.csv. Im Grunde genommen heißt die Parameter-Zeilentabelle für jede Schaltkreisdatei x.csv x_params.csv. Der Benutzer kann nun die Parameter jeder Komponente nach den Designspezifikationen des Benutzers ändern. Falls die Simulation wiederholt wird, existiert diese Parameter-Zeilentabelle bereits und wurde vom Benutzer geändert. Daher fragt der Simulator den Benutzer lediglich, die Parameter in der Zeilentabelle zu überprüfen. Eine detaillierte Beschreibung eines Simulationsbeispiels wird in Kap. 5 gegeben, wo auch die Schaltungsparameter ausführlich beschrieben sind.

3.5.5 Aktualisierung der Komponentenparameter

Nachdem der Benutzer die Parameter des Schaltkreises in der Parameter-Zeilentabelle geändert und bestätigt hat, liest der Simulator diese Parameter und aktualisiert sie in jedem Komponentenobjekt. Dieses Kapitel beschreibt nicht im Detail den Prozess der Informationsgewinnung aus der Zeilentabelle. Die Zeilentabellen müssen jedoch als .csv-Dateien gespeichert werden und stehen daher dem Simulator als Textdateien zur Verfügung. Der Leser kann sich in Kap. 2 darüber informieren, wie eine Zeile einer .csv-Datei vom Simulator extrahiert wird.

Dies sind die Schritte in der Simulation, die Eingaben vom Benutzer erfordern. Jetzt, da der Simulator das aktualisierte Schaltkreisschema und die Parameter hat, wird der Simulator Informationen über den Schaltkreis in Bezug auf die Knoten, Zweige und Schleifen des Schaltkreises generieren. Dieses Verfahren wird in Kap. 6 beschrieben. Die folgenden Kapitel werden zeigen, wie Schaltkreise simuliert werden. Bevor wir jedoch dieses Kapitel abschließen, werden wir uns ansehen, wie Informationen zwischen Komponentenobjekten und dem Simulator während des Simulationsprozesses ausgetauscht werden.

3.6 Iteratives Verfahren während der Simulation

Das Flussdiagramm in Abb. 3.16 zeigt den iterativen Prozess der Simulation. Die meisten Details zu jedem Schritt sind in den folgenden Kapiteln enthalten. Die Beschreibung in diesem Abschnitt soll jedoch dem Benutzer ermöglichen, zu visualisieren, wie der Simulator Komponentenobjekte verwendet.

3.6.1 Simulationszeitpunkt

Der Simulationszeitpunkt ist die Laufzeit der Simulation. Er wird bei jeder Iteration mit dem Simulationsschritt aktualisiert, der im Simulationsparameter angegebenen. Dieser Simulationszeitpunkt wird oft für die Erzeugung des Eingangsspannungsvektors verwendet, der für die Durchführung der Schaltkreisanalyse

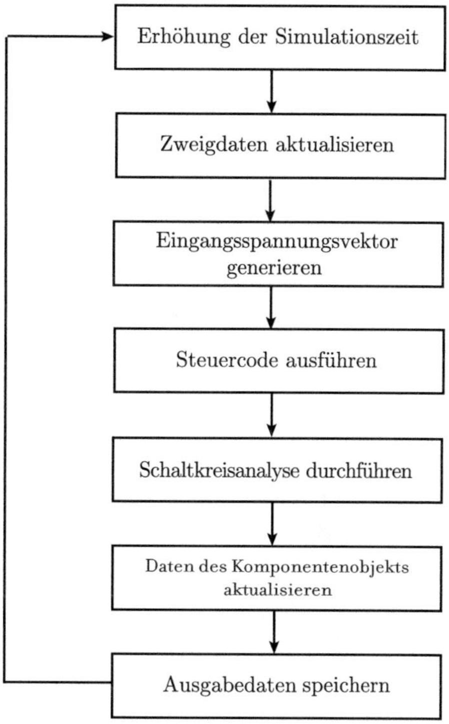

Abb. 3.16 Iterativer Prozess

genutzt wird, wie in Kap. 7 beschrieben wird. Für die meisten Simulationen ist dieses Update recht einfach. Die Aktualisierung des Zeitpunkts wird jedoch kompliziert, wenn es eine Steuerdatei gibt, die ein anderes Aktualisierungszeitintervall als den Simulationsschritt hat. Details zu dieser Planung werden in Kap. 4 beschrieben, wenn die Steuerung behandelt wird. Bei Vorhandensein von Steuerfunktionen ist es möglich, dass der Zeitschritt einer Steuerfunktion völlig anders ist als der Simulationsschritt. In diesem Fall stellt der Zeitplaner des Simulators sicher, dass eine Steuerfunktion genau zum beabsichtigten Zeitpunkt ausgeführt wird.

3.6.2 Aktualisierung der Zweigdaten

Der Simulator verarbeitet Schaltkreisdaten in zwei Stufen. Die erste Stufe besteht darin zu bestimmen, wie die Parameter der Schaltkreiskomponenten die Parameter der Zweige im Schaltkreis beeinflussen. Wie in den Kap. 7 und 8 gezeigt wird, werden die Zweige des Schaltkreises bei der Durchführung der Schaltkreisanalyse verwendet. Am Ende einer Simulationsiteration könnten sich Änderungen im Schaltkreis ergeben haben aufgrund von aktualisierten Schleifen- und Zweigströmen. Zum Beispiel könnte ein Schalter eingeschaltet, eine Diode könnte ausgeschaltet worden sein oder ein variabler Widerstand könnte seinen Wert aufgrund von Steuercode geändert haben. Diese werden Änderungen in den Parametern der Komponentenobjekte hervorrufen, und diese Änderungen in den Parametern müssen dem Schaltkreissimulator zugeführt werden. Daher wird der Zweig, in dem ein Element vorkommt, ermittelt und die Informationen zu diesem Zweigs werden aktualisiert. Diese Informationen sind der Widerstand des Zweigs, die Induktivität des Zweigs und die Spannungsquellen, die im Zweig erscheinen.

3.6.3 Erzeugung der Eingangsspannung

Ohne auf die Details der Schaltkreisanalyse einzugehen, die in den späteren Kapiteln beschrieben wird, sind die Spannungsquellen in der Schaltung die Eingabe für den Simulator. Alle Komponenten, die eine Spannungsquelle haben, wie in den Parametern im vorherigen Abschnitt beschrieben, erscheinen in einer separaten Liste namens SourceList. Bei jeder Iteration werden die Spannungen in der Quellenliste aus den Spannungen in den Komponentenobjekten aktualisiert. Betrachten Sie z. B. die VoltageSource_V1, die in dem Beispiel circuit1.csv eine einfache Sinuswelle mit einer Spitze von 100 V und einer Frequenz von 60 Hz ist. Bei jedem Zeitpunkt wird die Spannungsausgabe dieser VoltageSource_V1 im entsprechenden Komponentenobjekt aktualisiert und dies wird auf den entsprechenden Wert in der Liste SourceList übertragen. Auf diese Weise wird der Eingabevektor für die Schaltkreisanalyse aktualisiert und dieser wird wiederum verwendet, um Gleichungen zu lösen, die die Zweigströme und Knotenspannungen erzeugen. Details dazu finden Sie in den Kap. 7 und 8.

3.6.4 Steuerungscode ausführen

Wie in der Tabelle circuit_inputs.csv dargestellt, haben die Simulationsparameter eine separate Zeile für die Steuerfunktionen, die der Benutzer verwenden möchte. Es sollte an dieser Stelle noch einmal betont werden, dass eine Steuerfunktion nicht direkt oder indirekt eine Steueraktion ausführen muss und eine Schaltung keine steuerbare Komponente benötigt, um Steuerfunktionen zu verarbeiten. Steuerfunktionen könnten Daten- oder Signalverarbeitung durchführen. Einzelheiten dazu, wie ein Simulator eine Steuerfunktion verarbeitet, werden in Kap. 4 gegeben. Darüber hinaus bietet Kap. 5 ein detailliertes Beispiel für eine Simulationsfallstudie mit mehreren Steuerfunktionen und wie diese angebunden sind. Der Simulator führt jeden vom Benutzer bereitgestellten Steuercode zu jedem Simulationszeitpunkt aus. Wie in Kap. 4 beschrieben wird, kann eine Steuerfunktion mehrere verschiedene Arten von Variablen haben. Einige dieser Variablen sind bloße Steuersignale, während andere den Zustand der Schaltung beeinflussen können. Diese Aktualisierungen könnten Widerstände, Induktivitäten oder Spannungsausgänge von steuerbaren Komponenten sein.

3.6.5 Schaltungsanalyse durchführen

Der Simulator führt die Schaltungsanalyse als Kombination aus Schleifenanalyse und Knotenanalyse durch. Kap. 7 ist der Schleifenanalyse gewidmet, während im Kap. 8 die Knotenanalyse vorgestellt wird. Die Schleifenanalyse hat den Vorteil, dass sie kleinere Systemmatrizen ergibt, während sie gewöhnliche Differentialgleichungen löst. Dies ist insbesondere der Fall, wenn Schaltungen größer und komplexer werden. In einer Schaltung mit N Knoten und B Zweigen ist die Anzahl der unabhängigen Schleifen B−N+1. Als Beispiel wird eine Schaltung mit 111 Zweigen und 74 Knoten 38 unabhängige Schleifen haben. Daher wird die Anzahl der zu lösenden Gleichungen 38 sein. Im Gegensatz dazu löst die Knotenanalyse Matrizen der Größe (N−1) × (N−1), was 73×73 entspricht. Die Knotenanalyse wird vom Schaltungssimulator verwendet; jedoch, wie in Kap. 8 beschrieben wird, dient die Knotenanalyse dazu, den steifen Teil der Schaltung zu lösen und die Leitfähigkeit von nichtlinearen Geräten zu bestimmen. Daher wird durch die Begrenzung der Verwendung der Knotenanalyse die Rechenlast des Simulators verringert, ein Vorteil, der die Simulation größerer Schaltungen erleichtern soll.

3.6.6 Komponentenobjekte aktualisieren

Nach der Schaltungsanalyse werden die Schleifenströme, Zweigströme und Knotenspannungen der Schaltung aktualisiert. Diese Änderungen in den Strömen und Spannungen der Schaltungen führen zu Änderungen in den Schaltungskomponenten. Als einfaches Beispiel werden bei Komponenten wie Amperemeter und Voltmeter die gemessenen Ströme und Spannungsabfälle mit den Zweigströmen und Knotenspannungen aktualisiert. Bei einigen anderen Komponenten, insbesondere nichtlinearen Komponenten wie Dioden und Schaltern, könnten die Ströme und Spannungen dazu führen, dass sie ihre Leitfähigkeit ändern. Wenn beispielsweise der Zweigstrom sich so ändert, dass eine leitende Diode im Zweig einen negativen Strom erkennt, schaltet die Diode ab. Daher ist es nach der Durchführung der Schaltungsanalyse notwendig, die Zweigdaten zu verwenden, um die Daten in den Komponentenobjekten zu aktualisieren. Aus rechnerischer Sicht werden durch die Aktualisierung der Komponentendaten am Ende einer Simulationsiteration die zugehörigen Memberfunktionen einer Komponente immer die neuesten Daten zur Verfügung haben. Dies stellt sicher, dass jedes Objekt des Simulators auf dem neuesten Stand ist.

3.6.7 *Ausgabedaten schreiben*

Die Ausgabedatei ermöglicht es dem Benutzer, Wellenformen zu plotten, um den Fortschritt der Simulation zu überprüfen. Der Simulator bietet einige Optionen, die die Nützlichkeit des Simulators erweitern. In Bezug auf das Plotten von Daten können neben den Amperemetern und Voltmetern, die standardmäßig in die Ausgabedatei geschrieben werden, auch bestimmte Variablen in Steuerfunktionen geplottet werden. Dies erleichtert es dem Benutzer, den Steuercode zu debuggen oder Wellenformen von Größen wie Leistung und Spitzenspannung zu plotten. Der Simulator fordert den Benutzer in circuit_inputs.csv auf, den Namen der Ausgabedatei anzugeben. Eine weitere bereitgestellte Funktion ist speziell auf die Simulation großer Schaltungen ausgerichtet. Eine der größten Herausforderungen bei der Simulation großer Schaltungen ist das Plotten von Wellenformen, da die zu plottenden Daten sehr groß sein können. Eine gängige Methode besteht darin, nur die neuesten von der Simulation generierten Daten zu plotten. In vielen Fällen ist dies jedoch nicht akzeptabel, da der Benutzer Wellenformen jeder Transiente einschließlich des Starts der Schaltung benötigt. Der Simulator ermöglicht es einem Benutzer, die Datendateien zu teilen. Indem er auf die Frage „Die Ausgabedatei teilen?“ mit „Ja“ antwortet und ein Zeitfenster für jede Teilung angibt, kann der Benutzer die Ausgabedateien in eine Anzahl von Dateien aufteilen. An jede Ausgabedatei wird die Seriennummer angehängt. Der Vorteil dabei ist, dass der Benutzer so viele Ausgabedateien plotten kann, wie benötigt, während er diejenigen ignoriert, die nicht benötigt werden, oder einfach einige löscht, wenn der Festplattenspeicherplatz ein Problem ist. In der Zukunft könnte auch eine Anwendung zur Komprimierung dieser Datendateien bereitgestellt werden, da diese Ausgabedateien bloße Textdateien sind und ihre Komprimierung eine erhebliche Menge an Festplattenspeicherplatz einsparen könnte.

3.7 Schlussfolgerungen

In diesem Kapitel wurde beschrieben, wie der Benutzer mit dem Simulator interagiert und wie diese Benutzeroberfläche den Simulator beeinflusst. Dieses Kapitel konzentriert sich insbesondere auf die Struktur der Komponentendaten und die Parameter, die der Benutzer frei ändern kann. Das Kapitel beschreibt auch die Phasen des Simulationsprozesses, wobei jede Phase in den folgenden Kapiteln detailliert vorgestellt wird. In diesem Kapitel wurde nicht erläutert, wie ein Benutzer Steuerfunktionen in den Simulator einbeziehen kann, da das gesamte Kap. 4 diesem Thema gewidmet ist. Darüber hinaus beschreibt Kap. 5 eine gesamte Simulationsfallstudie und der Leser wird nachdrücklich aufgefordert, das Kapitel zu lesen.

Die Benutzeroberfläche des Simulators wurde so gestaltet, dass sie die meisten Funktionen einer kommerziellen Simulationssoftware bietet. Kommerzielle Software ermöglicht es dem Benutzer, die Parameter der Simulation in Bezug auf die Zeitdauer, den Simulationsschritt und einige andere Optionen wie die Wahl des Differentialgleichungslösers zu ändern. Dieser Schaltungssimulator ermöglicht es dem Benutzer, die Parameter der Simulation über die Tabelle circuit_inputs.csv festzulegen. Eine kommerzielle Software verfügt in der Regel über eine grafische Benutzeroberfläche, in der die Schaltungsdatei die mit einem Schaltungseditor gezeichnete Schaltung enthält. Für große Schaltungen bieten die meisten kommerziellen Simulatoren die Möglichkeit, Teilsysteme zu erstellen, die Segmente der Schaltung enthalten können. Daher erscheint die Gesamtschaltung als miteinander verbundene Blöcke. In diesem Schaltungssimulator wird eine Schaltung auf einer Tabelle dargestellt und als .csv-Datei gespeichert. Wie zu Beginn dieses Kapitels gezeigt, ist die Darstellung der Schaltung so visuell wie ein grafischer Schaltungseditor. Für eine große Schaltung, wenn der Benutzer die Schaltung in kleinere Segmente aufteilen möchte, kann jedes Teilschaltbild in einer anderen Tabelle platziert und mit anderen Tabellen über Sprunglabels als Verbindungen verbunden werden. Der Benutzer muss alle diese Tabellen als .csv-Dateien in der Tabelle circuit_inputs.csv angeben. Daher wird in dem Schaltungssimulator ein ähnlicher Komfort bei der Darstellung von Schaltungen geboten.

Dem Schaltungssimulator fehlt eine grafische Benutzeroberfläche und eine solche könnte zu einem späteren Zeitpunkt entworfen werden. Das Fehlen einer grafischen Benutzeroberfläche mag zunächst den Eindruck erwecken, dass der Simulator umständlich zu bedienen ist. Bei einer großen Schaltung spielt jedoch eine grafische Benutzeroberfläche eine minimale Rolle, da ein Benutzer oft Skriptdateien verwendet. Wenn beispielsweise eine Schaltung mit mehreren Stromwandlern simuliert wird, ist es üblich, dass die Parameter der Schaltung nicht direkt in die Dialogfelder der Komponenten im Schaltbild eingegeben werden. Stattdessen wird in diesen Dialogfeldern eine eindeutige Variable eingegeben und der Wert der Variable wird in einer Skriptdatei zugewiesen, die vor dem Start der Simulation ausgeführt wird. Im Falle einer Schaltung mit eingebetteten Elementen und Teilsystemen wäre es umständlich, ständig Dialogfelder von Komponenten zu öffnen und ihren Wert zu ändern, während es viel einfacher ist, den Zustand der Schaltung in einer gut kommentierten Skriptdatei zu verfolgen. Bei einer größeren Schaltung besteht die größte Herausforderung darin, Wellenformen von Strömen, Spannungen und Steuersignalen zu plotten. Dieser Schaltungssimulator bietet die Möglichkeit, die gesamten Simulationsdaten in separaten Zeitintervallen zu erfassen, sodass der Benutzer diejenigen Zeitintervalle plotten kann, die von Bedeutung sind, oder die gesamte Simulationszeitdauer, wenn dies gewünscht ist. Die meisten bestehenden Simulationsprogramme sind nicht auf große Schaltungen ausgerichtet und daher ist das Plotten von Wellenformen oft umständlich.

Kapitel 4
Schnittstelle für Benutzerkontrollfunktionen

Zusammenfassung Dieses Kapitel beschreibt, wie ein Benutzer Kontrollfunktionen für eine Simulation schreiben kann. Im Kapitel wird erläutert, wie die Steuerungsfunktionen als Python-Dateien geschrieben und in der Simulationsparametertabelle angegeben werden müssen. Jede Kontrollfunktion hat eine Schnittstelle zur Simulation in Form von Eingängen und Ausgängen, diese Schnittstelle wird durch ein Tabellenblatt beschrieben, das Deskriptor genannt wird. Neben Eingängen und Ausgängen kann jede Steuerungsfunktion bestimmte Arten von Variablen verwenden, die spezielle Aktionen ausführen. Das Kapitel beschreibt die Bedeutung jeder Art von Steuervariable und wie sie im Simulator implementiert sind. Das Kapitel erklärt, wie Steuerungsfunktionen vom Simulator mit Hilfe von Zeitereignissen geplant werden. Anhand eines Beispiels wird beschrieben, wie der Simulator sicherstellt, dass die Kontrollfunktionen zum gewünschten Zeitpunkt ausgeführt werden. Ein einfaches Beispiel zeigt, wie Steuerungsfunktionen mit der Simulation und auch miteinander verbunden werden können.

Schlüsselwörter Steuerungsfunktionen · Steuerungsschnittstelle · Schnittstellenbeschreibungen · Statische Variablen · Reservierte Variablentypen · Zeitereignisse · Ereignisplanung · Verschachtelte Steuerung

4.1 Einführung

Das vorherige Kapitel stellte die Benutzeroberfläche des Schaltungssimulators vor. Insbesondere wurde die Simulationsparametertabelle circuit_inputs.csv beschrieben und gezeigt, wie eine Zeile zur Spezifizierung der Steuerfunktionen in der Simulation verwendet wird. Im vorherigen Kapitel wurde die Datenstruktur jeder Art von Schaltungskomponente in Form von Tabellen dargelegt. Die Komponenten, die gesteuert werden konnten, wurden als ControlTags mit Steuerwerten beschrieben, die durch benutzerdefinierte Kontrollfunktionen geändert werden können. Dieses Kapitel widmet sich vollständig den benutzerdefinierten Steuerungsfunktionen. Der Begriff Controller und Steuercode wird für jeden Code

S. V. Iyer, *Simulation nichtlinearer Schaltungen in der Leistungselektronik mit Python*, https://doi.org/10.1007/978-3-031-58981-2_4

verwendet, den der Benutzer in der Schaltungssimulation implementieren möchte. Wie bereits zuvor erwähnt, ist es nicht notwendig, dass dieser Steuercode eine Steueraktion durchführt und es muss nicht unbedingt eine steuerbare Komponente in der Schaltung geben. Dieser Steuercode könnte lediglich ein vom Benutzer in Echtzeit während des Fortschritts der Simulation verwendetes Verarbeitungstool sein, wie z. B. die Berechnung von Effizienz, Oberwellengehalt oder quadratischen Mittelwerten.

Das Hauptziel des Schaltungssimulators ist es, Schaltungen mit mehreren Leistungselektronik-Umwandlern zu simulieren. Daher muss die Einbeziehung von Steuerfunktionen in eine Simulation für den Benutzer bequem sein, da der Benutzer möglicherweise Steuerfunktionen für eine Reihe von Umwandlern entwerfen muss. Dieses Kapitel wird beschreiben, wie jede Kontrollfunktion einen Deskriptor hat, der nicht nur die Eingabe-Ausgabe-Karte der Steuerfunktion definiert, sondern auch spezielle Variablen für die Steuerfunktion definiert. Das Kapitel wird den Bedarf an der Definition spezieller Variablen und deren Nutzung durch den Benutzer erläutern, insbesondere wenn kaskadierte oder eingebettete Steuerfunktionen entworfen werden müssen. Darüber hinaus wird das Kapitel auch das Konzept der Zeitplanung von Steuerereignissen diskutieren und wie der Schaltungssimulator sicherstellen kann, dass jeder Steuercode genau zum beabsichtigten Zeitpunkt ausgeführt wird, auch wenn der Zeitschritt des Controllers sehr unterschiedlich zum Simulationszeitschritt sein kann.

In diesem Kapitel soll vor allem gezeigt werden, dass die Steuerschnittstelle mit diesem Schaltungssimulator genauso effektiv und einfach zu bedienen ist wie die Steuerschnittstellen, die mit den meisten kommerziellen Softwareprodukten verfügbar sind. Dieses Kapitel beschreibt, wie mehrere Kontrollfunktionen in eine einzige Simulation eingebunden werden können und wie der Simulator die Konnektivität zwischen Steuerfunktionen ermöglicht. Das Ziel der Gestaltung der Steuerschnittstelle auf diese Weise ist es, die Implementierung von Steueralgorithmen auf Mikrocontrollern in der Hardware zu replizieren. In der Zukunft könnte die Option bereitgestellt werden, die Steuerung mit einer bestimmten Hardwarearchitektur zu entwerfen, um die Zeit für die Implementierung der endgültigen Hardware zu verkürzen.

4.2 Einbeziehung der Steuerung in den Simulator

Kap. 3 beschrieb die Benutzeroberfläche zur Gestaltung der Schaltung und zur Spezifizierung der Simulationsparameter. Wie erwähnt, spezifizierte die Tabelle circuit_inputs.csv die Simulationsparameter – Schaltplan, Simulationszeitschritt und Simulationsdauer. Es gibt auch eine weitere Zeile für Steuerdateien. Wenn diese Zeile leer gelassen wird, wird der Simulator keine Steuerdateien verarbeiten. Wenn der Benutzer Steuerdateien angeben möchte, kann der Benutzer eine beliebige Anzahl von Steuerdateien in separaten Zellen in derselben Zeile angeben. Tab. 4.1 ist ein Beispiel dafür, wie zwei Steuerdateien control1.py und control2.

Tab. 4.1 Steuerdateien in circuit_inputs.csv

Name der Steuerdateien	control1.py	control2.py

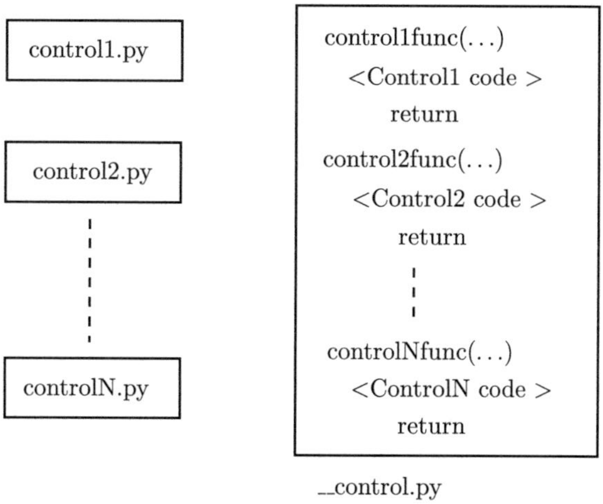

Abb. 4.1 Einbeziehung von Steuerfunktionen in den Simulator

py vom Benutzer in circuit_inputs.csv angegeben werden können. Es gibt keine Begrenzung für die Anzahl der Steuerdateien, die in eine Simulation einbezogen werden können. Zum Zeitpunkt des Schreibens dieses Buches kann die Steuerung als Python-2-Code implementiert werden und die Steuerdateien müssen als .py-Dateien aufgelistet werden. Die Angabe einer nicht existierenden Steuerdatei ist ein Fehler und der Simulator wird mit einer Fehlermeldung abbrechen.

Der Simulator behandelt Benutzersteuerdateien auf die in folgendem Blockdiagramm (Abb. 4.1) beschriebene Weise. Der Benutzer schreibt Code als .py-Datei. Der vom Benutzer geschriebene Steuercode wird als Dateien Control1.py, Control2.py bis ControlN.py auf der linken Seite dargestellt. Jede solche Steuerdatei wird vom Simulator in eine Funktion eingefügt. Dies wird auf der rechten Seite dargestellt. Control1.py wird in die Funktion Control1_func eingefügt, Control2.py wird in die Funktion Control2_func eingefügt usw. Im Wesentlichen hat die Funktion, die eine Benutzersteuerdatei enthält, „_func“ an den Namen der Steuerdatei angehängt. Dies ermöglicht es dem Simulator, die Steuerdateien auszuführen, indem er die Funktionen auswertet. Da es in einer Simulation mehrere Steuerdateien geben kann, wird der Code in jeder Steuerdatei vom Simulator in eine separate Funktion eingefügt. All diese Funktionen werden wiederum in die Datei __control.py eingefügt. Daher kann der Benutzer eine Steuerdatei nicht mit diesem Namen benennen. Der Simulator wird die Datei __control.py importieren und dadurch Zugang zu allen darin enthaltenen Mitgliedsfunktionen erhalten, die die Funktionen sind, die den Benutzersteuercode enthalten.

In den meisten kommerziellen Softwareprodukten ist ein Controller normalerweise ein Block mit Ein- und Ausgangsports. In ähnlicher Weise wird es not-

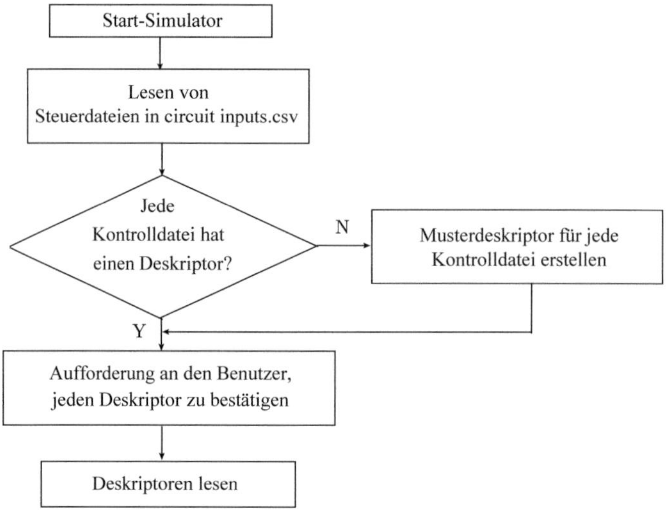

Abb. 4.2 Deskriptor für Steuerfunktionen

Tab. 4.2 Deskriptor-Eintrag für Steuereingang

Eingang	Elementname in der Schaltungstabelle = Ammeter_A1	Gewünschter Variablenname im Steuerungscode = curr_input

wendig, die Portverbindungen mit diesem Schaltungssimulator zu beschreiben. Dies geschieht durch eine Deskriptor-Tabelle. Wenn der Benutzer einen Controller implementieren möchte, muss der Benutzer zu Beginn nur die Datei benennen – z. B. nennen wir eine Steuerdatei user_control.py. Wenn der Schaltungssimulator in circuit_inputs.csv von der Steuerdatei informiert wird, wird der Simulator prüfen, ob ein Deskriptor für eine solche Datei existiert. Jede Steuerdatei wird eine entsprechende Deskriptor-Tabelle mit _desc.csv an den Namen angehängt haben – z. B. wird für eine Steuerdatei user_control.py die Deskriptor-Datei user_control_desc.csv sein. Wenn der Benutzer eine neue Steuerdatei angibt, wird vom Simulator eine leere Deskriptor-Tabelle mit Standard-Eingabe und -Ausgabe erstellt. Das Flussdiagramm in Abb. 4.2 beschreibt den Prozess. Wenn der Simulator eine Deskriptor-Datei findet, wird er diese Datei verwenden, um die neuesten Parameter jeder Steuerdatei zu lesen. Wir werden uns nun das Konzept ansehen, wie eine Steuerdatei vom Simulator mit dem folgenden grundlegenden Beispiel mit einem einzigen Eingang und einem einzigen Ausgang behandelt wird.

Die Eingaben für den Controller sind normalerweise Messgeräteausgaben – Amperemeter und/oder Voltmeter. Der spätere Abschnitt wird beschreiben, wie ein Controller mit einem anderen verbunden werden könnte. Der Schaltungssimulator erstellt einen einzelnen Eintrag in jeder neuen Steuer-Deskriptor-Datei mit der in Tab. 4.2 gezeigten Struktur. Diese drei Felder eines Eingabeports sind in einer Zeile jeder Deskriptor-Tabelle vorhanden, die der Simulator standard-

Tab. 4.3 Deskriptor-Eintrag für Steuerausgang

Ausgang	Elementname in der Schaltungstabelle = ControlledVoltageSource_Vin	Steuerkennzeichen definiert in der Parameter-Tabelle = Vsource	Gewünschter Variablenname im Steuerungscode = Vsource	Anfänglicher Ausgabewert = 0

mäßig erstellt. Die erste Spalte „Input" dient dazu, dem Benutzer mitzuteilen, dass die Zeile einem Eingabeport zum Controller entspricht. Die zweite Spalte ist das Messgerät, das als Eingabe für den Steuerungscode dient. Dies muss gleich der Komponente sein, die das Messgerät ist. Beachten Sie, dass die gesamte Komponente, wie sie in der Tabelle erscheint, angegeben werden sollte. Die dritte Spalte dient dazu, dass der Benutzer angibt, wie er auf diesen Eingang im Steuerungscode zugreifen möchte. Für das obige Beispiel kann der Benutzer auf den gemessenen Stromausgang von Ammeter_A1 über die Variable curr_input im Steuerungscode user_control.py zugreifen. Der Simulator kopiert den Stromausgang von Ammeter_A1 in die Variable curr_input und führt dann den Steuerungscode aus. Dieser Variablenname liegt beim Benutzer und kann alles sein, solange es ein legaler Variablenname ist und auch innerhalb des Steuerungscodes einzigartig sein sollte – d. h., er sollte nicht für einen anderen Eingabe- oder Ausgabeport oder eine andere Variable verwendet werden, um eine Datenkorruption zu vermeiden. Der Schaltungssimulator erstellt nur eine solche Zeile oben und extrahiert ein Messgerät zufällig aus der Schaltung. Der Benutzer kann mehrere Eingaben haben, indem er Zeilen ähnlich der obigen hinzufügt und mehr Messgeräte einfügt. Es gibt keine Begrenzung für die Anzahl der Eingaben, die es in einer Steuer-Deskriptor-Tabelle gibt. Der Simulator bestimmt eine Zeile als Eingabeport, wenn die erste Spalte „Input" ist.

Der nächste zu beschreibende Port ist der Ausgangsport. Eine Zeile in der Deskriptor-Tabelle, die einem Ausgangsport entspricht, wird wie in Tab. 4.3 dargestellt. Die ersten beiden Spalten ähneln dem Eingangsport. Das Wort „Ausgang" in der ersten Spalte teilt dem Simulator mit, dass die Zeile einem Ausgangsport entspricht. Die zweite Spalte ist der Name der steuerbaren Komponente. In diesem Beispiel wurde eine ControllableVoltageSource_Vin verwendet. Der Simulator sucht nach einer steuerbaren Komponente in der Schaltung und fügt diese, wenn eine gefunden wird, als Beispiel für den Benutzer in die Deskriptor-Tabelle ein. Der Simulator fügt nur eine steuerbare Komponente ein, die zufällig ausgewählt wird. Die dritte Spalte ist das Steuer-Tag der steuerbaren Komponente. An dieser Stelle sei auf Kap. 3 verwiesen, in dem der Komponententyp ControllableVoltageSource beschrieben wird. Jeder steuerbare Komponententyp hat einen Parameter namens ControlTags. Dies ist ein Parameter des Komponententyps, der vom Benutzer in der Parameter-Deskriptor-Tabelle geändert werden kann. Zu Beginn ist dieser Parameter eine Liste, da eine steuerbare Komponente mehrere Steuersignale akzeptieren könnte. Im Falle der ControllableVoltageSource hat die Liste nur einen Parameter und das ist die gewünschte Ausgangsspannung der Quelle. Daher wäre ControlTags standardmäßig [„Voltage"]. Dies ist der Standardname,

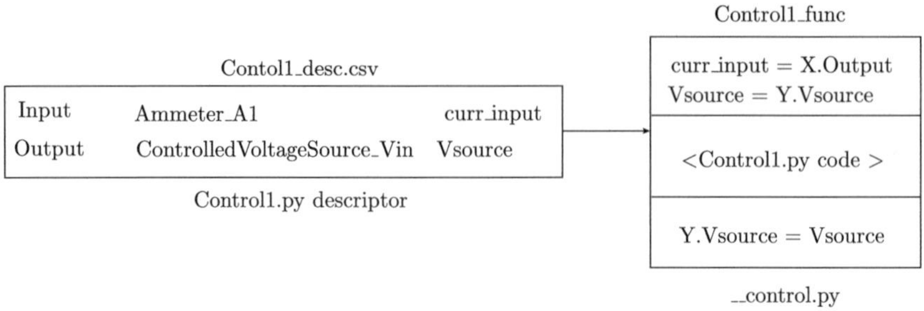

Abb. 4.3 Eingangs- und Ausgangsports in einer Steuerfunktion

den der Simulator für den Steuereingang der Komponente des Typs ControlledVoltageSource in der Parameter-Tabelle vergibt. Wie in Kap. 3 angegeben, wird immer empfohlen, den Namen der Eingänge in ControlTags in etwas Einzigartiges und leicht Identifizierbares zu ändern. Benennen wir also den Steuereingang in Vsource um. Diese Umbenennung erfolgt nicht in der Steuer-Deskriptor-Tabelle. Sie erfolgt in der Parameter-Tabelle, die der Schaltung entspricht, da der Name des Steuereingangs ein Parameter der Komponente ControllableVoltageSource_Vin ist. In der Steuer-Deskriptor-Tabelle extrahiert der Simulator automatisch einen der Einträge im Parameter ControlTags aus dem Komponentenobjekt ControllableVoltageSource_Vin und fügt ihn in die dritte Spalte ein, wie in Tab. 4.3 dargestellt. Es sollte beachtet werden, dass für den Fall, dass eine Komponente mehrere Steuereingänge hat und ControlTags eine Liste mit mehreren Einträgen ist, die Einträge in separaten Zeilen der Deskriptor-Tabelle gemacht werden müssten. Eine einzelne Zeile einer Deskriptor-Tabelle verbindet nur einen einzigen Steuereingang einer steuerbaren Komponente mit einer Variablen im Steuercode. Der Simulator extrahiert nur ein Steuer-Tag einer steuerbaren Komponente, um dem Benutzer ein Beispiel zu geben. Die vierte Spalte fragt nach dem Namen der Variablen, mit der der Benutzer auf den Steuereingang verweisen möchte. Im obigen Beispiel wurde sie als Vsource verwendet. Daher wird jeder Wert, der der Variablen Vsource im Steuercode zugewiesen wird, automatisch auf das Vsource ControlTag in ControllableVoltageSource_Vin übertragen. Die letzte Spalte ist ein Anfangswert. Dies wird der Wert des Ausgangs sein, wenn die Simulation beginnt.

Das Blockdiagramm von Abb. 4.3 beschreibt, wie der Simulator die Steuer-Deskriptor-Tabelle verwendet. Betrachten wir eine Benutzerdatei Control1.py. Diese Steuerdatei wird die Deskriptor-Tabelle Control1_desc.csv haben. Wenn sie existiert, liest der Simulator die Parameter der Steuerdatei, und wenn sie nicht existiert, erstellt der Simulator eine leere Tabelle für den Benutzer zum Ändern. Rechts ist die Funktion Control1_func, in die der Steuercode innerhalb von Control1.py vom Simulator eingefügt wird. Betrachten wir das grundlegende Beispiel oben mit einem einzelnen Eingangsport und einem einzelnen Ausgangsport. Rechts wird gezeigt, wie die Eingangs- und Ausgangsports dem Benutzer zur Verfügung gestellt werden. Das obige Beispiel betrachtet einen Eingangsport, der von einem Amperemeter_A1 gespeist wird, und die Variable, mit der der Benutzer auf den gemessenen Strom des Amperemeters zugreifen kann, ist die Variable curr_input. Der Simulator weist der Variable curr_input den aktuellen Ausgang des Amperemeter_A1 innerhalb der Funktion Control1_func vor dem Benutzercode mit der Aussage zu:

```
curr_input = X.Output
```

Hier ist X das Komponentenobjekt, das dem Amperemeter_A1 entspricht. Dieses Konzept wurde in Kap. 3 erklärt. Jede Komponente in der Schaltung ist ein Objekt, das durch Instanziierung einer Klasse dieses Komponententyps erstellt wird. Daher ist in der obigen Aussage X das Objekt, das durch Instanziierung einer Klasse des Amperemeter-Typs für die Komponente Amperemeter_A1 erstellt wurde. Kap. 3 enthält die Details dazu, wie dies gemacht wird. Wichtig zu betonen ist, dass der Simulator automatisch den gemessenen Ausgang von Amperemeter_A1 extrahiert, indem er auf das Objekt zugreift, das Amperemeter_A1 entspricht, und es curr_input zuweist. Daher enthält der nachfolgende Benutzersteuercode, der curr_input verwendet, nun den gemessenen Strom von Amperemeter_A1.

Auf ähnliche Weise wird auch der Ausgang verbunden. Der einzige Unterschied besteht darin, dass Ausgangsports zweimal verbunden werden – vor dem Benutzersteuercode und nach dem Benutzersteuercode. Die Variable Vsource wird dem Benutzer zur Verfügung gestellt, um auf das ControlTag Vsource von ControllableVoltageSource_Vin zuzugreifen. Der Benutzersteuercode wird daher die Variable Vsource innerhalb des Steuercodes mit einer beliebigen Anzahl von Aussagen ändern. Diese Variable Vsource wird direkt das ControlTag der in der Deskriptor-Tabelle angegebenen steuerbaren Komponente ändern – in diesem Fall ist das ControlTag Vsource. Dies geschieht mit der letzten Aussage:

```
Y.Vsource = Vsource
```

In diesem Fall ist Y das Objekt, das durch Instanziierung der Klasse ControllableVoltageSource für die Komponente ControllableVoltageSource_Vin in der Schaltung erzeugt wurde. Daher wird jede Änderung der Benutzervariablen Vsource automatisch auf die steuerbare Komponente übertragen. Die umgekehrte Aussage ist vor dem Steuercode in der Funktion enthalten:

```
Vsource = Y.Vsource
```

Dies dient dazu, dem Benutzer den aktualisierten Wert des ControlTags der Komponente zur Verfügung zu stellen, falls eine andere Steuerfunktion ebenfalls den Wert des ControlTags ändert.

4.3 Spezielle Variablen im Steuercode

Wie im vorherigen Abschnitt beschrieben, wird jeder vom Benutzer geschriebene Steuercode und im Simulationsparameterblatt circuit_inputs.csv angegebene Steuercode in eine Funktion eingefügt. So wird der Steuercode in Control1.py in die Funktion Control1_func eingefügt. Alle Steuerfunktionen werden in der Datei __control.py geschrieben. Auf diese Weise kann die Datei __control.py vom Simulator importiert werden und jede Steuerfunktion kann mit der Funktion „eval“ ausgeführt werden.

Der vorherige Abschnitt beschrieb, wie ein einfacher Controller mit einem Eingangs- und einem Ausgangsport entworfen werden kann. Mit nur Eingangs- und Ausgangsports und ohne andere spezielle Funktionen können jedoch nur extrem einfache Controller entworfen werden. Als Beispiel kann der Benutzer eine Reihe von Variablen für verschiedene mathematische Operationen verwenden. In Python ist es nicht notwendig, eine Variable zu deklarieren. Eine Variable entsteht das erste Mal, wenn sie verwendet wird. Im Kontext einer Funktion existiert eine Variable jedoch nur innerhalb der Funktion. Die Variable wird erstellt, wenn die Funktion aufgerufen wird, und wird zerstört, wenn die Funktion beendet wird. Jede Variable, die vom Steuercode verwendet wird, speichert ihren Wert nicht zwischen den Iterationen und beginnt immer mit den Standardwerten. In einigen Fällen kann dies ein Problem sein. Betrachten Sie den Fall eines Integrators. Der Benutzer möchte den gemessenen Strom curr_input im vorherigen Beispiel integrieren. Der Ausdruck dafür wäre:

```
curr_integ = curr_integ + curr_input*dt
```

Wie aus der obigen Gleichung recht offensichtlich ist, basiert der Integrator auf Speicherung. Er addiert den neuen Wert curr_input*dt zum gespeicherten Wert des Integrators – curr_integ. Wenn curr_integ zu Beginn des Steuercodes auf einen Standardwert (sagen wir null) initialisiert wird, wird er bei jeder Iteration immer bei diesem Standardwert starten und nur den neuesten Integratoreingang hinzufügen. Dies ist nicht die gewünschte Funktion des Integrators. Der Integratorwert sollte einmal zu Beginn der Simulation auf einen Standardwert initialisiert werden und danach die neuesten Integratoreingänge akkumulieren. Um dies zu tun, müssen wir den Integratorausgang zwischen den Iterationen der Simulation speichern. Dies kann mit StaticVariables gemacht werden.

Eine StaticVariable ist ein Parameter eines Controllers. Dies impliziert, dass sie in einer Steuer-Deskriptor-Tabelle definiert werden muss. Tab. 4.4 ist ein typischer Eintrag für eine StaticVariable in einer Steuer-Deskriptor-Tabelle. Als Beispiel betrachten wir die Variable curr_integ oben. Die erste Spalte StaticVariable sagt dem Simulator, dass die Zeile die Parameter einer StaticVariable beschreibt. Die zweite Spalte ist der Name der Variable, den der Benutzer für diese statische Variable verwenden möchte. Ähnlich wie bei den Eingangs- und Ausgangsports kann der Benutzer die definierte StaticVariable im Steuercode verwenden und der Simulator stellt sicher, dass der neueste Wert der StaticVariable vor Beginn des Benutzercodes hineinkopiert wird. Die dritte Spalte ist der Anfangswert der Sta-

Tab. 4.4 Beschreibungseintrag für StaticVariables

StaticVariable	Gewünschter Variablenname im Steuercode = curr_integ	Anfangswert der Variable = 0.0

ticVariable. Der Standardwert ist null, kann aber jede endliche Zahl sein. Ähnlich wie bei Ports kann ein Steuercode beliebig viele StaticVariables haben. StaticVariables müssen innerhalb eines Steuercodes eindeutig sein, können aber in anderen Steuercodes wiederholt werden. Der Simulator hält StaticVariables in einem Steuercode getrennt von den StaticVariables in anderen Steuercodes. Daher sind StaticVariables lokal zu einem Steuercode und können nicht verwendet werden, um Daten zwischen Controllern zu teilen. Es wird empfohlen, dass ein Benutzer die Variablen im Benutzersteuercode als StaticVariables deklariert, es sei denn, eine Variable ist eine Konstante oder ein anderer grundlegender Parameter, der zu Beginn des Steuercodes initialisiert wird. In diesem Fall wird der Variablen jedes Mal ein Wert zugewiesen, wenn die Benutzersteuerfunktion ausgewertet wird.

StaticVariables innerhalb einer Benutzersteuerfunktion sind Wörterbuch-Elemente. Im obigen Beispiel des Integrators ist die StaticVariable curr_integ in einem Wörterbuch mit einer anderen StaticVariable pi_output:

```
{''curr_integ'': 0, ''pi_output'': 0}
```

Die Schlüssel des Wörterbuchs sind die Namen der StaticVariable. Dies stellt sicher, dass eine StaticVariable innerhalb einer Datei eindeutig ist, da zwei Schlüssel in einem Wörterbuch nicht identisch sein können. StaticVariables müssen innerhalb einer Steuerfunktion eindeutig sein, um Datenkorruption zu verhindern. Identischer Steuercode kann jedoch in verschiedenen Benutzersteuerfunktionen vorhanden sein, und dies impliziert identische StaticVariables in verschiedenen Benutzersteuerfunktionen. Diese Funktionalität könnte benötigt werden, wenn eine Schaltung modulare, aber identische Blöcke haben könnte, bei denen jeder Block von identischen Benutzersteuerfunktionen gesteuert wird, bei denen der einzige Unterschied die Eingänge und die Ausgänge sein könnte. Um dies zu erreichen, hat jede Benutzersteuerfunktion ihr eigenes StaticVariable-Wörterbuch. Die Wörterbuchstruktur erleichtert es, die Variablen in die Benutzersteuerfunktionen einzufügen und auch die aktualisierten Werte am Ende der Steuerfunktion zu extrahieren, wie im Blockdiagramm von Abb. 4.4 gezeigt. Da die Schlüssel des StaticVariable-Wörterbuchs die gewünschten Namen der StaticVariables sind, die im Steuercode verwendet werden sollen, stellen die Zuweisungen vor und nach dem Benutzersteuercode sicher, dass die neuesten Werte der StaticVariables zwischen den Benutzersteuerfunktionen hin und her übertragen werden. Diese Zuweisungen

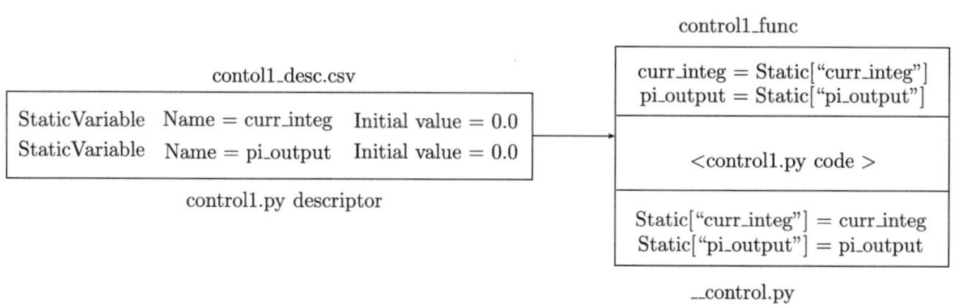

Abb. 4.4 StaticVariables in einer Steuerfunktion

werden automatisch vom Simulator in einer ähnlichen Weise wie in den vorherigen Fällen durchgeführt.

Wie zuvor erwähnt, werden StaticVariables für jede Benutzersteuerungsfunktion definiert und die für eine Funktion definierten StaticVariables sind in einer anderen nicht zugänglich. Im vorherigen Abschnitt wurden Eingabe- und Ausgabeports für eine Steuerungsfunktion beschrieben. Die Eingabeports sind jedoch typischerweise die gemessenen Werte von Messgeräten wie Amperemeter und Voltmeter, während die Ausgabeports Steuersignale zu ControlTags von steuerbaren Komponentenobjekten sind. Manchmal müssen jedoch Steuerungsdateien miteinander verbunden werden – die Ausgabe einer Steuerungsdatei ist die Eingabe einer anderen. Komplexe Steuerungsschemata können mehrere Stufen von kaskadierter Steuerung oder eingebetteter Steuerung haben. Ein weiterer Aspekt, der nicht mit StaticVariables oder Ausgabeports behandelt wird, ist, dass es zum Debuggen eines Controllers notwendig sein kann, eine Steuervariable zu plotten. Um dies zu tun, muss die Steuervariable in die Ausgabedatei geschrieben werden und daher muss ein Zugang außerhalb der Benutzersteuerungsfunktion bereitgestellt werden. Ein anderer Variablentyp wird für beide Aufgaben bereitgestellt und diese werden VariableStorage genannt. VariableStorage-Objekte haben zwei Eigenschaften – sie werden allen Steuerungsfunktionen zur Verfügung gestellt, die der Benutzer definiert, und sie haben ein Feld, das angibt, ob sie in der Ausgabedatei geplottet werden sollen. Die Parameter eines VariableStorage-Typs sind in Tab. 4.5 aufgeführt. Das VariableStorage in der ersten Spalte zeigt dem Schaltungssimulator, dass die Variable vom Typ VariableStorage ist. Die zweite Spalte ist der Name der Variable, den der Benutzer in dem Steuerungscode verwenden möchte. Da dies eine gespeicherte Variable ist, wird ein Anfangswert benötigt, um sicherzustellen, dass kein zufälliger Fehlwert erzeugt wird. Die letzte Spalte ist die Spalte, die den Benutzer fragt, ob die Variable in der Ausgabedatei geschrieben werden soll, damit sie vom Benutzer geplottet werden kann. Wenn der Benutzer wie im obigen Fall „Ja“ sagt, wird die Variable in die Ausgabedatei geschrieben, wenn der Benutzer „Nein“ sagt, wird sie nicht in die Ausgabedatei geschrieben. In jedem Fall wird eine Variable vom Typ VariableStorage allen Steuerungsfunktionen zur Verfügung gestellt, unabhängig davon, welcher Steuerungsdatei-Deskriptor die Definition enthält. Im Gegensatz dazu ist, sobald eine Variable in einer Steuerungsdatei-Deskriptor-Tabelle definiert wurde, eine wiederholte Definition in einer anderen Steuerungsdatei-Deskriptor-Tabelle ein Fehler und der Simulator wird mit einer Fehlermeldung abbrechen.

Die Methode der Implementierung von VariableStorage unterscheidet sich von anderen Variablentypen. Anstatt verschiedene Wörterbücher für jede

Tab. 4.5 Deskriptor-Eintrag für VariableStorage-Elemente

VariableStorage	Gewünschter Variablenname im Steuerungscode = plot_variable1	Anfangswert der Variable = 0.0	Variable in Ausgabedatei plotten = ja

Benutzersteuerungsfunktion zu haben, gibt es ein einziges Wörterbuch für alle Benutzersteuerungsdateien in einer Simulation. Durch die Definition eines einzigen Wörterbuchs und dessen Bereitstellung für alle Benutzersteuerungsfunktionen ist der Austausch von Daten, die von den VariableStorage-Elementen enthalten sind, über alle Benutzersteuerungsfunktionen hinweg möglich.

```
{''plot_variable1'': [0.0, ''yes'']}
```

Das obige Wörterbuch zeigt, wie das VariableStorage-Element im obigen Beispiel definiert ist. Der Schlüssel entspricht dem Namen des VariableStorage-Objekts, während der Wert eine Liste mit zwei Elementen ist – das erste ist der Wert des VariableStorage-Elements und das zweite ist das Kennzeichen, ob das Element in die Ausgabedatei geschrieben werden soll. Abb. 4.5 zeigt, wie VariableStorage-Elemente vom Simulator verwendet werden. Das VariableStorage-Element „plot_variable1“ oben hätte in den Steuer-Deskriptor-Tabellen einer der Steuerungsdateien definiert werden können. Wie jedoch gezeigt wird, wird es in jeder Benutzersteuerungsfunktion vor dem Benutzersteuerungscode zur Verfügung gestellt und auch am Ende des Steuerungscodes aus jeder Benutzersteuerungsfunktion extrahiert. Wie aus dem Blockdiagramm von Abb. 4.5 zu sehen ist, ist

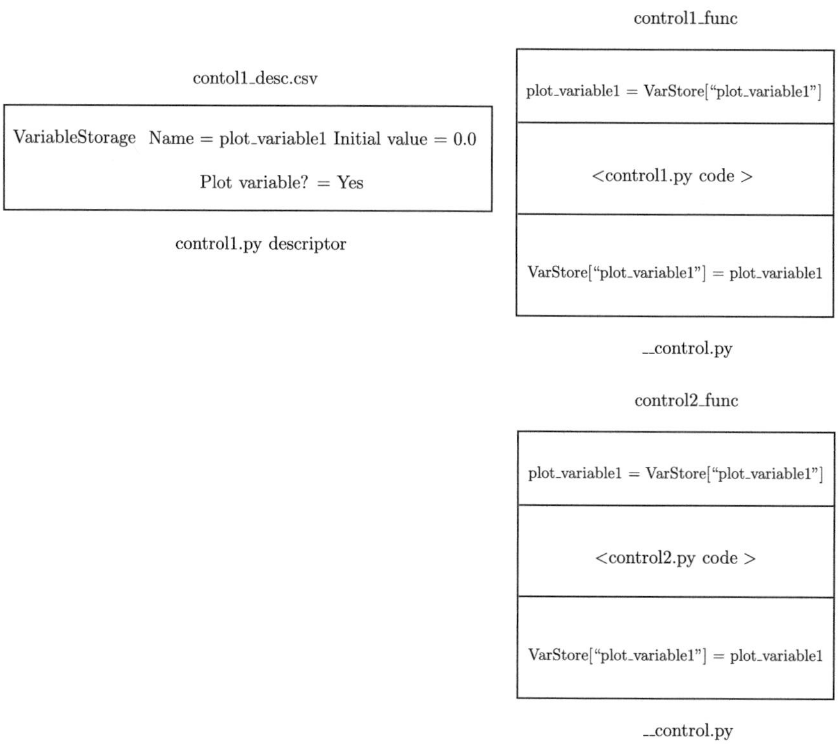

Abb. 4.5 Variable Speichertypen in Steuerungsfunktionen

VariableStorage ein äußerst leistungsfähiger Variablentyp, der ähnlich wie eine globale Variable in anderen Programmiersprachen ist. Es könnte eine große Flexibilität im Steuerungsdesign bieten, indem es den Austausch von Steuervariablen ermöglicht. Es besteht jedoch ein großes Potenzial für Datenkorruption, da Variablen in jeder Steuerungsfunktion geändert werden können. Daher sollte die Verwendung dieses VariableStorage-Elements auf das Schreiben von Steuervariablen in die Ausgabedatei und auf die Verbindung zwischen Steuerungsdateien beschränkt sein. Die Verwendung von VariableStorage-Elementen als Ersatz für reguläre StaticVariables wird nicht empfohlen, da das Risiko von Datenkorruption hoch ist. Das in Kap. 5 vorgestellte Beispiel wird die empfohlene Verwendung beschreiben.

In Bezug auf diese beiden oben beschriebenen Variablentypen gibt es eine besondere Eigenschaft, die mit der Python-Programmiersprache verbunden ist, die der Benutzer verwenden kann. Wenn eine Variable als StaticVariable oder VariableStorage deklariert wird, ist sie standardmäßig eine Gleitkommazahl, deren Standardanfangswert 0.0 ist. Der Benutzer kann diesen Standardanfangswert auf eine andere Gleitkommazahl ändern. In Python ist jedoch jede Variable ein Objekt eines bestimmten Typs. Das Objekt, das einer Variablen entspricht, kann geändert werden, indem es auf diesen Typ initialisiert wird. Um dies zu verdeutlichen, betrachten wir eine Variable „x“:

```
x = 0.0
```

In Python muss eine Variable nicht deklariert werden. Daher wird die obige Aussage ein Objekt vom Typ Gleitkommazahl erstellen und es x zuweisen. Wenn jedoch eine andere Aussage geschrieben wird:

```
x = [0.0, 0.0, 0.0]
```

Dies wird das Objekt vom Typ Gleitkommazahl zerstören und ein anderes Objekt vom Typ Liste erstellen und es x zuweisen. Diese Funktion in Python kann verwendet werden, um andere Objekte für StaticVariables und VariableStorage zu erstellen. Zum Beispiel kann die oben definierte und auf 0.0 initialisierte StaticVariable „curr_integ“ im Steuer-Deskriptor vom Benutzer innerhalb des Steuerungscodes geändert werden zu:

```
curr_integ = [0.0, 0.0, 0.0]
```

Durch das Schreiben der obigen Aussage im Steuerungscode wird das StaticVariable-Wörterbuch für die Steuerungsfunktion den Schlüssel „curr_integ“ mit der obigen Liste als Wert haben, anstatt der Gleitkommazahl. Dies ist ein besonders nützliches Konzept, wenn Steuerungscode in Matrixform für mehrstufige Systeme geschrieben werden muss. Die obige Variable curr_integ könnte nun die integrierten Werte der Ströme in Phase a, Phase b und Phase c eines dreiphasigen Stromsystems enthalten.

Tab. 4.6 Deskriptor-Eintrag für TimeEvent-Variablen

TimeEvent	Gewünschter Variablenname im Steuerungscode = t1	Erstes Zeitereignis = 0.0

4.4 Zeitplanungssteuerungscode

Die vorherigen Abschnitte beschrieben die Eingabe-/Ausgabestruktur der Steuerung im Simulator und auch die speziellen Arten von Variablen, die verwendet werden können – StaticVariables und VariableStorage. In diesem Abschnitt wird die Zeitplanung von Steuerungsfunktionen beschrieben. Eine Steuerungsfunktion muss sehr selten zur gleichen Zeit wie die Simulation ausgeführt werden. In den meisten Fällen ist der Zeitschritt der Steuerungsfunktion viel größer als der Simulationszeitschritt, da dies die Art und Weise ist, wie die Steuerung in einem Mikrocontroller oder Mikroprozessor implementiert wird, und für Echtzeitsteuerung müssen praktische Werte der Steuerungsfrequenz gewählt werden. In einigen Fällen muss die Steuerungsfunktion aufgrund der Art der Steuerung – z. B. in einem resonanten Wandler – zu einem festen Zeitschritt ausgeführt werden, da die Steuerung in Bezug auf die Resonanz der Schaltung zeitlich abgestimmt sein muss.

Jede vom Benutzer definierte Steuerungsfunktion wird mit dem aktuellen Zeitpunkt der Simulation durch die Konstruktion t_clock versorgt. Diese Variable kann in jedem Steuerungsalgorithmus vom Benutzer abgerufen werden, wobei der Simulator diese Variable mit dem neuesten Zeitpunkt der Simulation vor dem Benutzersteuerungscode aktualisiert. Um den Steuerungscode zu planen, verfügt der Simulator über eine spezielle Konstruktion namens TimeEvent. Die Parameter eines TimeEvents sind in Tab. 4.6 aufgeführt. Wie zuvor teilt das TimeEvent in der ersten Spalte dem Simulator mit, dass dies die Parameter einer Zeitereignisvariable sind. Die zweite Spalte ist der gewünschte Name im Steuerungscode. Der Benutzer kann diese Variable verwenden, um Steuerungsereignisse zu zukünftigen Zeitpunkten zuzuweisen, und diese Variable wird gespeichert und vom Simulator verwendet, um sicherzustellen, dass der Steuerungscode zu diesem Zeitpunkt ausgeführt wird. Die dritte Spalte ist das erste Zeitereignis, das geplant werden muss. Der Standardwert ist die Startzeit 0.0, kann aber auf beliebige Werte geändert werden. Dieses Zeitereignis wird typischerweise in Verbindung mit t_clock in der unten beschriebenen Weise verwendet:

```
if t_clock>t1:
        ______________
        Control code
        ______________
        t1 = t1 + t1_period
```

Indem der Steuerungscode innerhalb einer bedingten Anweisung eingefügt wird, die überprüft, ob t_clock größer als das Zeitereignis t1 ist, ist es möglich, t1 mit t1_period anzupassen, um sicherzustellen, dass der Steuerungscode nur alle t1_period ausgeführt wird. Darüber hinaus muss t1_period nicht konstant sein und kann eine Variable basierend auf dem Steuerungscode sein.

Eine Steuerungsfunktion kann eine beliebige Anzahl von TimeEvent-Variablen haben. Jede Steuerungsfunktion hat ihr eigenes Wörterbuch, das die in der Beschreibung definierten TimeEvent-Variablen speichert, wie folgt:

```
{''t1'': 0.0, ''t2'': 0.0}
```

Es bleibt dem Benutzer überlassen, Werte für die TimeEvent-Variablen auf beliebige Weise zu generieren. Da es ein separates Wörterbuch mit TimeEvent gibt, ist es möglich, identische TimeEvent-Variablen für mehrere Steuerungsfunktionen zu definieren. Es ist jedoch sehr wichtig, dass der Benutzer jedes TimeEvent im Steuerungscode aktualisiert. Wenn dies nicht geschieht, ändert sich das TimeEvent nicht. Wie bald beschrieben wird, führt dies dazu, dass der Steuerungscode mit der Geschwindigkeit der schnellsten der verbleibenden Steuerungsfunktionen oder des Simulationszeitschritts ausgeführt wird, je nachdem, was schneller ist. Normalerweise sind keine dieser Optionen das, was der Benutzer für den Zeitschritt der Ausführung von Steuerungsfunktionen wünscht. Daher wird empfohlen, dass der Benutzer sicherstellt, dass jedes für eine Steuerungsfunktion definierte TimeEvent korrekt aktualisiert wird. Der Vorteil der Definition von TimeEvents besteht darin, dass Steuerungsfunktionen zu jedem beliebigen Zeitpunkt in der Simulation ausgeführt werden können. Wie bereits gesagt, kann der Zeitraum der Steuerungsfunktionen nicht nur größer als der Simulationszeitschritt sein, sondern auch kleiner. Bevor dieses Konzept erklärt wird, wird die Verbindung zwischen den Steuerungsfunktionen und dem Simulator beschrieben.

Die Frage ist, wie die Schaltkreisanalyseblöcke des Simulators – Schleifenanalyse und Knotenanalyse – mit den Steuerfunktionen verknüpft sind. In Abwesenheit von Steuerfunktionen würden die Schaltkreisanalyseblöcke im Simulationsschritt ausgeführt. Wenn die Simulation Steuerfunktionen enthält, werden die Schaltkreisanalyseblöcke entweder im Simulationsschritt ausgeführt oder wenn eine Steuerfunktion ein „Ereignis“ erzeugt. Eine Steuerfunktion erzeugt ein Ereignis, wenn sich einer ihrer Ausgangsports ändert. Es gibt keine Schwelle für die Änderung; wenn der Wert des Ausgangsports in der aktuellen Ausführung der Steuerfunktion von dem Wert vor der Ausführung abweicht, wird ein Ereignis erzeugt. Wenn ein Ereignis von einer oder mehreren Steuerfunktionen erzeugt wird, werden die Schaltkreisanalyseblöcke ausgeführt. Um zu erläutern, wie dies koordiniert wird, betrachten wir das folgende Beispiel in Abb. 4.6. In diesem Beispiel hat die Simulation drei Steuerdateien. In diesem Abschnitt sind die Details der Steuerdateien nicht wichtig. Der Schwerpunkt liegt auf der Zeitplanung dieser Steuerfunktionen. Wie gezeigt, wird die erste Steuerfunktion als Referenzspannungsschleife bezeichnet. Dies ist die äußerste Steuerschleife und eine langsame Steuerschleife mit einer Zeitperiode von 1 ms. Die zweite Schleife ist die Spannungssteuerschleife, die eine schnellere innere Steuerschleife mit einer Zeitperiode von 100 μs ist. Die dritte und innerste Steuerschleife ist der Pulsweitenmodulator, der eine Zeitperiode von 100 ns hat. Der Simulationsschritt wurde auf

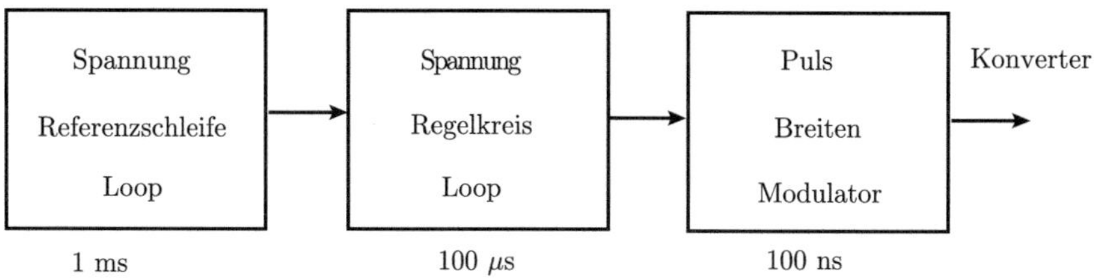

Abb. 4.6 Verschachtelte Steuerung zur Beschreibung des Timings

5 μs festgelegt. Dies ist ein typisches Steuerlayout für viele Leistungselektroniksimulationen – 1–5 μs ist ein vernünftig kleiner Zeitschritt für einen Leistungswandler, der zwischen 1 und 10 kHz umgeschaltet wird. Die Spannungssteuerung kann in einem Zeitraum erfolgen, der viel höher ist als der Simulationsschritt. Der Pulsweitenmodulator ist jedoch ein Detail der Hardwareimplementierung. Dies wird mit spezialisierter Hardware auf Mikrocontrollern erreicht oder kann mit analogen Komparatoren erreicht werden. In jedem Fall ist die Auflösung des Pulsweitenmodulators sehr hoch und daher muss die Zeitperiode dieses Steuerblocks möglicherweise ein Hardware-Detail widerspiegeln. Für einen 10-kHz-Wandler beträgt die Schaltzeitperiode 100 μs, für die die Pulsweitenmodulator-Zeitperiode von 100 ns in 1000 Proben in einer Schaltperiode resultiert. In den meisten Fällen ergibt dies eine ausreichende Genauigkeit für die Erzeugung von Schaltsignalen. Die Zeitperiode kann weiter reduziert werden, wenn der Wandler ein Resonanzwandler ist oder wenn die Schaltfrequenz höher sein kann.

Die Bedeutung des obigen Beispiels besteht darin, dass es nun vier verschiedene Zeiträume in der Simulation gibt – drei von Steuerfunktionen und der vierte vom Simulationsschritt. Die genannten Zeiträume sind nur Beispiele und können sich ändern. Es ist jedoch wichtig zu beachten, dass es Steuerzeiträume gibt, die größer als der Simulationsschritt sind, und Steuerzeiträume, die kleiner als der Simulationsschritt sind. Zunächst kann jede der Steuerfunktionen Volref.py, Volcon.py und Pwm.py genannt werden. Daher gibt es Beschreibungen für jede Steuerfunktion – Volref_desc.csv, Volcon_desc.csv und Pwm_desc.csv. Die TimeEvent-Parameter in jeder Steuer-Deskriptor-Tabelle werden separat in den Tab. 4.7, 4.8 und 4.9 bereitgestellt. Die TimeEvent-Variablen hätten so deklariert werden können, dass sie gleich sind, da TimeEvents lokal zu einer Steuerfunktion sind und nicht global wie die VariableStorage-Variablen. Für eine klare Untersuchung der Zeitplanung dieser Steuerfunktionen werden jedoch unterschiedliche Variablen gewählt. Jede Steuerfunktion hat ein separates TimeEvents-Wörterbuch:

```
{``tvolref'': 0.0}
{``tvolcon'': 0.0}
{``tpwm'': 0.0}
```

Tab. 4.7 TimeEvent in Volref_desc.csv

TimeEvent	Gewünschter Variablenname im Steuercode = tvolref	Erstes Zeitereignis = 0.0

Tab. 4.8 TimeEvent in Volcon_desc.csv

TimeEvent	Gewünschter Variablenname im Steuercode = tvol-con	Erstes Zeitereignis = 0.0

Tab. 4.9 TimeEvent in pwm_desc.csv

TimeEvent	Gewünschter Variablenname im Steuerungscode = tpwm	Erstes Zeitereignis = 0.0

Gehen wir davon aus, dass die Steuerungsdateien ihre TimeEvent-Variablen entsprechend den zuvor diskutierten Zeiträumen aktualisieren. Daher werden die folgenden Aussagen in den jeweiligen Steuerungsdateien vorhanden sein:

```
Volref.py : tvolref = tvolref + 0.001
Volcon.py : tvolcon = tvolcon + 100.0e-6
Pwm.py :    tpwm = tpwm + 100.0e-9
```

Beziehen Sie sich auf die oben gezeigte bedingte Aussage, in der das Zeitereignis mit dem Simulationszeitpunkt t_clock verglichen wurde, um zu erfahren, wie die TimeEvent-Aktualisierung stattfindet und der Steuerungscode einmal innerhalb des Zeitraums ausgeführt werden kann.

Mit dem obigen Hintergrund wollen wir uns den Ablauf der Planung ansehen. Die Simulation erstellt eine Liste namens TimeVector. Beginnen wir zu einem zufälligen Zeitpunkt, wenn die Simulation vollständig ausgeführt wird. Dies impliziert eine Schaltungsanalyse – Schleifen- und Knotenanalyse sowie die Ausführung aller Steuerfunktionen. Wie geht die Simulation zu diesem Zeitpunkt vor? Wenn eine Steuerfunktion bewertet wird, kann es passieren, dass der Steuerungscode aufgrund des Simulationszeitpunkts t_clock, der kleiner als das TimeEvent für diese Steuerfunktion ist, nicht ausgeführt wird. Nehmen wir z. B. an, dass der aktuelle Simulationszeitpunkt t_clock 80 µs beträgt, während Volref.py ein TimeEvent von 1 ms hat. Da t_clock<tvolref, wird der Steuerungscode in Volref.py nicht ausgeführt und die Ausführung findet erst statt, wenn t_clock 1 ms beträgt. Die Bewertung aller Steuerfunktionen führt dazu, dass die Werte ihrer TimeEvents unverändert bleiben oder auf neue Werte gemäß ihren Zeiträumen aktualisiert werden. Diese Werte von TimeEvents werden zur Liste TimeVector hinzugefügt. Daher wird nach der Bewertung aller Steuerfunktionen TimeVector sein:

```
TimeVector = [tvolref, tvolcon, tpwm]
```

Die Liste enthält die Werte der TimeEvents. Zu dieser Liste wird nun der Simulationszeitpunkt hinzugefügt, den wir „tode“ genannt haben – d. h. der Zeitpunkt des Lösers der gewöhnlichen Differentialgleichungen. Also ist TimeVector:

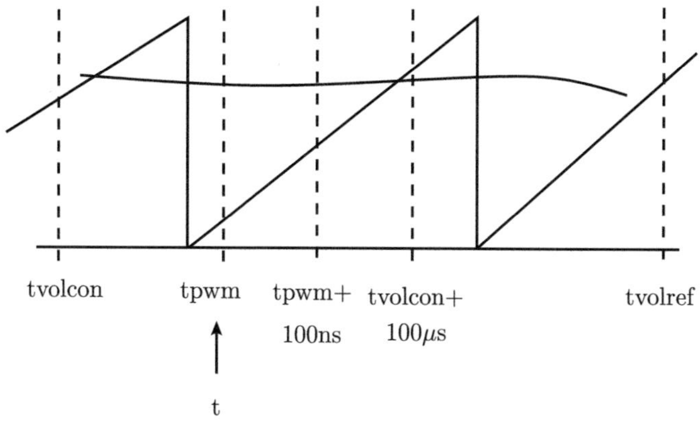

Abb. 4.7 Zeitdiagramm der Steuerfunktionen

```
TimeVector = [tvolref, tvolcon, tpwm, tode]
```

Die obige Liste wird in aufsteigender Reihenfolge angeordnet, sodass der kleinste Zeitwert das erste Element ist. Dieser kleinste Wert wird nun der nächste Bewertungszeitpunkt sein.

Das Wort „Bewertung“ wurde anstelle von „Ausführung“ verwendet. Dies liegt daran, dass die Simulation nun einen weiteren Status überprüft. Hat eine der Steuerfunktionen ein Ereignis erzeugt? Wie zuvor beschrieben, wird gesagt, dass eine Steuerfunktion ein Ereignis erzeugt, wenn sich einer oder mehrere ihrer Ausgänge ändern. Es gibt keine Mindest- oder Höchstanforderungen für eine Änderung des Ausgangs. Jede Änderung des Ausgangs, egal wie klein oder groß, löst ein Ereignis aus. Wenn eine oder mehrere Steuerfunktionen ein Ereignis erzeugen, durchläuft der Simulator nun den gesamten Simulationszyklus – Schleifen- und Knotenanalyse sowie Steuerfunktionen. Dies liegt daran, dass wenn eine Steuerfunktion ein Ereignis erzeugt, dies bedeutet, dass sich ein Ausgang geändert hat, was wiederum eine Änderung im Schaltkreis verursacht, daher muss der Schaltkreis erneut vollständig gelöst werden. Um dies mit der anderen Möglichkeit zu vergleichen; Was passiert, wenn keine Steuerfunktion ein Ereignis erzeugt, weil keine Steuerfunktion eine Änderung in einem ihrer Ausgänge erlebt? In diesem Fall wird der Simulator die Steuerfunktionen nur zum nächsten Zeitpunkt bewerten, der der kleinste Zeitpunkt in TimeVector ist. Das folgende Beispiel wird den Unterschied zwischen Simulationsbewertung und Simulationsexekution beschreiben. Betrachten wir den Simulationszeitpunkt, der als t in Abb. 4.7 markiert ist. Wie zu sehen ist, wurde dieser Zeitpunkt gewählt, weil tpwm der kleinste in TimeVector war. TimeVector kann sein:

```
TimeVector = [tpwm, tvolcon+100.0e-6, tvolref]
```

Lassen Sie uns den Zeitpunkt aus dem Simulationsschritt ausblenden, um uns auf die Auswirkung der Steuerfunktionen zu konzentrieren. Nehmen wir an, dass zum gezeigten Zeitpunkt t keine der Steuerfunktionen ein Ereignis erzeugt hat. Nur Pwm.py hat sein TimeEvent von tpwm auf tpwm+100.0e-9 aktualisiert. Die verbleibenden TimeEvents in den anderen beiden Steuerfunktionen sind gleich und sind in der Abbildung dargestellt. Daher ist TimeVector:

```
TimeVector = [tpwm+100.0e-9, tvolcon+100.0e-6, tvolref]
```

Da keine der Steuerfunktionen ein Ereignis erzeugt hat, besteht kein Grund, die Schaltkreisanalyse durchzuführen. Es hat keine Änderung im Schaltkreis gegeben, und der Zeitunterschied zwischen tpwm und tpwm+100.0e-9 beträgt 100 ns. Dies ist viel weniger als 5 μs, was der Simulationsschritt ist. Der Simulationsschritt wird in Bezug auf die Stabilität der Simulation gewählt. Wie in Kap. 7 beschrieben wird, kann die Simulation instabil werden, wenn der Simulationsschritt im Vergleich zur Zeitkonstante der Zweige im Schaltkreis nicht klein genug ist. Wenn jedoch die Simulation den Zeitpunkt von tpwm auf tpwm+100.0e-9 aktualisiert, prüft die Simulation auf Steuerereignisse, die den Zustand des Schaltkreises ändern. Eine Simulation mit einem potenziellen Zeitschritt von 100 ns, wenn 5 μs als ausreichend erachtet wurde, würde die Rechenlast des Simulators erheblich erhöhen und ihn verlangsamen. Wenn also zum Zeitpunkt t=tpwm noch kein Ereignis eingetreten ist, müssen zum nächsten Zeitpunkt t=tpwm+100.0e-9 nur noch die Kontrollfunktionen ausgewertet werden. Der Simulator wird alle Steuerfunktionen bewerten; jedoch wird durch die Verwendung der oben gezeigten bedingten Zeitprüfung nur Pwm.py bewertet. Jede Steuerfunktion kann ein Ereignis in jedem Zeitpunkt der Simulation erzeugen oder es kann passieren, dass für eine Reihe von Aktualisierungen in diesen Zeitpunkten überhaupt keine Kontrollfunktion ein Ereignis erzeugt.

Lassen Sie uns zwei Möglichkeiten untersuchen. Die erste Möglichkeit ist, dass die Steuerdatei Pwm.py ein Ereignis erzeugt. Dies könnte eine Änderung an einem ihrer Ausgänge sein, der das Schaltsignal zum Konverter sein könnte – das Ein- oder Ausschalten eines Schalters. Wenn ein Ereignis eintritt, hat sich der Zustand des Schaltkreises geändert. In diesem Fall hat sich der Widerstand eines Zweiges geändert und in diesem speziellen Fall kann sich der Widerstand eines Zweiges um eine enorme Größenordnung ändern – von einigen Milliohm bis zu mehreren Megaohm. Für eine genaue Simulation, die der Hardware ähnelt, ist es unerlässlich, dass der Simulator nun alle Schaltkreisanalysefunktionen ausführt und die Ströme und Spannungen und alle anderen Variablen in den Komponentenobjekten im Schaltkreis aktualisiert. Wie zuvor werden auch alle Steuerfunktionen ausgeführt und TimeVector wird aktualisiert. Der nächste Zeitpunkt der Simulation wird das kleinste Element von TimeVector sein.

Die zweite Möglichkeit besteht darin, dass der kleinste Zeitpunkt von Volcon.py erzeugt werden kann, d. h. tvolcon, wie in der obigen Abbildung gezeigt. Als Beispiel nehmen wir an, dass Volcon.py in diesem Fall keinen Ausgang erzeugt, sondern nur das Tastverhältnis oder das Modulationssignal für den Pulsweitenmodulator erzeugt. Daher beeinflusst Volcon.py nicht direkt eine Schaltkreiskomponente auf die Weise, wie es Pwm.py tut, obwohl es eine andere Steuerfunktion beeinflusst, die Pwm.py ist. Das von Volcon.py erzeugte Tastverhältnis ist vom Typ VariableStorage, da das Tastverhältnis in Pwm.py abgerufen werden muss. Details zur Steuerung werden im nächsten Abschnitt gegeben. Eine Änderung in einer oder mehreren Variablen des Typs VariableStorage wird kein Ereignis im Simulator erzeugen. Dies liegt daran, dass VariableStorage für die Schnittstelle zwischen Steuerfunktionen und zum Schreiben von Steuervariablen in die Ausgabedatei verwendet wird. VariableStorage-Typen werden den Zustand des Schaltkreises nicht direkt beeinflussen, wie es Ausgangstypen tun. Daher wird, wenn tvolcon das kleinste in TimeVector ist, sichergestellt, dass der Simulator die Steuerfunktion zu diesem bestimmten Zeitpunkt bewertet. Eine Schaltkreisanalyse wird jedoch nicht durchgeführt, ohne dass ein Ereignis erzeugt wird.

In der obigen Beschreibung wurde der Zeitschritt des Simulators weggelassen, um sich auf die Auswirkung der von den Steuerfunktionen erzeugten TimeEvents zu konzentrieren. Jedoch kann auch bei Vorhandensein von Steuerfunktionen der Zeitschritt des Simulators den nächsten Zeitpunkt der Simulation bestimmen. Wie bereits erwähnt, wird der Zeitpunkt der Simulation immer zu TimeVector hinzugefügt.

```
TimeVector = [tpwm, tvolcon+100.0e-6, tvolref, tode]
```

Der kleinste Zeitpunkt in TimeVector wird der nächste Simulationsschritt sein. Falls tode der kleinste ist, wird der Simulator den gesamten Zyklus ausführen, auch wenn kein Ereignis von einer Steuerfunktion erzeugt wird. Dies hat zwei Gründe. Falls es keine Steuerfunktionen gibt, wird TimeVector nur tode enthalten und daher wird der Zeitschritt der Simulation allein den nächsten Zeitpunkt der Schaltkreisanalyse bestimmen. Daher muss der Simulator alle Funktionen der Schaltkreisanalyse ausführen, da es sich um eine Schaltungssimulation mit festem Zeitschritt handelt, was oft der Fall ist, wenn passive Schaltkreise simuliert werden. Der zweite Grund ist, dass, wenn tode der kleinste Zeitpunkt in TimeVector ist, auch wenn Steuerfunktionen vorhanden sind, es möglich sein kann, dass die Steuerfunktionen signifikant größere Zeiträume als den Simulationsschritt haben. In diesem Fall muss der Simulator alle Funktionen der Schaltungsanalyse ausführen, wenn tode als der kleinste gefunden wird, da die Simulation andernfalls instabil wird. Wie unten weiter ausgeführt, ist eine Simulation bei jedem Simulationsschritt eine Notwendigkeit für eine stabile Simulation – so wird der Simulationsschritt gewählt. Wenn jedoch tode als der kleinste Zeitpunkt in TimeVector gefunden wird, ist es notwendig, tode mit dem Simulationsschritt zu aktualisieren. Also,

```
tode = tode + dtode
```

wobei dtode der vom Benutzer in circuit_inputs.csv angegebene Simulationsschritt ist.

Tab. 4.10 Pwm_desc.csv

Ausgabe	Elementname in der Schaltkreistabelle = Switch_S1	Kontrolltag definiert in der Parameter-Tabelle = S1_gate	Gewünschter Variablenname im Steuercode = S1_gate	Anfänglicher Ausgabewert = 0
StaticVariable	Gewünschter Variablenname im Steuercode = carr_signal	Anfänglicher Wert der Variable = 0.0		
TimeEvent	Gewünschter Variablenname im Steuercode = tpwm	Erstes Zeitereignis = 0.0		
VariableStorage	Gewünschter Variablenname im Steuercode = duty_cycle	Anfänglicher Wert der Variable = 0.0	Variable in Ausgabedatei darstellen = ja	

4.5 Schnittstelle Steuercode

Der vorherige Abschnitt hat beschrieben, wie die Kontrollfunktionen geplant sind und wie der Schaltungssimulator die Steuerfunktionen mit den Funktionen der Schaltungsanalyse verbindet. Die Steuerfunktionen im vorherigen Beispiel wurden jedoch als Blackboxes behandelt, wobei der Schwerpunkt nur darauf lag, wie die TimeEvents erzeugt werden. In diesem Abschnitt wird beschrieben, wie die Steuerfunktionen verbunden sind. Detaillierte Steueralgorithmen werden nicht vorgestellt. Der Fokus wird darauf liegen, zu zeigen, wie kaskadierte Steuerung mit dem Schaltkreissimulator entworfen werden kann.

Beginnen wir mit dem Design von der innersten Steuerfunktion zur äußersten. Daher zuerst Pwm.py. Die Parameter in Pwm_desc.csv werden wie in Tab. 4.10 aufgelistet sein. Nehmen wir an, es gibt nur einen Schalter namens S1 im Konverter – z. B. einen einfachen Buck-Konverter. Dieser Switch_S1 hat ein Steuer-Tag namens S1_gate in der Tabelle mit den Schaltkreisparametern. Dieses Steuer-Tag wird von S1_gate in Pwm.py abgerufen. Da ein Pulsbreitenmodulator programmiert wird, muss eine Trägerwelle erzeugt werden. Eine StaticVariable namens carr_signal ist für diesen Zweck definiert. Das Tastverhältnis wird der Ausgang des Reglers sein, der die Spannung des Buck-Konverters regelt, und dieser Code befindet sich in Volcon.py. Das Tastverhältnis ist als VariableStorage-Typ definiert, da es eine Eingabe von einer anderen Steuerfunktion ist. Dies hätte in der Deskriptor-Tabelle von Volcon.py definiert werden können, aber lassen Sie uns zuerst alle Variablen von Pwm.py definieren. Zuletzt das TimeEvent tpwm, wie bereits im vorherigen Abschnitt beschrieben.

Der Code in Pwm.py wird ähnlich zu diesem sein, ohne ins Detail zu gehen:

```
if t_clock>tpwm:
    carr_signal += (1/5000)*100.0e-9
    if (carr_signal>1):
        carr_signal = 0
    if (duty_cycle>carr_signal):
        S1_gate = 1
    else:
        S1_gate = 0
    tpwm += 100.0e-9
```

Eine kurze Beschreibung des Codes lautet wie folgt. Der Codeblock wird nur ausgeführt, wenn der Zeitpunkt der Simulation t_clock größer als TimeEvent tpwm ist. Bei der Trägerwellenform handelt es sich um eine Sägezahnwelle mit einer Einheitsgröße und einer Frequenz von 5 kHz, wie im vorherigen Abschnitt gezeigt. Daher ist (1/5000) die Steigung der Welle. Dies muss mit der Zeitperiode des Modulators, d. h. 100 ns, multipliziert und schließlich auf die Einheit begrenzt werden. Der nächste Schritt ist der Vergleich zwischen duty_cycle und carr_signal, und dies erzeugt den Ausgang S1_gate, der vom Simulator mit dem Steuer-Tag S1_gate von Switch_S1 verbunden ist. Schließlich wird das TimeEvent tpwm um 100 ns aktualisiert. Ein paar Dinge sind zu beachten. Die Eingabe ist duty_cycle. Da diese Variable vom Typ VariableStorage ist, kann sie in jeder Steuerungsfunktion abgerufen werden. Die nächste Steuerungsfunktion wird beschreiben, wie dieser duty_cycle erzeugt wird. Die Variable carr_signal ist eine StaticVariable und kann daher direkt in Pwm.py abgerufen und durch ein += aktualisiert werden, da der gespeicherte Wert in der Funktion vom Simulator zur Verfügung gestellt wird. Ebenso wird der aktualisierte Wert vom Simulator extrahiert und für die nächste Iteration in einem Wörterbuch gespeichert.

Nun zur nächsten Steuerungsebene – Volcon.py. Diese Funktion enthält den Regler, den wir als proportional-integralen (PI) Regler gewählt haben. Diese Steuerung erzeugt die Variable duty_cycle, die in Pwm.py verwendet wird. Die Parameter in Volcon_desc.csv sind in Tab. 4.11 aufgeführt.

```
if t_clock>tvolcon:
    volt_error = volt_ref - volt_output
    volt_integral += volt_error*100.0e-6
    duty_cycle = 0.001*volt_error + 0.01*volt_integral
    if duty_cycle > 0.98:
        duty_cycle = 0.98
    tvolcon += 100.0e-6
```

Der Zweck der Steuerung besteht darin, die Ausgangsspannung auf die Referenzspannung volt_ref zu regulieren. Diese Referenzspannung wird von der äußeren Steuerung Volref.py erzeugt und als Nächstes beschrieben. 0,001 ist der proportionale Verstärkungsfaktor, während 0,01 der integrale Verstärkungsfaktor ist. Diese Werte sind rein willkürlich und dienen nur als Beispiele, um zu zeigen, wie man

Tab. 4.11 Volcon_desc.csv

Eingabe	Elementname in der Schaltkreistabelle = Voltmeter_Voutput	Gewünschter Variablenname im Steuerungscode = volt_output	
StaticVariable	Gewünschter Variablenname im Steuerungscode = volt_error	Anfangswert der Variable = 0.0	
StaticVariable	Gewünschter Variablenname im Steuerungscode = volt_integral	Anfangswert der Variable = 0.0	
TimeEvent	Gewünschter Variablenname im Steuerungscode = tvolcon	Erstes Zeitereignis = 0.0	
VariableStorage	Gewünschter Variablenname im Steuerungscode = volt_ref	Anfangswert der Variable = 0.0	Variable in Ausgabedatei darstellen = ja

Steuerungscode schreibt. Diese Steuerungsfunktion enthält den PI-Regler, der die Ausgangsspannung reguliert und daher die gemessene Spannung als Eingabe nimmt. Es wird angenommen, dass das Schaltbild einen Voltmeter namens Voltmeter_Voutput enthält. Die gemessene Spannung wird in der Steuerungsfunktion durch den Simulator als Variable volt_output zur Verfügung gestellt. Der Fehler in der Spannung und das Integral des Fehlers werden als StaticVariables definiert. Die Variable volt_error muss nicht als StaticVariable definiert werden, da sie innerhalb des Steuerungscodes berechnet und sofort verwendet wird. Es ist jedoch eine sichere Praxis, so viele Variablen wie möglich als StaticVariables zu definieren, anstatt die Standard-Python-Objekte zu verwenden, um sicherzustellen, dass die Steuerung nachverfolgt werden kann. Um dies zu erläutern, wenn volt_error keine StaticVariable wäre, würde sie nicht existieren, wenn der Codeblock nicht ausgeführt wurde. Daher würde der Simulator mit einem Fehler beenden, wenn auf die Variable außerhalb dieses Blocks zugegriffen wird, da er auf eine Variable zugreift, die nicht existiert. Wenn jedoch eine Variable als StaticVariable definiert ist, hat sie immer einen Wert, auch wenn dieser Wert der im Deskriptor-Tabellenblatt angegebene Anfangswert ist. Der duty_cycle wird entsprechend der PI-Steuerung erzeugt. Wie bereits erwähnt, steht der duty_cycle in allen Steuerungsfunktionen zur Verfügung, sobald er in einer von ihnen definiert wurde – in diesem Fall Pwm_desc.csv. Auch muss duty_cycle nicht definiert werden, da er bereits in Pwm_desc.csv definiert ist, und ihn neu zu definieren, ist ein Verstoß, bei dem der Simulator mit einem Fehler abbricht.

Schließlich die äußerste Steuerungsfunktion Volref.py. Diese Funktion erzeugt die Spannungsreferenz für die vorherige Steuerungsfunktion Volcon.py. Volcon_

Tab. 4.12 Volref_desc.csv

StaticVariable	Gewünschter Variablenname im Steuerungscode = volt_setpoint	Anfangswert der Variable = 100.0
TimeEvent	Gewünschter Variablenname im Steuerungscode = tvolref	Erstes Zeitereignis = 0.0

desc.py enthielt die Definition von volt_ref als VariableStorage. Die Parameter in Volref_desc.csv sind in Tab. 4.12 aufgeführt.

```
if t_clock>tvolref:
    volt_ref += 0.01
    if volt_ref>volt_setpoint:
        volt_ref = volt_setpoint
    tvolref += 0.001
```

Diese Steuerungsfunktion erzeugt die Referenzspannung, die von Volcon.py als allmähliche Rampe verwendet wird, die bei volt_setpoint begrenzt ist. Volt_setpoint ist als StaticVariable mit dem Anfangswert 100 definiert. Daher stellt Volref.py sicher, dass der Buck-Konverter allmählich mit einer stetig steigenden Referenzspannung startet.

In diesem Abschnitt wurde beschrieben, wie drei Steuerungsfunktionen in einer Simulation mit VariableStorage verbunden werden können und wie auf diese Variablen in jeder Steuerungsfunktion zugegriffen werden kann. Es sollte beachtet werden, dass VariableStorage in jedem Deskriptor einer Steuerungsfunktion definiert werden kann. Dieses Beispiel war recht einfach und diente der Einführung in das Schreiben von Steuerungsfunktionen. Ein weit ausführlicheres Beispiel wird im nächsten Kapitel gegeben.

4.6 Schlussfolgerungen

Da dieser Schaltungssimulator speziell für Anwendungen in der Leistungselektronik mit mehreren Wandlern ausgelegt ist, sind benutzerdefinierte Steuerungsfunktionen eine äußerst kritische Komponente. Es ist äußerst wichtig, dass ein Benutzer in der Lage ist, eine Steuerung mit der gleichen Leichtigkeit in eine Simulation zu integrieren wie in einem kommerziellen Simulator. Dieser Schaltungssimulator ermöglicht es einem Benutzer, mehrere Steuerungsfunktionen zu definieren, ohne Einschränkungen hinsichtlich der Anzahl der Dateien. Durch die Bereitstellung der Funktion StaticVariables kann der Benutzer höhere Steuerungsfunktionen mit komplexen mathematischen Berechnungen implementieren. Um die Steuerung auf modulare Weise zu entwickeln, wurde dem Benutzer der Typ VariableStorage zur Verfügung gestellt, um seine Steuerungsalgorithmen in Module zu unterteilen und diese Module zu verbinden. Der einzige sichtbare Nachteil ist, dass alle Steuerungsfunktionen mit Code entwickelt werden müssen, im Gegensatz zu einer kommerziellen Software, bei der Steuerungsfunktionen durch Verbinden von Blöcken aus einer integrierten Bibliothek entwickelt werden können. Bei den meisten komplexen Schaltungen, die für die Hardwareimplementierung vorgesehen sind, werden jedoch Steuerungsfunktionen als Code entwickelt, der in Mikrocontrollern oder anderen Formen von eingebetteten Controllern programmiert wird.

In einer komplexen Schaltung mit mehreren Wandlern können Steuerungsalgorithmen recht komplex sein. Eine der größten Herausforderungen bei Steuerungsfunktionen ist die Ausführungszeit. Als Beispiel kann in der Hardware eine Steuerungsfunktion eine Unterbrechungsfunktion sein, die mit einem Timer verbunden ist. Der Timer kann so konfiguriert sein, dass er in einem konstanten Zeitraum eine Unterbrechung erzeugt, oder der Zeitraum kann nach jeder Iteration berechnet und in den Timer geladen werden. Die Unterbrechungsfunktion stellt sicher, dass die Steuerungsfunktion zum gewünschten Zeitpunkt ausgeführt wird. Damit die Simulation der Hardwareimplementierung entspricht, ist es unerlässlich, dass der Simulator garantiert, dass jede Steuerungsfunktion zum genau gewünschten Zeitpunkt ausgeführt wird. Darüber hinaus sollte ein Benutzer nicht den Simulationsschritt anpassen müssen, um sicherzustellen, dass er mit dem Steuerungsfunktionsschritt übereinstimmt. In diesem Schaltungssimulator stellt ein Zeitplaner sicher, dass alle Steuerungsfunktionen zum gewünschten Zeitpunkt durch Bereitstellung der Variablen TimeEvent ausgewertet werden. Der Benutzer kann für jede Steuerungsfunktion ein TimeEvent festlegen und dieses TimeEvent mit einer beliebigen Zeitspanne aktualisieren, die nicht unbedingt ein Vielfaches voneinander oder sogar ein Vielfaches des Simulationsschritts sein muss. Auf diese Weise bietet der Simulator eine genaue Zeitauflösung, die mit der Hardwareimplementierung vergleichbar ist, in einer Form, die für den Benutzer bequem ist.

Dieses Kapitel und das vorherige Kapitel haben zwei Aspekte der Benutzeroberfläche beschrieben. Der erste Aspekt ist, wie die Schaltung dargestellt wird und wie die Parameter der Schaltungskomponenten aktualisiert werden. Der zweite Aspekt betrifft die Implementierung von Steuerungsfunktionen. In Kap. 5 wird im Detail beschreiben, wie eine Schaltung simuliert werden kann. Darüber hinaus wird Kap. 5 dem Benutzer ein Beispiel dafür geben, wie eine Schaltung in Stufen entwickelt und wie die Steuerung auf modulare Weise entwickelt und getestet werden kann. Die in Kap. 5 gewählte Schaltung ist so, dass alle mit dem Simulator verfügbaren Funktionen bei ihrer Simulation verwendet werden. Weiterhin wird Kap. 5 zeigen, wie die in diesem Schaltungssimulator bereitgestellte Schnittstelle ausreicht, um recht komplizierte Leistungselektronikschaltungen zu entwerfen. Darüber hinaus bietet das Schreiben von Steuerungsfunktionen mit der in diesem Kapitel beschriebenen Benutzeroberfläche eine leistungsstarke Plattform, die gleichzeitig einfach zu bedienen ist. Der Leser wird ermutigt, zwischen den Kap. 3, 4 und 5 zu wechseln, während er Kap. 5 liest.

Kapitel 5
Fallstudie – Shunt-VAR-Kompensator

Zusammenfassung Dieses Kapitel beschreibt, wie ein Benutzer eine Shunt-verbundene dreiphasige VAR-Kompensation, die mit einem zweistufigen Spannungsquellen-Konverter in einem dreiphasigen System realisiert wird, simulieren kann. Der Spannungsquellen-Konverter besteht aus steuerbaren idealen Schaltern, die durch Pulsweitenmodulation ein- und ausgeschaltet werden. Im Kapitel wird gezeigt, wie der Benutzer diese Simulation in Stufen aufbauen kann, sodass jedes neue Subsystem, das zum Schaltkreis hinzugefügt wird, überprüft werden kann. Das Kapitel erläutert auch, wie der Benutzer Steuerfunktionen mit detaillierten Beispielen jeder Steuerfunktion in der Simulation schreiben und auch die Steuerschnittstellen durch Deskriptoren entwerfen kann. Jede Stufe des Kapitels enthält Simulationsergebnisse, um zu zeigen, wie das Projekt sich entwickelt. Durch dieses Beispiel wurde jede Funktion des Simulators mit Details beschrieben, sodass Benutzer ihre eigenen Simulationen entwickeln können.

Schlüsselwörter VAR-Kompensation · Stromqualität · Spannungsquellen-Konverter · Pulsweitenmodulation · Proportional-Integral-Regler · Phasenregelschleifen · Zeitplanung

5.1 Einführung

In Kap. 3 wurde die Benutzeroberfläche zur Erzeugung des Schaltplans und zur Änderung der Parameter der Schaltungskomponenten vorgestellt. Weiterhin wurde beschrieben, wie diese Benutzeroberfläche die Datenstrukturen von Objekten, die Schaltungskomponenten entsprechen, modifiziert. Kap. 4 legt dar, wie ein Benutzer Steuerungsfunktionen in einer Simulation implementieren kann. Kap. 4 erklärt die Schnittstelle zur Spezifizierung der Parameter jeder Steuerungsfunktion und wie der Benutzer Steuerungsfunktionen verknüpfen, komplexe mathematische

---

Die Online-Version dieses Kapitels (https://doi.org/10.1007/978-3-031-58981-2_5) enthält ergänzendes Material, das autorisierten Benutzern zur Verfügung steht.

S. V. Iyer, *Simulation nichtlinearer Schaltungen in der Leistungselektronik mit Python*, https://doi.org/10.1007/978-3-031-58981-2_5

Steuerungen entwickeln Zeitereignisse generieren kann. Ebenso wird gezeigt, wie eine komplexe Schaltung mit modularer Steuerung simuliert werden kann. Dieses Kapitel dient daher als Tutorial für einen Benutzer, der Leistungselektronikschaltungen mit diesem Simulator simulieren möchte. Die Beschreibung wird jeden Aspekt der Simulation abdecken – das Zeichnen der Schaltpläne, das Ändern von Parametern, das Schreiben von Steuerungsfunktionen und das Entwickeln der Simulation in Stufen.

Das Hauptziel dieses Kapitels ist es zu demonstrieren, wie dieser Schaltungssimulator es einem Benutzer ermöglicht, Schaltungen mit Leistungselektronik-Umwandlern mit der gleichen Leichtigkeit und Flexibilität wie die meisten kommerziellen Simulatoren zu modellieren. Das Beispiel wird zeigen, wie eine Schaltung modular aufgebaut werden kann, indem Schaltpläne in der Simulationsparameter-Tabelle circuit_inputs.csv hinzugefügt und entfernt werden. Die neuen Schaltpläne müssen mit Sprungetiketten mit den bestehenden Schaltplänen verbunden werden. Dies ist vergleichbar mit der Art und Weise, wie in einem kommerziellen Simulator Teilsysteme zu einer Schaltung hinzugefügt werden können und die Ports des Teilsystems mit dem Rest der Schaltung verbunden werden können. Ebenso wird die Steuerung Schritt für Schritt entworfen und in jeder Phase wird die Steuerungsausgabe durch das Aufzeichnen von Steuerungssignalen überprüft. Somit wird gezeigt, wie ein ziemlich komplexer Steuerungsalgorithmus vereinfacht werden kann, indem er in Module zerlegt und separat validiert wird.

Das gewählte Beispiel ist ein dreiphasiger Spannungsquellen-Konverter (VSC), der an ein dreiphasiges Netz angeschlossen ist. Zunächst wird nur das dreiphasige System ohne den Kompensator simuliert und eine Regelfunktion zur Netzsynchronisation implementiert [2]. In der nächsten Stufe werden die Referenzen für den Shunt-Kompensator mit einer weiteren Steuerungsfunktion erzeugt, die den Netzphasenwinkel als Eingabe verwendet [3]. Mit diesen beiden Funktionen wird der Kompensator als bloße steuerbare Spannungsquellen getestet, um ein geschlossenes Stromregelungsschema zu testen [4]. Schließlich wird der Shunt-Kompensator durch den VSC implementiert und ein Pulsweitenmodulationsschema wird verwendet, um die Schalter des VSC zu steuern [4, 5]. Die Steuerungsfunktionen werden in Python geschrieben. Dem Leser wird empfohlen, Kap. 2 für eine schnelle Einführung in Python zu lesen und es mit einigen Tutorials im Internet oder [1] zu ergänzen. Das Kapitel wird versuchen, den Prozess so beschreibend wie möglich zu gestalten, mit Tipps zur Vermeidung von Fehlern. Dem Leser wird empfohlen, sich auf die Kap. 3 und 4 für Details zu den Objekten der Schaltungskomponenten und den Deskriptoren und Variablen der Steuerfunktionen zu beziehen.

5.2 Beschreibung der Schaltung

Abb. 5.1 zeigt die Schaltung, die schließlich simuliert wird. Die Schaltung in Abb. 5.1 ist ein parallelgeschalteter VAR-Kompensator, der an ein Dreiphasensystem angeschlossen ist, in dem eine Dreiphasenquelle eine Dreiphasenlast speist. Obwohl diese Schaltung für einen erfahrenen Elektroingenieur nicht übermäßig komplex ist, hat sie eine ausreichende Komplexität, dass sie alle Möglichkeiten des Simulator nutzen kann und eignet sich daher gut als Fallstudie für ein Tutorium zur Verwendung des Simulators.

Die Schaltung in Abb. 5.1 ist in mehrere Teile gegliedert, um jeden Teil im Detail beschreiben zu können. Die Schaltung in Abb. 5.2 zeigt die dreiphasige Spannungsquelle Va, Vb und Vc. Die Spannungen werden als symmetrische Sinusschwingungen betrachtet, können aber bei Bedarf auch als unsymmetrisch und mit Oberschwingungen betrachtet werden. Eine resistive Dreiphasenleitung Ra, Rb und Rc verbindet die Quelle mit dem Rest der Schaltung. Die Quellenströme werden von Amperemeter Isa, Isb und Isc gemessen. Die Dreiphasenquelle ist über Sprunglabels JSA, JSB und JSC mit dem Rest der Schaltung verbunden.

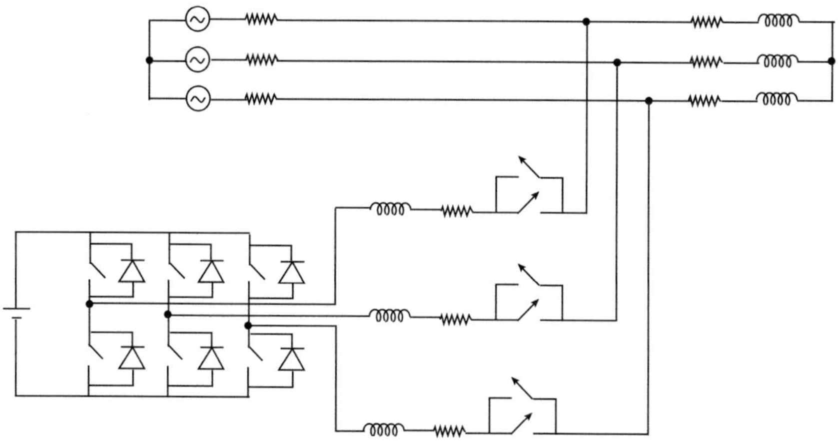

Abb. 5.1 Gesamtaufbau des Systems mit dem VAR-Kompensator

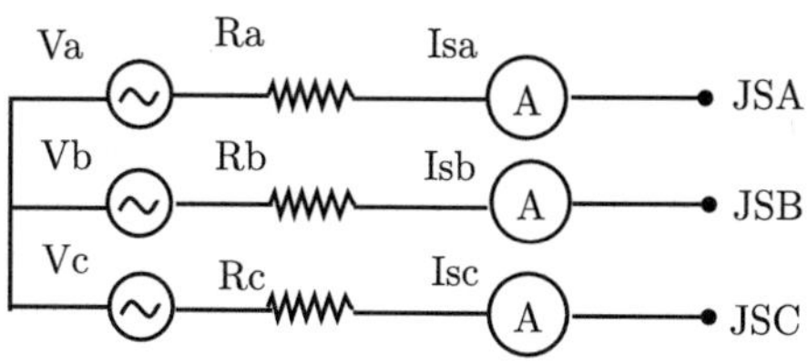

Abb. 5.2 Dreiphasenquelle

Die Schaltung in Abb. 5.3 zeigt die Dreiphasenlast. Die Last wird als linear und passiv mit nur einem Widerstand und einer Induktivität betrachtet. Es ist jedoch immer möglich, Nichtlinearität durch Diodengleichrichter und andere Wechselrichter hinzuzufügen. Der Laststrom wird mit Amperemetern gemessen. Die an der Last verfügbaren Spannungen werden von Voltmetern gemessen. Die Lastspannungen und die Lastströme werden vom Steuerungsalgorithmus verwendet, um die Referenzen für die vom Kompensator einzuspeisenden Ströme zu erzeugen. Die Schaltung zeigt auch Verbindungen, die mit Sprunglabels JF2A, JF2B und JF2C enden. Diese Sprunglabels verbinden den VAR-Kompensator mit dem System. Dieser gesamte Teil der Schaltung ist über Sprunglabels JSA, JSB und JSC mit der Quelle verbunden.

Die Schaltung in Abb. 5.4 zeigt den dreiphasigen Spannungsquellenwandler. Der Wandler wird von einer Gleichspannungsquelle Vdc versorgt. Der nichtlineare Teil des Wandlers besteht aus sechs Schaltern S1–S6. Diesen Schaltern sind antiparallele Dioden D1 bis D6 zugeordnet, um sicherzustellen, dass der Strom durch die Induktoren am Ausgang des Wandlers freiläuft. Der Ausgang des Wechselrichters ist über Sprunglabels JF1A, JF1B und JF1C mit dem Rest der Schaltung verbunden.

Die Schaltung in Abb. 5.5 zeigt den Filter, der mit dem Ausgang des Wandlers verbunden ist. In diesem Fall wurde ein einfacher Induktionsfilter berücksichtigt. Höherwertige Filter wie Induktor-Kondensator-Induktor(L-C-L)-Filter am Ausgang des Wandlers führen zu besseren Wellenformen der vom Wandler eingespeisten Ströme. Dieser Filter dient jedoch dazu, die Leistung des Wandlers zu demons-

Abb. 5.3 Dreiphasenlast

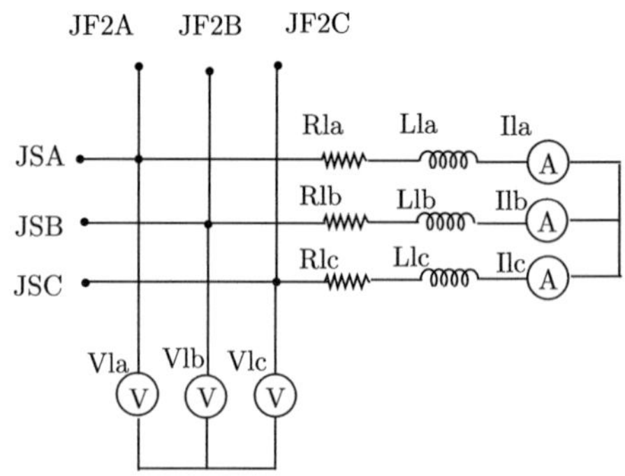

Abb. 5.4 Dreiphasiger Spannungsquellenwandler (VSC)

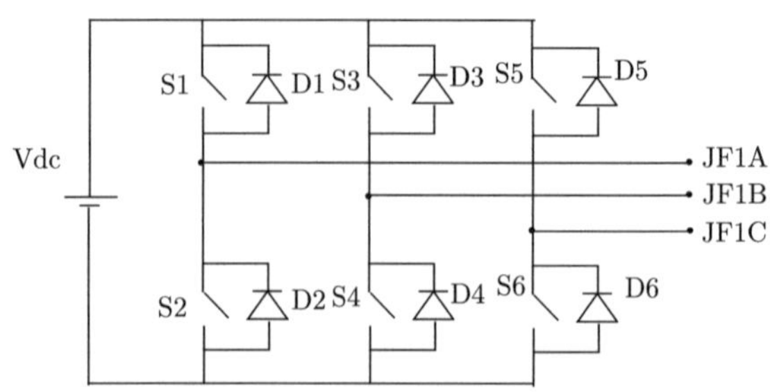

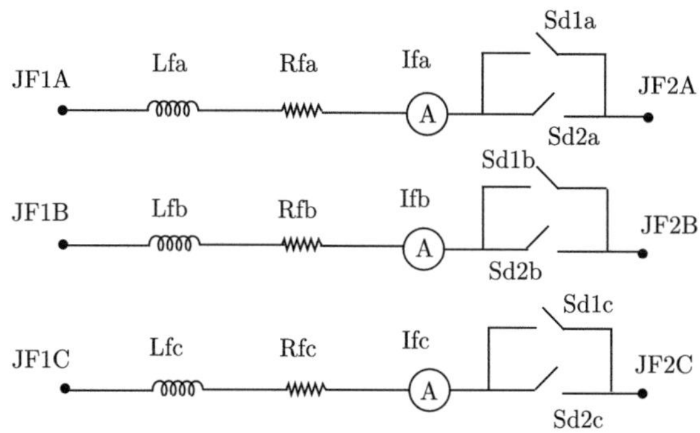

Abb. 5.5 Filter am Ausgang des VSC

trieren. Der Filter hat einen bidirektionalen Schalter in jeder Phase. Der Zweck dieses Schalters besteht darin, den VSC erst nach einer anfänglichen Netzsynchronisierung anschließen zu können, um übermäßige Transienten zu vermeiden, wenn der Kompensator an das System angeschlossen wird. Die vom Wandler erzeugten Ströme werden von den Amperemetern Ifa, Ifb und Ifc gemessen.

Die Schaltung ist in separate Tabellen aufgeteilt, wie oben gezeigt. Diese Möglichkeit besteht im Simulator, wo eine Schaltung über mehrere Tabellen dargestellt werden kann. Wie im Kapitel dargestellt, wird die Schaltung von Abb. 5.1 auf modulare Weise entwickelt. Darüber hinaus ist es viel bequemer, wenn der Benutzer einen Teil der Schaltung ändern möchte. Wenn der Benutzer beispielsweise in der obigen Schaltung den zweistufigen Spannungsquellenwandler durch einen dreistufigen Spannungsquellenwandler ersetzen möchte, muss nur eine Tabelle und keine der anderen geändert werden. Wenn die gesamte Schaltung in einer Tabelle ist, kann es notwendig sein, Komponenten zu verschieben, um die Änderungen in einem Teil der Schaltung unterzubringen. Darüber hinaus kann eine Komponente wie der oben genannte Wandler, sobald sie in einer separaten Tabelle erstellt wurde, in jeder anderen Schaltung wiederverwendet werden, indem nur die Sprunglabels geändert werden.

5.3 Parameter der Simulation und der Schaltung

Der Simulator wird mit dem Befehl gestartet:

```
python circuit_solver.py
```

Der erste Schritt – die Simulationsparameter in der Tabelle circuit_inputs.csv. Wenn eine Simulation von Grund auf neu gestartet wird, hat die Tabelle circuit_inputs.csv Standardwerte, um den Benutzern bei ihren Simulationen zu helfen. Details dazu finden Sie in Kap. 3. Für den oben genannten Schaltkreis können die Simulationsparameter in Tab. 5.1 aufgelistet werden. Im Folgenden finden Sie die Beschreibung jeder Zeile der obigen Tabelle:

Tab. 5.1 Simulationsparameter

Name der Schaltkreisdatei	three_ph_source.csv	three_ph_load.csv	comp_inverter.csv	comp_filter.csv
Zeitdauer der Simulation	0.5			
Zeitschritt der Simulation	1.0e-6			
Zeitschritt der Datenspeicherung	10.0e-6			
Name der Datenspeicherungsdatei	ckt_output.dat			
Name der Steuerungsdateien	pll.py	comp_reference.py	currcon_inverter.py	modulator.py
Die Ausgabedatei aufteilen?	Ja			
Länge der Zeitfenster	0.25			

Zeile 1 → Name der Schaltungsdatei: Die Simulation kann mehrere Tabellenkalkulationen enthalten, die Teile der Schaltung enthalten. Jede Tabellenkalkulation als .csv-Datei muss in einer separaten Zelle in dieser Zeile angegeben werden. Die Reihenfolge der Dateien ist nicht wichtig. Es ist notwendig, die .csv-Erweiterung der Dateien anzugeben. In dieser Simulation enthalten die Tabellenkalkulationen Teile der oben gezeigten Schaltung: Dreiphasenquelle, Dreiphasenlast, Konverter und Filter.

Zeile 2 → Zeitdauer der Simulation: Dies ist die Zeit in Sekunden, für die die Simulation ausgeführt werden muss. Die Zeit beginnt immer bei null. Wenn die Zeit in Minuten angegeben ist, muss sie in Sekunden umgerechnet werden.

Zeile 3 → Zeitschritt der Simulation: Dies ist der Zeitschritt des ODE-Lösers. Ein äußerst kritischer Parameter der Simulation, eine große Zahl könnte zu einer instabilen Simulation führen. Für die meisten Anwendungen in der Leistungselektronik ist 1 µs in der Regel ausreichend klein. In einigen Fällen, wie bei resonanten Wandlern, muss dieser jedoch kleiner sein. Im Allgemeinen ist es ratsam, den Zeitschritt der Simulation zu reduzieren, wenn sie bei der ersten Wahl instabil ist.

Zeile 4 → Zeitschritt der Datenspeicherung: Dies ist das Zeitintervall, in dem Daten gespeichert werden. Es muss größer oder gleich dem Zeitschritt der Simulation sein. Der Benutzer muss prüfen, welche Auflösung die gespeicherten Daten haben sollen.

Zeile 5 → Name der Datenspeicherungsdatei: Dies kann eine beliebige Textdatei sein, in die die Daten gespeichert werden. Sie muss den für das verwendete Betriebssystem relevanten Dateinamenregeln entsprechen.

Zeile 6 → Name der Steuerungsdateien: Dies sind die Steuerungsdateien in der Simulation. Es handelt sich um Python-Dateien mit einer .py-Erweiterung.

Wenn die .py-Erweiterung nicht angegeben wird, wird ein Fehler verursacht. In dieser Simulation sind die Steuerungsdateien: Phasenregelschleife, Stromreferenzgenerator, Konverterstromregler und Pulsweitenmodulator.

Zeile 7 → Teilen Sie die Ausgabedatei auf: Dies ist eine Einrichtung für Simulationen, die groß sind und bei denen die Größe der Datendatei voraussichtlich übermäßig groß sein kann. Eine große Datendatei könnte schwer zu plotten sein und dazu führen, dass die Plot-Software hängt oder abstürzt. Ein Ja hier wird die nächste Zeile auf das Zeitfenster jeder Datei prüfen.

Zeile 8 → Länge der Zeitfenster: Wenn die Antwort auf die vorherige Zeile ein Ja war, wird diese Zahl das Fenster des Zeitintervalls in Sekunden für jede Ausgabedatei sein. In diesem Fall wird jede Ausgabedatei 0,25 s Daten haben und da die Zeitdauer der Simulation 0,5 s beträgt, bedeutet dies, dass es zwei Ausgabedatendateien geben wird. Diese beiden Ausgabedatendateien werden den gleichen Namen haben wie angegeben, aber durch die Seriennummer der Datei ergänzt. Also werden in diesem Fall die Ausgabedateien ckt_output1.dat und ckt_output2.dat sein. Im Allgemeinen ist das Format (Dateiname)index.(Erweiterung).

Nachdem die oben genannten Simulationsparameter dem Simulator zur Verfügung gestellt wurden, werden die Schaltungskomponenten in allen Tabellenkalkulationen gelesen und für alle werden Objekte mit Standardparametern erstellt. Der Simulator wird dann prüfen, ob Parameter-Tabellenkalkulationen für die Schaltungsdateien im Verzeichnis existieren. Zum Beispiel wird für die Schaltungstabelle three_ph_source.csv der Simulator nach einer Parameter-Tabelle three_ph_source_params.csv suchen. Wenn eine solche Tabelle existiert, werden die Parameter der Schaltungskomponenten in three_ph_source.csv aus dieser Tabelle gelesen und die Objekte für die Schaltungskomponenten in dieser Tabelle werden aktualisiert. Wenn keine Parameter-Tabelle existiert, wird der Simulator eine Standardparameter-Tabelle mit den Standardparametern der Schaltungskomponenten erstellen. Auf diese Weise kann der Benutzer diese Parameter-Tabelle bearbeiten, anstatt sie von Grund auf neu zu erstellen. Die Parameter jeder Schaltungstabelle werden in den folgenden Tabellen aufgeführt.

Für die Schaltungstabelle three_ph_source.csv sind die Parameter von three_ph_source_param-s.csv in Tab. 5.2 aufgeführt. Es sollte beachtet werden, dass die vierte Spalte der Tab. 5.2 alle Parameter enthält, um den Raum besser zu nutzen. Der Simulator benötigt jedoch jeden Parameter in einer separaten Zelle in der gleichen Zeile der Tabelle, sonst wird ein Fehler ausgegeben. Es wird empfohlen, die von dem Simulator standardmäßig erstellte Musterparameter-Tabelle zu ändern oder Muster-Tabellen von der Webseite zu verwenden. Das Erstellen einer leeren Tabelle und das Eingeben der folgenden Daten darin wird Fehler verursachen und wird nicht empfohlen. Die Spannungsquellen sind so gewählt, dass sie einen Spitzenwert von 169,7 V haben, was dem RMS-Wert von 120 V entspricht. Die Spannung der Phase b hinkt der Spannung der Phase a um 120° hinterher, während die Spannung der Phase c der Spannung der Phase a um 240° hinterherhinkt. Daher ist die dreiphasige Spannungsquelle eine ausgeglichene sinusförmige Quelle.

Tab. 5.2 Parameter der Dreiphasenquelle

Spannungsquelle	Vsource1a	1C	Spitze (Volt) = 169,70, Frequenz (Hertz) = 60,0, Phase (Grad) = 0,0, Gleichspannungsversatz = 0,0, positive Polarität in Richtung (Zelle) = 1D
Spannungsquelle	Vsource1b	11C	Spitze (Volt) = 169,70, Frequenz (Hertz) = 60,0, Phase (Grad) = −120,0, Gleichspannungsversatz = 0,0, positive Polarität in Richtung (Zelle) = 11D
Spannungsquelle	Vsource1c	20C	Spitze (Volt) = 169.70, Frequenz (Hertz) = 60.0, Phase (Grad) = −240.0, Gleichspannungsversatz = 0.0, positive Polarität in Richtung (Zelle) = 20D
Ammeter	Isource1a	1L	Positive Polarität in Richtung (Zelle) = 1M
Ammeter	Isource1b	11L	Positive Polarität in Richtung (Zelle) = 11M
Ammeter	Isource1c	20L	Positive Polarität in Richtung (Zelle) = 20M
Widerstand	Rsource1a	1F	0.1
Widerstand	Rsource1b	11F	0.1
Widerstand	Rsource1c	20F	0.1

Tab. 5.3 Dreiphasige Lastparameter

Induktor	Lload1a	1J	0.02
Induktor	Lload1b	9J	0.02
Induktor	Lload1c	17J	0.02
Widerstand	Rload1a	1G	4
Widerstand	Rload1b	9G	4
Widerstand	Rload1c	17G	4
Ammeter	Iload1a	1M	Positive Polarität in Richtung (Zelle) = 1N
Ammeter	Iload1b	9M	Positive Polarität in Richtung (Zelle) = 9N
Ammeter	Iload1c	17M	Positive Polarität in Richtung (Zelle) = 17N
Voltmeter	Vload1a	36G	Zu messendes Nennspannungsniveau = 600.0, positive Polarität in Richtung (Zelle) = 35G
Voltmeter	Vload1b	36J	Zu messendes Nennspannungsniveau = 600.0, positive Polarität in Richtung (Zelle) = 35J
Voltmeter	Vload1c	36M	Zu messendes Nennspannungsniveau = 600.0, positive Polarität in Richtung (Zelle) = 35M

Für die Schaltungstabelle three_ph_load.csv sind die Parameter von three_ph_load_params.csv in Tab. 5.3 aufgeführt. Die Last wurde so gewählt, dass sie eine Reaktanz von 7,54 Ω bei 60 Hz hat. Daher ist die Last überwiegend induktiv und hat einen schlechten Leistungsfaktor, da sie eine große Menge an Blindleistung aufnimmt. Dies bietet einen Anreiz zur VAR-Kompensation. Eine Anmerkung zu den Voltmetern: Der Spannungsbereich der Voltmeter wurde auf 600 V festgelegt. Es gibt nur einen Faktor, der bei der Wahl des Spannungsbereichs berücksichtigt werden muss. Das Voltmeter ist eine Komponente, die bei Nennspannung, die in diesem Schaltkreis 120 V beträgt, einen vernachlässigbaren Strom zieht. Um sicherzustellen, dass der vom Voltmeter gezogene Strom nie vernachlässigbar ist, ist es ratsam, einen Spannungsbereich zu wählen, der ein Vielfaches der

Tab. 5.4 Dreiphasige VSC-Parameter

Spannungsquelle	invdcbus	15A	Spitze (Volt) = 0.0, Frequenz (Hertz) = 0.0, Phase (Grad) = 0.0, Gleichspannungsversatz = 400.0, positive Polarität in Richtung (Zelle) = 14A
Widerstand	invdcbus	8A	0.1
Schalter	S1compinv	8H	Spannungspegel (V) = 600.0, negative Polarität in Richtung (Zelle) = 9H, Name des Steuersignals = S1compinvgate
Schalter	S2compinv	22H	Spannungspegel (V) = 600.0, negative Polarität in Richtung (Zelle) = 23H, Name des Steuersignals = S2compinvgate
Schalter	S3compinv	8O	Spannungspegel (V) = 600.0, negative Polarität in Richtung (Zelle) = 9O, Name des Steuersignals = S3compinvgate
Schalter	S4compinv	22O	Spannungspegel (V) = 600.0, negative Polarität in Richtung (Zelle) = 23O, Name des Steuersignals = S4compinvgate
Schalter	S5compinv	8T	Spannungsebene (V) = 600.0, negative Polarität in Richtung (Zelle) = 9T, Name des Steuersignals = S5compinvgate
Schalter	S6compinv	22T	Spannungsebene (V) = 600.0, negative Polarität in Richtung (Zelle) = 23T, Name des Steuersignals = S6compinvgate

Tab. 5.5 Dreiphasige VSC-Parameter

Diode	D1compinv	8J	Spannungsniveau (V) = 600.0, Kathodenpolarität in Richtung (Zelle) = 7J
Diode	D2compinv	22J	Spannungsniveau (V) = 600.0, Kathodenpolarität in Richtung (Zelle) = 21J
Diode	D3compinv	8Q	Spannungsniveau (V) = 600.0, Kathodenpolarität in Richtung (Zelle) = 7Q
Diode	D4compinv	22Q	Spannungsniveau (V) = 600.0, Kathodenpolarität in Richtung (Zelle) = 21Q
Diode	D5compinv	8V	Spannungsniveau (V) = 600.0, Kathodenpolarität in Richtung (Zelle) = 7V
Diode	D6compinv	22V	Spannungsniveau (V) = 600.0, Kathodenpolarität in Richtung (Zelle) = 21V

Nennspannung ist. Dies stellt sicher, dass das Voltmeter auch im schlimmsten Fall immer ein starrer Zweig ist. Der Spannungsbereich des Voltmeters hätte in dem oben genannten Fall auf 1000 V gewählt werden können, wenn der Benutzer sicher sein möchte. Etwas in der Nähe von 120 V zu wählen, wird jedoch nicht empfohlen.

Für die Schaltkreistabelle comp_inverter.csv sind die Parameter von comp_inverter_params.csv in den Tab. 5.4 und 5.5 aufgeführt. Es gibt nur eine Komponente für VoltageSource. Wenn eine Gleichspannung benötigt wird, müssen der Spitzenwert, der der Wechselspannungsspitze entspricht, und die Frequenz auf null gesetzt werden, während der Gleichspannungsversatz auf die gewünschte Gleichspannung eingestellt werden sollte. Bei den Schaltern und Dioden ist bei der Angabe der Polarität Vorsicht geboten. Wie beim Voltmeter wird der Spannungsbereich der Schalter und Dioden auf 600 V eingestellt, um sicherzustellen, dass die Geräte bei der schlechtesten Spannung einen vernachlässigbaren Strom ziehen, wenn sie sich im ausgeschalteten Zustand befinden. Der Zweig, der die Gleichspannungsquelle hat, hat einen Widerstand von 0.1 Ω, da es illegal ist, einen Zweig im Schaltkreis mit null Widerstand zu haben. Der Widerstand kann auf einen kleineren Wert reduziert werden, wenn festgestellt wird, dass er den Betrieb des Konverters stört. Die Schalter sind steuerbare Komponenten mit einem Gatesignal, das unter „Name des Steuersignals“ angegeben werden kann. Dies hat den Standardwert „Control“, wenn ein Objekt, das einem Schalter entspricht, im Simulator erstellt wird. Dies sollte jedoch auf einen eindeutigen Wert geändert werden, der mit dem jeweiligen Schalter verknüpft ist. Die Steuersignale für die Schalter S1–S6 sind als S1compinvgate bis S6compinvgate benannt. Es wird empfohlen, die Namen der Steuersignale ausführlich und beschreibend zu gestalten, da der obige Teil des Schaltkreises zu einem späteren Zeitpunkt in einem größeren Schaltkreis mit anderen Leistungselektronik-Umwandlern verwendet werden könnte.

Für die Schaltkreistabelle comp_filter.csv sind die Parameter von comp_filter_params.csv in Tab. 5.6 aufgeführt. Der für den Kompensator gewählte Filter ist eine Induktivität von 1 mH. Der Spannungsbereich für die Trennschalter wird ebenfalls wie zuvor auf 600 V festgelegt. Es ist eine sichere Praxis, die Spannungsbewertung von starren Elementen und nichtlinearen Geräten gleich der des Simulators zu wählen, da dieser mit Widerständen derselben Größenordnung umgeht. Bei der Wahl der Polarität der Schalter sollte Vorsicht geboten sein – die antiparallelen Dioden in einer Phase sollten entgegengesetzte Polaritäten haben.

Nachfolgend einige Beobachtungen zu den Parametern in den obigen Tabellen. Wie bereits erwähnt, ermöglicht der Simulator den Benutzern, ihre Schaltung über mehrere Schaltpläne zu verteilen. In allen Schaltplänen wird die Zellenposition der Komponenten und auch ihre Richtung, falls vorhanden, nur in Bezug auf diese Tabelle angegeben. Der Simulator behält den Überblick, welche Komponente in welcher Tabelle erscheint. Für einen Benutzer wird jede Tabelle zu einer separaten Einheit. Die einzige Ausnahme ist, dass der Name einer Komponente in allen Tabellen einzigartig sein muss. Es wird dringend empfohlen, dass ein Benutzer Variationen des obigen Beispiels ausprobiert.

5.4 Erste Stufe in der Steuerungsentwicklung – Netzsynchronisierung

Diese Schaltung wurde als Beispiel gewählt, um zu demonstrieren, wie die Schaltung zusammen mit der zugehörigen Steuerung in Stufen entwickelt werden kann. Dies mag zunächst den Entwicklungsaufwand erhöhen, reduziert jedoch Fehler und verringert daher die Gesamtzeit, die zur Erstellung des vollständigen Simulationsmodells benötigt wird. Die erste Stufe bei der Entwicklung des Simulationsmodells besteht darin, die Dreiphasenquelle ohne den Kompensator mit der Dreiphasenlast zu verbinden. Die Verbindung der Dreiphasenlast mit der Dreiphasenquelle ist recht einfach. Lassen Sie uns diesen einfachen Fall nutzen, um den Grid-Synchronisationsalgorithmus – die Phasenregelschleife (PLL) – zu generieren. Für jedes netzgekoppelte System ist die PLL eine grundlegende Komponente. Dies liegt daran, dass fast jede Wechselstromquelle eine Änderung in einem ihrer Parameter – der Spannungsmagnitude, der Frequenz oder dem Phasenwinkel – erfahren wird. Die Annahme, dass die Netzfrequenz konstant ist, würde dazu führen, dass jeder Stromsteuerungsalgorithmus versagt.

Die einfachste Methode zur Gestaltung der Steuerung für eine Simulation besteht darin, mit der Steuerfunktion zu beginnen. Nachdem eine vorläufige Steuerfunktion entwickelt wurde, kann der Steuerungsbeschreiber finalisiert werden. Im Falle der PLL kann der Steuerungsalgorithmus durch das Blockdiagramm von Abb. 5.6 [2] beschrieben werden. Die Eingaben für die PLL sind die drei

Tab. 5.6 Filterparameter

Induktivität	Lcompa	1J	0.001
Induktivität	Lcompb	9J	0.001
Induktivität	Lcompc	17J	0.001
Widerstand	Rcompa	1H	0.1
Widerstand	Rcompb	9H	0.1
Widerstand	Rcompc	17H	0.1
Ammeter	Icompa	1M	Positive Polarität in Richtung (Zelle) = 1N
Ammeter	Icompb	9M	Positive Polarität in Richtung (Zelle) = 9N
Ammeter	Icompc	17M	Positive Polarität in Richtung (Zelle) = 17N
Schalter	Disconnect1a	1R	Spannungsebene (V) = 600.0, negative Polarität in Richtung (Zelle) = 1Q, Name des Steuersignals = Disconnect1a
Schalter	Disconnect2a	4R	Spannungsebene (V) = 600.0, negative Polarität in Richtung (Zelle) = 4S, Name des Steuersignals = Disconnect2a
Schalter	Disconnect1b	9R	Spannungsebene (V) = 600.0, negative Polarität in Richtung (Zelle) = 9Q, Name des Steuersignals = Disconnect1b
Schalter	Disconnect2b	12R	Spannungsebene (V) = 600.0, negative Polarität in Richtung (Zelle) = 12S, Name des Steuersignals = Disconnect2b
Schalter	Disconnect1c	17R	Spannungsebene (V) = 600.0, negative Polarität in Richtung (Zelle) = 17Q, Name des Steuersignals = Disconnect1c
Schalter	Disconnect2c	20R	Spannungsebene (V) = 600.0, negative Polarität in Richtung (Zelle) = 17S, Name des Steuersignals = Disconnect2c

gemessenen Spannungen Va, Vb und Vc, die in diesem Simulationsbeispiel die an der Last gemessenen Spannungen sind. Diese drei Spannungen werden in ein anderes Bezugssystem umgewandelt, das als Alpha-Beta-Bezugssystem bezeichnet wird. Die Spannungen V_α und V_β werden ausgedrückt als:

```
Valpha = Va - 0.5Vb - 0.5Vc
Vbeta = sqrt(3)*(Vb - Vc)/2
```

In diesem Simulationsbeispiel handelt es sich um eine Dreileiterschaltung ohne Neutralleiter. Daher hat eine solche Schaltung weder in den Strömen noch in den Spannungen eine Nullsequenzkomponente. Valpha und Vbeta sind ausreichend, um die Spannungen des Systems auszudrücken. Wenn es einen Neutralleiter gäbe, wäre auch eine Nullsequenzkomponente vorhanden. Die Spannungen Valpha und Vbeta werden in ein anderes Bezugssystem transformiert, der als D-Q-Bezugsrahmen bezeichnet wird. Der D-Q-Bezugsrahmen ist ein rotierender Bezugsrahmen. Die Spannungen Vd und Vq sind:

```
Vd = Valpha*cos(wt) + Vbeta*sin(wt)
Vq = -Vbeta*cos(wt) + Valpha*sin(wt)
```

In den obigen Gleichungen ist w(ω) die Winkelfrequenz der Rotation des Bezugsrahmens. Wenn die Rotationsfrequenz w gleich der Winkelfrequenz der Spannungen Va, Vb und Vc ist, wird gesagt, dass die PLL auf das Netzwerk eingestellt ist. Die PLL verwendet einen proportional-integralen (PI) Regler, um eine Winkelfrequenz w zu erzeugen, sodass Vq auf null gezwungen wird, während Vd nicht null bleibt, was einer der vielen möglichen Gleichgewichtszustände der PLL ist. Diese vom PI-Regler erzeugte Winkelfrequenz wird vom Alpha-Beta- zum D-Q-Transformationsblock zurückgegeben, um eine geschlossene Synchronisationssteuerung zu bilden, wie in Abb. 5.6 gezeigt.

Um die PLL zu testen, müssen wir nur die Dreiphasenquelle an die Dreiphasenlast anschließen. Der Konverter und der Filter sind nicht notwendig. Daher kann circuit_inputs.csv mit den in Tab. 5.7 aufgeführten Parametern geändert werden. Der Basiscode der PLL kann als folgender Block geschrieben werden:

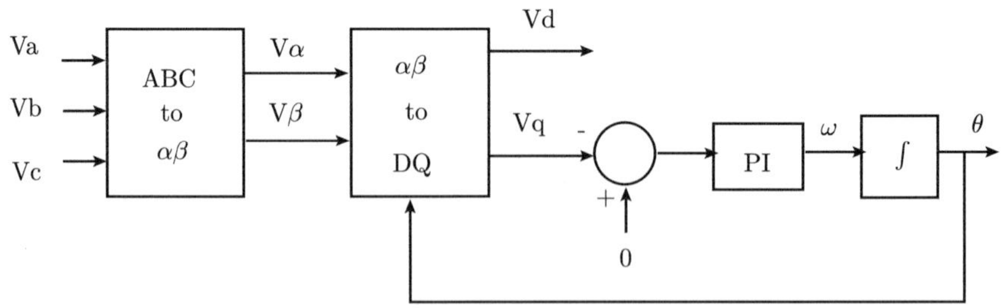

Abb. 5.6 Phasenregelschleife (PLL)

```
volt_alpha = math.sqrt(2.0/3.0)*(volt_a - 0.5*volt_b - \
                                 0.5*volt_c)
volt_beta = math.sqrt(1.0/2.0)*(volt_b - volt_c)
volt_d = volt_alpha*math.cos(ph_angle) + \
                    volt_beta*math.sin(ph_angle)
volt_q = -volt_alpha*math.sin(ph_angle) + \
                    volt_beta*math.cos(ph_angle)
pll_err = volt_q
pll_int += pll_err*dt_sample
omega = nom_omega + pll_kp*pll_err + pll_ki*pll_int
ph_angle += omega*dt_sample
if (ph_angle > 2*math.pi):
        ph_angle = ph_angle - 2*math.pi
```

Die ersten vier Begriffe sind die zuvor geschriebenen Gleichungen. Die q-Komponente der transformierten Spannung volt_q wird als PLL-Fehler betrachtet und an den Integrator des PI-Reglers mit dem proportionalen Verstärkungsfaktor pll_kp und dem integralen Verstärkungsfaktor pll_ki geführt. Da die Winkelfrequenz nicht eine völlig zufällige Zahl ist, sondern für jedes System ein Nennwert existiert, würde es die Einstellzeit der Steuerung verkürzen, wenn die Winkelfrequenz omega um diese Nennfrequenz nom_omega erzeugt würde, anstatt von null zu starten. Diese Winkelfrequenz omega wird dann integriert, um den Phasenwinkel des Systems ph_angle zu erzeugen. Typischerweise ändert sich der Phasenwinkel über ein Intervall von 2π, da jede Sinuswelle eine Periode von 2π Radiant hat. Allerdings kann der Ausgang des Integrators unendlich zunehmen. Um sicherzustellen, dass der ph_angle begrenzt ist, stellt die nächste Prüfaussage sicher, dass der Phasenwinkel auf 0 bis 2π begrenzt bleibt.

Wenn der oben genannte Steuerblock in der oben genannten Form in eine Steuerdatei eingefügt wird, wird er bei jedem Simulationsschritt ausgeführt, der 1 μs beträgt. Es ist völlig unnötig, einen PLL-Algorithmus mit 1 MHz auszuführen, wenn das Netz bei 60 Hz liegt. Es wäre völlig ausreichend, den PLL-Steueralgorithmus alle 100 μs oder bei 10 kHz auszuführen, da dies eine ausreichende Genauigkeit bei der Phasenwinkelsynchronisation bietet und gleichzeitig keine Rechenlast darstellt. Die Addition wird ein Zeitereignis sein – nennen wir es t1. Der PLL-Steuerblock kann wie folgt geschrieben werden:

```
dt_sample = 100.0e-6
pll_kp = 0.2
pll_ki = 4.5
nom_omega = 370.0
if t_clock>=t1:
        <control block above>
        t1 += dt_sample
```

Wie in Kap. 4 beschrieben, wird jeder Steuerfunktion eine reservierte Variable t_clock zur Verfügung gestellt, die den aktuellen Zeitpunkt der Simulation darstellt. Diese kann zur Synchronisierung der Steuerfunktion verwendet werden, wie

Tab. 5.7 Simulationsparameter

Name der Schaltungsdatei	three_ph_source.csv	three_ph_load.csv
Zeitdauer der Simulation	0.5	
Zeitschritt der Simulation	1.0e-6	
Zeitschritt der Datenspeicherung	10.0e-6	
Name der Datenspeicherungsdatei	ckt_output.dat	
Name der Steuerungsdateien	pll.py	
Die Ausgabedatei aufteilen?	Ja	
Länge der Zeitfenster	0.25	

oben gezeigt. Nur wenn t_clock das Zeitereignis t1 überschreitet oder gleich ist, wird der Steuerblock ausgeführt. Nach der Ausführung wird das Zeitereignis um die Abtastzeit der Steuerfunktion erhöht, die in diesem Fall 100 μs beträgt, wie oben beschrieben. Für weitere Details zur Abtastung von Steuerfunktionen siehe Kap. 4. Außerdem werden die PI-Reglerverstärkungen am Anfang der Steuerfunktion vor dem Zeitblock definiert. Diese Verstärkungen können auf verschiedene Weisen ermittelt werden – durch Frequenzbereichsanalyse oder durch einfache Versuchs- und Irrtumsmethode. Die nominale Winkelgeschwindigkeit wird auf 370 rad/s festgelegt. Für ein 60-Hz-System beträgt die Winkelgeschwindigkeit 377 rad/s. Typischerweise kann die Frequenz eines Stromsystems um 1–2 % variieren. Daher könnte die nominale Winkelgeschwindigkeit für verschiedene Systeme unterschiedlich gewählt werden.

Die letzte Komponente der Steuerfunktion ist die Schnittstelle zum Rest der Simulation. Bevor wir darauf eingehen, betrachten wir die Art der Variablen in der oben genannten Steuerfunktion. Es gibt bisher zwei Arten von Variablen. Die ersten sind die lokalen Variablen. Diese sind dt_sample, pll_kp, pll_ki und nom_omega. Diese werden am Anfang der Steuerdatei definiert und werden daher jedes Mal erstellt und zugewiesen, wenn die Steuerfunktion aufgerufen wird. Die Objekte werden zerstört, sobald die Funktion ausgeführt wird. Diese Variablen hätten auch als statische Variablen deklariert werden können. Die Wahl liegt ganz beim Benutzer. Für Details zu statischen Variablen siehe Kap. 4. Es sollte beachtet werden, dass, wenn ein Benutzer eine Variable nicht als statisch deklarieren möchte, sie am Kopf der Steuerfunktion deklariert werden sollte, um sicherzustellen, dass sie bei jeder Auswertung der Steuerfunktion immer existiert. Eine statische Variable wird erstellt und existiert, wenn die Simulation beginnt. Wenn jedoch eine Variable innerhalb des Zeitblocks erstellt wird, ist es möglich, dass die Variable nie erstellt wird, wenn der Zeitblock nicht ausgeführt wird. In dem Fall, dass auf diese Variable außerhalb des Zeitblocks zugegriffen wird, wird ein Fehler erzeugt, da auf ein Objekt zugegriffen wird, das nie erstellt wurde. Daher muss jede Variable entweder am Kopf der Steuerfunktion zugewiesen oder als statische Variable deklariert werden, um sicherzustellen, dass während der Ausführung der Steuerfunktion kein Fehler auftritt.

Mit der Art der lokalen Variablen und statischen Variablen besprochen, kommen wir zurück zu den Variablen, die verwendet werden, um die Steuerfunktion mit dem Rest der Simulation zu verbinden. Diese Variablen werden als „VariableStorage“ bezeichnet. Einzelheiten dazu finden Sie in Kap. 4. VariableStorage-Typen wurden ursprünglich für das Debuggen von Steuerfunktionen entworfen. Um jedoch kaskadierte Steuerfunktionen zu haben, bei denen eine Steuerfunktion nicht direkt den Schaltkreis durch eine elektrische Komponente ändert, ist es notwendig, einen Variablentyp zu haben, der von einer anderen Steuerfunktion zugegriffen werden kann und wenn nötig in die Ausgabedatei für die Darstellung geschrieben werden kann. Dies ist speziell der Fall bei der oben genannten PLL-Funktion. Sie nimmt als Eingabe die gemessenen Lastspannungen, erzeugt aber kein Signal, das den Zustand des Schaltkreises ändert. Im Gegenteil, der Schaltkreis hat in diesem Stadium keine steuerbaren Komponenten wie Schalter. Mit Bezug auf das Blockdiagramm der PLL wird der Ausgang der PLL, der von der externen Simulation verwendet wird, der erzeugte Phasenwinkel ph_angle sein. Dies liefert die Winkelinformationen des Netzes und wird von anderen Steuerfunktionen verwendet, wie später beschrieben wird. Um die Funktionsweise einer PLL zu untersuchen, sollten wir außerdem die erzeugte Winkelgeschwindigkeit omega und die d- und q-Komponenten der Spannungen darstellen, die die PLL verwendet hat, um die gemessenen Netzspannungen zu erfassen. Der folgende Block zeigt die Ausgangsschnittstelle der PLL-Steuerfunktion:

```
pll_phase_angle = ph_angle
pll_omega = omega
pll_volt_d = volt_d
pll_volt_q = volt_q
```

Das „pll_“ wird zu diesen Ausgangsvariablen hinzugefügt, um sie von den Ausgangsvariablen anderer Steuerfunktionen zu unterscheiden. Um dies zu erläutern, sollte der Benutzer auf Kap. 4 zum VariableStorage-Typ verweisen. Jede Variable vom Typ VariableStorage ist allen Steuerfunktionen der Simulation gemeinsam. Dies bedeutet, dass die Variablen pll_phase_angle, pll_omega, pll_volt_d und pll_volt_q in allen anderen Steuerfunktionen verfügbar sein werden, die später hinzugefügt werden. Darüber hinaus wird jede Änderung, die an diesen Variablen in anderen Steuerfunktionen vorgenommen wird, zurückgespiegelt. Daher können diese Variablen als globale Variablen in einer Simulation betrachtet werden. Trotz eines äußerst mächtigen Konzepts öffnet es auch die Türen zu Fehlern, die sehr schwer zu beheben sind, da Variablen nicht auf eine Steuerfunktion beschränkt sind. Es ist daher ratsam, die Verwendung des VariableStorage-Typs auf das Minimum zu beschränken, das für Schnittstellenfunktionen und Debug-Variablen erforderlich ist. Löschen Sie alle zusätzlichen Variablen dieses Typs, sobald sie nicht mehr benötigt werden und die Steuerung getestet wurde. Auf diese Weise wird, wenn diese Variablen versehentlich in einer anderen Steuerfunktion geändert wurden, ein Fehler erzeugt, dass auf ein Objekt verwiesen wird, das nicht erstellt wurde.

Mit der obigen Beschreibung der verschiedenen Arten von Variablen kann die Deskriptor-Datei für die Steuerfunktion nun bearbeitet werden. Für Details zur Deskriptor-Datei einer Steuerfunktion siehe Kap. 4. Jede Steuerfunktion in einer Simulation hat eine Deskriptor-Datei. Die Steuerdatei pll.py wird einen Deskriptor pll_desc.csv haben. Wenn der Simulator gestartet wird, wird überprüft, ob eine Steuerfunktion einen Deskriptor hat. Wenn ein Deskriptor vorhanden ist, wird der Benutzer gefragt, ob er aktualisiert wurde. Wenn kein Deskriptor vorhanden ist, erstellt der Simulator einen leeren Deskriptor, den der Benutzer bearbeiten kann. Der Deskriptor pll_desc.csv ist in den Tab. 5.8 und 5.9 aufgeführt.

Lassen Sie uns dieses System simulieren und die Simulationsergebnisse betrachten. Um die Variablen zu plotten, wird eine Plot-Software wie Gnuplot benötigt. Jede Plot-Software ist geeignet, solange sie eine Spalte von Daten gegen eine andere plotten kann, da jedes Datenitem als eine Spalte in der Ausgabedatei gespeichert wird, getrennt durch ein Leerzeichen. Zum Beispiel wird für den oben genannten Schaltkreis die Ausgabedaten auf folgende Weise geplottet:

```
**************************************************
Output file is in ckt_output.dat and the columns are in the
following sequence
1 => Time
Meters are in the following sequence:
2 => Ammeter_Isource1a at 1L
3 => Ammeter_Isource1b at 11L
4 => Ammeter_Isource1c at 20L
5 => Ammeter_Iload1a at 1M
6 => Ammeter_Iload1b at 9M
7 => Ammeter_Iload1c at 17M
8 => Voltmeter_Vload1a at 36G
9 => Voltmeter_Vload1b at 36J
10 => Voltmeter_Vload1c at 36M

Control variables to be plotted are in the following sequence
11 => pll_omega
12 => pll_volt_q
13 => pll_cont_int
14 => pll_volt_d
15 => pll_phase_angle
**************************************************
```

Bei jeder Simulation wird Spalte 1 immer der Simulationszeitpunkt sein. Die nächste Gruppe von Datenitems sind die gemessenen Ausgaben der Messgeräte. Die letzte Gruppe von Datenitems werden die von den Steuerfunktionen gespeicherten Variablen sein.

Zunächst betrachten wir die dreiphasigen Lastspannungen in Abb. 5.7. Da sowohl die Quelle als auch die Last ausgeglichen und linear sind, sind auch die Lastspannungen ausgeglichen und sinusförmig. Die nächsten beiden Plots in den Abb. 5.8 und 5.9 zeigen die Lastströme und die Phasenströme, die in diesem Schaltkreis gleich sind. Bevor wir die Leistung des PLL untersuchen, betrachten wir den Leistungsfaktor der Last, indem wir die Phasenspannung a um den Faktor

5 herunterskalieren (Va/5) und den Phasenlaststrom in Abb. 5.10. Abb. 5.10 zeigt den Phasenlaststrom, der hinter der Phasenlastspannung um einen ziemlich großen Winkel zurückbleibt. Dies deutet darauf hin, dass die Last eine große Menge an Blindleistung von der Quelle zieht. Die späteren Simulationsergebnisse werden zeigen, dass der VAR-Kompensator die Belastung der Quelle reduziert, indem er diesen Strom liefert.

Tab. 5.8 Beschreibungsdatei pll_desc.csv für pll.py

Eingabe	Elementname in der Schaltkreistabelle = Voltmeter_Vload1a, gewünschter Variablenname im Steuercode = volt_a
Eingabe	Elementname in der Schaltkreistabelle = Voltmeter_Vload1b, gewünschter Variablenname im Steuercode = volt_b
Eingabe	Elementname in der Schaltkreistabelle = Voltmeter_Vload1c, gewünschter Variablenname im Steuercode = volt_c
ZeitEvent	Gewünschter Variablenname im Steuercode = t1, erstes Zeitereignis = 0.0
VariablenSpeicher	Gewünschter Variablenname im Steuercode = pll_phase_angle, Anfangswert der Variable = 0.0, Variable in Ausgabedatei darstellen = ja
VariablenSpeicher	Gewünschter Variablenname im Steuercode = pll_omega, Anfangswert der Variable = 0.0, Variable in Ausgabedatei darstellen = ja
VariableStorage	Gewünschter Variablenname im Steuercode = pll_volt_d, Anfangswert der Variable = 0.0, Variable im Ausgabedatei darstellen = ja
VariableStorage	Gewünschter Variablenname im Steuercode = pll_volt_q, Anfangswert der Variable = 0.0, Variable im Ausgabedatei darstellen = ja

Tab. 5.9 Beschreiber pll_desc.csv für pll.py

StaticVariable	Gewünschter Variablenname im Steuercode = ph_angle, Anfangswert der Variable = 0.0
StaticVariable	Gewünschter Variablenname im Steuercode = volt_alpha, Anfangswert der Variable = 0.0
StaticVariable	Gewünschter Variablenname im Steuercode = volt_beta, Anfangswert der Variable = 0.0
StaticVariable	Gewünschter Variablenname im Steuercode = volt_d, Anfangswert der Variable = 0.0
StaticVariable	Gewünschter Variablenname im Steuercode = volt_q, Anfangswert der Variable = 0.0
StaticVariable	Gewünschter Variablenname im Steuercode = pll_d, Anfangswert der Variable = 0.0
StaticVariable	Gewünschter Variablenname im Steuercode = pll_q, Anfangswert der Variable = 0.0
StaticVariable	Gewünschter Variablenname im Steuercode = pll_err, Anfangswert der Variable = 0.0
StaticVariable	Gewünschter Variablenname im Steuercode = pll_int, Anfangswert der Variable = 0.0
StaticVariable	Gewünschter Variablenname im Steuercode = omega, Anfangswert der Variable = 0.0

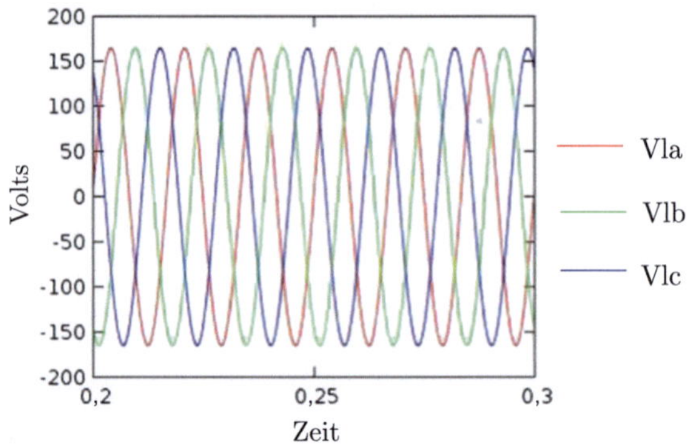

Abb. 5.7 Dreiphasenspannungen

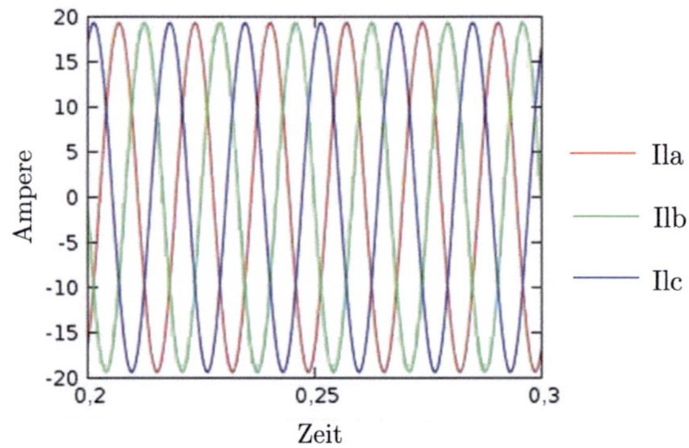

Abb. 5.8 Lastströme

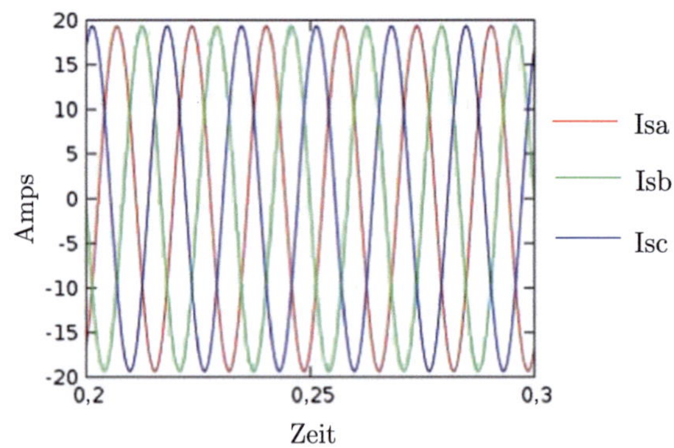

Abb. 5.9 Quellenströme

Abb. 5.11 zeigt, wie sich die Ausgangswinkelfrequenz des PLL aufgrund des geschlossenen Regelkreises ändert. Die Winkelfrequenz beginnt bei der in der Steuerfunktion definierten Nennfrequenz von 370 rad/s, um allmählich zu steigen und sich bei 377 rad/s einzupendeln. Es gibt ein leichtes Überschwingen vor dem Einpendeln, das durch das Abstimmen der PI-Reglerverstärkungen minimiert werden kann. Der Plot in Abb. 5.12 zeigt die Nachführleistung des PLL. Der PLL

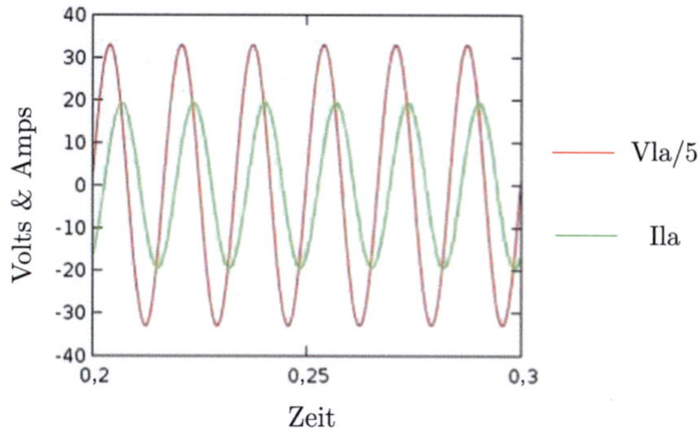

Abb. 5.10 Leistungsfaktor der Last

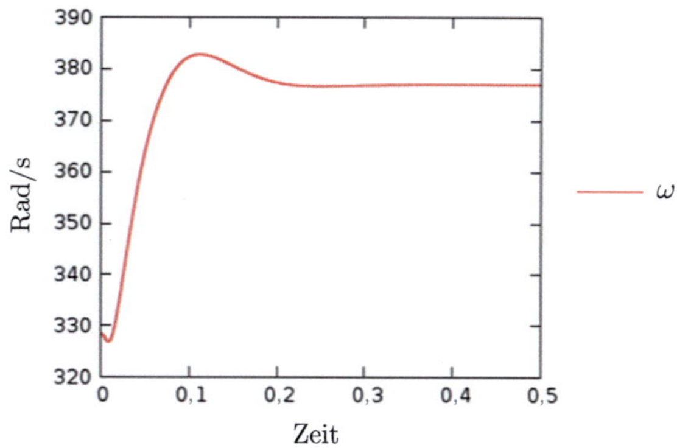

Abb. 5.11 Frequenzausgabe des PLL

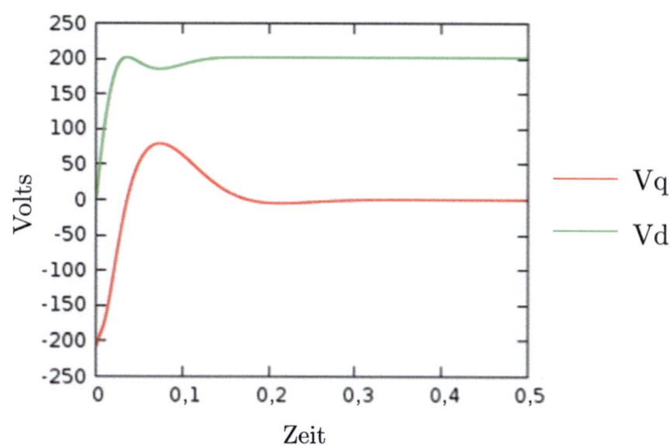

Abb. 5.12 Spannungsausgabe des PLL

zwingt wie im Blockdiagramm gezeigt die q-Komponente der transformierten Spannung im synchronen Bezugssystem auf null. Dies stellt sicher, dass das synchrone Bezugssystem mit der gleichen Winkelfrequenz wie das Netz rotiert. Der Plot in Abb. 5.13 zeigt den Synchronisationseffekt des PLL, indem der Phasenwinkel mit der Phasenspannung a des Netzes geplottet wird, indem die Netzspan-

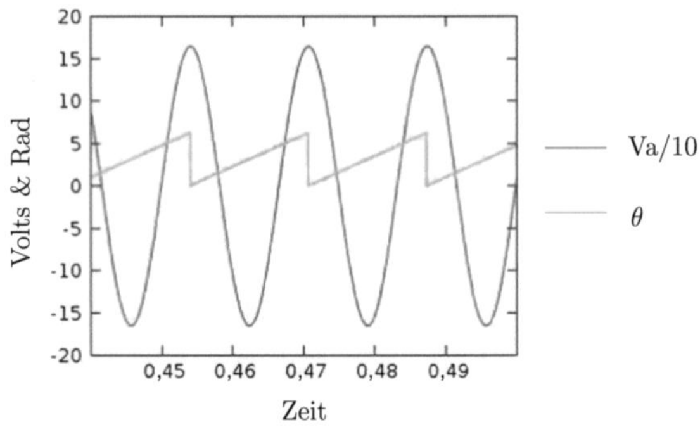

Abb. 5.13 Phasenwinkelausgabe des PLL

nung um den Faktor 10 herunterskaliert wird. Wie aus dem Plot ersichtlich, wird der erzeugte Phasenwinkel von 0 rad (0°) auf 2 pi rad (360°) ändern, wenn die Phasenspannung a von positivem Maximum auf null auf negatives Maximum auf null und zurück auf positives Maximum wechselt. Durch bloße Beobachtung wird das Berechnen des Kosinus des erzeugten Phasenwinkels eine Vorlage der Phasenspannung a mit Einheitsgröße erzeugen.

5.5 Zweite Stufe in der Steuerungsentwicklung – Stromreferenzerzeugung und geschlossene Stromregelung

Die obigen Diagramme zeigen, dass die Nachführleistung des PLL ausreichend ist. Verbesserungen können durch Anpassung der PI-Reglerparameter oder der nominalen Winkelgeschwindigkeit erzielt werden. Für diesen speziellen Schaltkreis ist jedoch das oben genannte PLL in Bezug auf eine angemessen schnelle Reaktion und eine gute stationäre Leistung ausreichend. Daher werden wir mit der Simulation des restlichen Schaltkreises fortfahren. Bevor wir den VAR-Kompensator einbeziehen, betrachten wir die Methode zur Erzeugung der Referenzen für die vom Kompensator zu liefernden Ströme. Die Transformation von dreiphasigen Variablen in das synchron rotierende d-q-Referenzsystem hat eine Qualität, die es bequem macht, Stromreferenzen für einen VAR-Kompensator zu erzeugen. Im oben genannten PLL wird die Winkelgeschwindigkeit des rotierenden d-q-Referenzrahmens geändert, bis die q-Komponente der Spannung null ist. Dieser Zustand führt dazu, dass die Winkelgeschwindigkeit des rotierenden Rahmens gleich der Winkelgeschwindigkeit des Systems ist und führt auch dazu, dass die d-Komponente der Spannung mit der Phasenlastspannung ausgerichtet ist, während die q-Komponente in Quadratur zur Phasen-A-Spannung steht. Das ähnliche Konzept von In-Phase- und Quadraturkomponenten kann auf die Lastströme angewendet werden. Durch die Transformation der dreiphasigen Lastströme in den d-q-Referenzrahmen wird die d-Komponente des Laststroms in Phase mit der Pha-

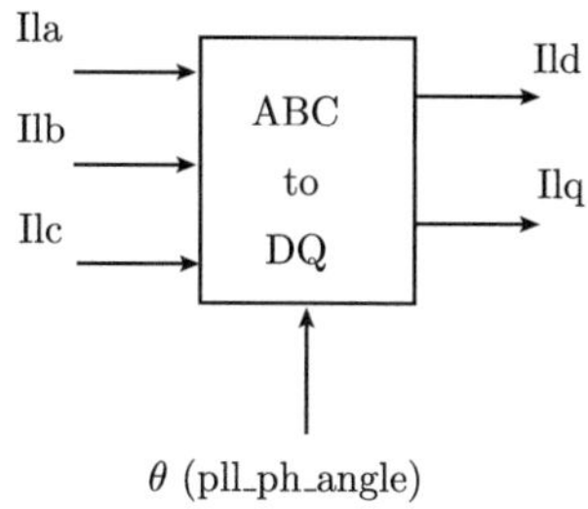

Abb. 5.14 Erzeugung des Kompensator-Referenzstroms

senlastspannung sein, während die q-Komponente des Laststroms in Quadratur zur Phasenlastspannung stehen wird. Das Konzept wird durch das Blockdiagramm in Abb. 5.14 beschrieben.

Der Steuercode für die Erzeugung von Stromreferenzen für den VAR-Kompensator ist in comp_reference.py vorhanden. Der Codeblock, der die dreiphasigen Ströme in d-q-Komponenten umwandelt, folgt unten:

```
curr_alpha = math.sqrt(2.0/3.0)*(curr_a - 0.5*curr_b \
                - 0.5*curr_c)
curr_beta = math.sqrt(2.0/3.0)*math.sqrt(3)*(curr_b \
                - curr_c)/2.0

curr_d = curr_alpha*math.cos(pll_phase_angle) + \
                curr_beta*math.sin(pll_phase_angle)
curr_q = -curr_alpha*math.sin(pll_phase_angle) + \
                curr_beta*math.cos(pll_phase_angle)
```

Wie im Fall der Lastspannungen im PLL werden die Ströme zunächst in den stationären Alpha-Beta-Referenzrahmen und dann in den rotierenden d-q-Referenzrahmen transformiert. Es sollte beachtet werden, dass die Variable pll_phase_angle in pll_desc.csv definiert und in pll.py erzeugt wurde. Durch die Verwendung von VariableStorage-Typen kann eine Schnittstelle zwischen zwei Steuerfunktionen gebildet werden. Es sollte hinzugefügt werden, dass die Verwendung von pll_phase_angle in der oben genannten Weise akzeptabel ist. Wenn jedoch Manipulationen in Bezug auf diese Variable vorgenommen werden sollen, sollte eine statische Variable definiert und pll_phase_angle ihr zugewiesen werden. Dies liegt daran, dass Änderungen, die an pll_phase_angle in dieser Steuerfunktion vorgenommen werden, die PLL-Leistung stören könnten.

Der nächste Teil der Steuerfunktion ist das Timing der Steuerfunktion. Die Referenzerzeugung kann mit der gleichen Frequenz wie das PLL erfolgen, da diese Funktion deutlich schneller sein muss als die Grundfrequenz des Systems. Daher wird die Zeitperiode der Funktion auf 100 µs eingestellt.

```
dt_sample = 100.0e-6
if t_clock>=t1:
    <Above code here>
    t1 += dt_sample
```

Wie beim PLL verwenden wir die eingebaute Variable t_clock, um den Zeitpunkt der Simulation zu überprüfen. Die Variable t1 wird in der Deskriptor-Datei als TimeEvent-Variable definiert. Diese Variable wird am Ende des Blocks aktualisiert, um den nächsten Zeitpunkt zu markieren, zu dem der Algorithmus zur Referenzerzeugung ausgeführt werden muss.

Wie im Fall des PLL muss die Ausgabe der Referenzerzeugungsfunktion mit anderen Steuerfunktionen interagieren. Daher müssen die d- und q-Komponenten des Laststroms an den Stromsteuerblock ausgegeben werden, der als Nächstes beschrieben wird. Da eine Schnittstelle zwischen Steuerfunktionen gebildet werden soll, wird der VariableStorage-Typ verwendet. Die folgenden beiden Variablen liefern die d-q-Komponenten der Lastströme für den Rest der Simulation:

```
comp_curr_d = curr_d
comp_curr_q = curr_q
```

Die gesamte Steuerfunktion ist recht einfach und kann hier in ihrer Gesamtheit aufgeführt werden:

```
dt_sample = 100.0e-6
if t_clock>=t1:
        curr_alpha = math.sqrt(2.0/3.0)*(curr_a - 0.5*curr_b \
                        - 0.5*curr_c)
        curr_beta = math.sqrt(2.0/3.0)*math.sqrt(3)*(curr_b \
                        - curr_c)/2.0
        curr_d = curr_alpha*math.cos(pll_phase_angle) + \
                        curr_beta*math.sin(pll_phase_angle)
        curr_q = -curr_alpha*math.sin(pll_phase_angle) + \
                        curr_beta*math.cos(pll_phase_angle)
        t1 += dt_sample
comp_curr_d = curr_d
comp_curr_q = curr_q
```

Die Datei circuit_inputs.csv für diesen Simulationslauf kann wie in Tab. 5.10 aufgeführt geändert werden. Der Schaltkreis enthält immer noch nur die dreiphasige Quelle und die dreiphasige Last. Nur eine zusätzliche Steuerfunktion comp_refe-

Tab. 5.10 Simulationsparameter

Name der Schaltungsdatei	three_ph_source.csv	three_ph_load.csv
Zeitdauer der Simulation	0.5	
Zeitschritt der Simulation	1.0e-6	
Zeitschritt der Datenspeicherung	10.0e-6	
Name der Datenspeicherungsdatei	ckt_output.dat	
Name der Steuerungsdateien	pll.py	comp_reference.py
Die Ausgabedatei aufteilen?	Ja	
Länge der Zeitfenster	0.25	

Tab. 5.11 Beschreibungsdatei comp_refernce_desc.csv für comp_refernce.py

Eingabe	Elementname in der Schaltungs-Tabelle = Ammeter_Iload1a, gewünschter Variablenname im Steuerungscode = curr_a
Eingabe	Elementname in der Schaltungs-Tabelle = Ammeter_Iload1b, gewünschter Variablenname im Steuerungscode = curr_b
Eingabe	Elementname in der Schaltungs-Tabelle = Ammeter_Iload1c, gewünschter Variablenname im Steuerungscode = curr_c
StatischeVariable	Gewünschter Variablenname im Steuerungscode = curr_alpha, Anfangswert der Variable = 0.0
StaticVariable	Gewünschter Variablenname im Steuercode = curr_beta, Anfangswert der Variable = 0.0
StaticVariable	Gewünschter Variablenname im Steuercode = curr_d, Anfangswert der Variable = 0.0
StaticVariable	Gewünschter Variablenname im Steuercode = curr_q, Anfangswert der Variable = 0.0
TimeEvent	Gewünschter Variablenname im Steuercode = t1, erstes Zeitereignis = 0.0
VariableStorage	Gewünschter Variablenname im Steuercode = comp_curr_d, Anfangswert der Variable = 0.0, Variable im Ausgabedatei darstellen = ja
VariableStorage	Gewünschter Variablenname im Steuercode = comp_curr_q, Anfangswert der Variable = 0.0, Variable im Ausgabedatei darstellen = ja

rence.py wurde hinzugefügt. Die Deskriptor-Datei kann wie in Tab. 5.11 aufgeführt bearbeitet werden. Jetzt, da alles an seinem Platz ist, können wir den Simulator starten. Es sollte beachtet werden, dass, wenn der Benutzer mit der Deskriptor-Datei oder der Steuerfunktion experimentieren möchte, es ratsam ist, diese Dateien aus dem Verzeichnis zu löschen und den Simulator comp_reference_desc.csv mit Standardwerten füllen zu lassen. Der Benutzer kann dann diese Datei bearbeiten und untersuchen, wie der Simulator Fehler für Objekte erzeugt, die nicht existieren, weil diese nicht als StaticVariables definiert sind. Nach dem Start des Simulators und der Bestätigung des Inhalts der Parameter und der Deskriptoren werden folgende Daten in die Ausgabedatei ckt_output.dat geschrieben:

```
*********************************************************
Output file is in ckt_output.dat and the columns are in the
following sequence
1 => Time
Meters are in the following sequence:
2 => Ammeter_Isource1a at 1L
3 => Ammeter_Isource1b at 11L
4 => Ammeter_Isource1c at 20L
5 => Ammeter_Iload1a at 1M
6 => Ammeter_Iload1b at 9M
7 => Ammeter_Iload1c at 17M
8 => Voltmeter_Vload1a at 36G
9 => Voltmeter_Vload1b at 36J
10 => Voltmeter_Vload1c at 36M

Control variables to be plotted are in the following sequence
11 => pll_volt_d
12 => pll_cont_int
13 => comp_curr_d
14 => pll_phase_angle
15 => pll_omega
16 => pll_volt_q
17 => comp_curr_q
*********************************************************
```

Wie man sehen kann, wurden die Objekte vom Typ VariableStorage – comp_curr_d und comp_curr_q – in die Liste der zu schreibenden Steuervariablen aufgenommen. Abb. 5.15 zeigt den Verlauf dieser beiden Variablen. Nachfolgend ein paar Beobachtungen zu diesem Diagramm. Aus den Parametern der Last ist ersichtlich, dass die Last mehr Blindleistung als Wirkleistung ziehen wird. Dies kann an der grünen Wellenform erkannt werden, die die q-Komponente des Laststroms im Vergleich zur roten Wellenform darstellt, die die d-Komponente des Laststroms ist. Darüber hinaus ist aufgrund der induktiven Natur der Last die von der Last gezogene Blindleistung nachlaufend, und daher ist die q-Komponente negativ. Wenn die Last stattdessen kapazitiv gewesen wäre, wäre die von der Last ge-

Abb. 5.15 Kompensator-Referenzströme

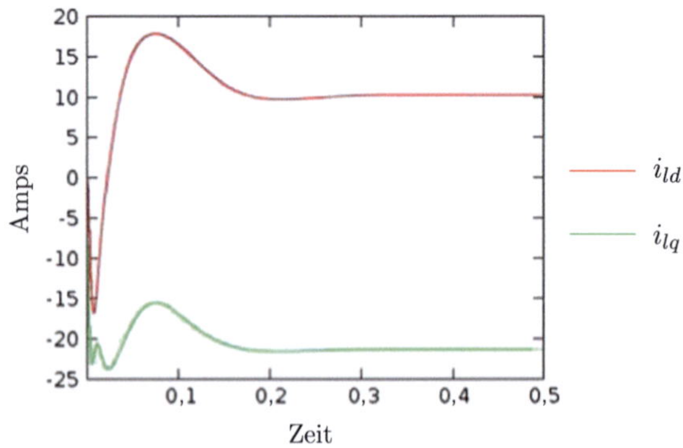

zogene Blindleistung führend und die q-Komponente des Laststroms wäre positiv gewesen.

In diesem Beispiel wurde ein relativ einfacher Fall für die Erzeugung von Stromreferenzen gewählt. Die Steuerfunktion liefert einfach die d- und q-Komponenten des Laststroms. In den meisten praktischen Fällen wird ein VAR-Kompensator nur einen Bruchteil der von einer Last geforderten Blindleistung liefern können. Darüber hinaus besteht das Ziel der VAR-Kompensation darin, die Spannung am Ankopplungspunkt durch Blindleistungsregelung zu regulieren. Daher wird ein VAR-Kompensator in der Praxis einen viel komplizierteren Algorithmus verarbeiten müssen als nur die Berechnung der d- und q-Komponenten des Laststroms. In diesem Beispiel wurde angenommen, dass der VAR-Kompensator in der Lage ist, die q-Komponente des Stroms vollständig zu liefern. Aus diesem Grund ist das oben genannte comp_reference.py ausreichend. Der nächste Schritt wird die Beschreibung des Stromregelungsalgorithmus sein.

Das Blockdiagramm von Abb. 5.16 zeigt den geschlossenen Stromregelungsalgorithmus [4]. Ifd* und Ifq* sind die Referenzen für die d- und q-Komponenten des Kompensatorstroms. Ifd und Ifq sind die tatsächlichen d- und q-Komponenten des gemessenen Kompensatorstroms. In diesem Beispiel ist Ifq* = Ilq, aber Ifd* = 0, da der Kompensator keine Wirkleistung liefert. Darüber hinaus werden wir einen VSC verwenden, der eine Gleichspannungsquelle anstelle eines Gleichspannungskondensators hat. Im Falle eines Gleichspannungskondensators hätte Ifd* einen negativen Wert, da der Kompensator eine geringe Menge an Wirkleistung ziehen müsste, um die Spannung auf dem Gleichspannungsbus des VSC aufrechtzuerhalten. Das Ziel des Steuerschemas ist es sicherzustellen, dass die d- und q-Komponenten des Kompensatorstroms die Referenzen verfolgen, die auf den d- und q-Komponenten des Laststroms basieren.

In Abb. 5.16 sind die Ausgänge der PI-Regler die Spannungen Vcd und Vcq. Bevor wir den VSC simulieren, betrachten wir den Kompensator als aus steuerbaren Spannungsquellen bestehend. Dies ermöglicht es uns, die PI-Verstärkungen des Stromreglers abzustimmen, die dann auf die endgültige Simulation mit dem VSC übertragen werden können. Die Ausgänge des PI-Reglers Vcd und Vcq können dann in dreiphasige Spannungen umgewandelt werden, die an die steuerbare Spannungsquelle angelegt werden. Das Schaltbild ist in Abb. 5.17 dargestellt. Der obige Schaltkreis ist eine Kombination aus comp_inverter.csv und comp_filter.csv. Der Schaltkreis heißt comp_sources.csv, da der Kompensator aus steuerbaren Spannungsquellen besteht. Die Parameter der Simulation sind in Tab. 5.12 aufgeführt, während die Parameter des Schaltkreises in Abb. 5.17 in den Tab. 5.13 und 5.14 gezeigt werden. Die steuerbaren Elemente in diesem Schaltkreis sind die ControllableVoltageSources Vcompa, Vcompb und Vcompc. Der Stromregler wird Spannungen für diese drei steuerbaren Quellen erzeugen, sodass der Kompensator Ströme entsprechend den Referenzen Ifd* und Ifq* liefert.

Betrachten wir nun den Steuercode zur Erzeugung von Spannungen für die steuerbaren Quellen. Unten ist der Hauptsteuerblock:

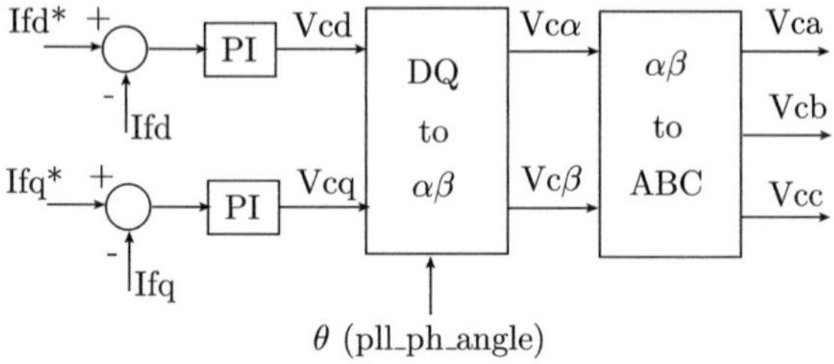

Abb. 5.16 Blockdiagramm der Stromregelung

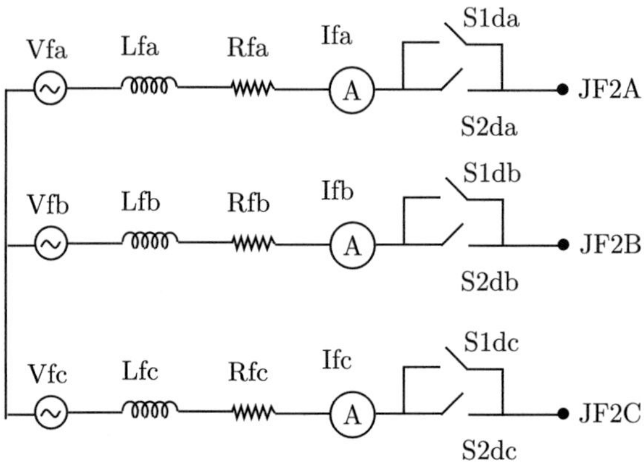

Abb. 5.17 Kompensator aus steuerbaren Spannungsquellen

Tab. 5.12 Simulationsparameter

Name der Schaltungsdatei	three_ph_source.csv, three_ph_load.csv, comp_s-ources. csv
Zeitdauer der Simulation	0.5
Zeitschritt der Simulation	1.0e-6
Zeitschritt der Datenspeicherung	10.0e-6
Name der Datenspeicherungsdatei	ckt_output.dat
Name der Steuerungsdateien	pll.py, comp_reference.py, currcon_sources.py
Ausgabedatei aufteilen?	Ja
Länge der Zeitfenster	0.25

Tab. 5.13 Kompensatorparameter

Gesteuerte-Spannungsquelle	Vcompa	1C	Positive Polarität in Richtung (Zelle) = 1D, Name des Steuersignals = compvolta
Gesteuerte-Spannungsquelle	Vcompb	9C	Positive Polarität in Richtung (Zelle) = 9D, Name des Steuersignals = compvoltb
Gesteuerte-Spannungsquelle	Vcompc	17C	Positive Polarität in Richtung (Zelle) = 17D, Name des Steuersignals = compvoltc
Induktor	Lcompa	1J	0.001
Induktor	Lcompb	9J	0.001
Induktor	Lcompa	17J	0.001
Widerstand	Rcompa	1H	0.1
Widerstand	Rcompb	9H	0.1
Widerstand	Rcompc	17H	0.1
Ammeter	Icompa	1M	Positive Polarität in Richtung (Zelle) = 1N
Ammeter	Icompa	9M	Positive Polarität in Richtung (Zelle) = 9N
Ammeter	Icompa	17M	Positive Polarität in Richtung (Zelle) = 17N

Tab. 5.14 Kompensatorparameter

Schalter	Disconnect1a	1R	Spannungspegel (V) = 600.0, negative Polarität in Richtung (Zelle) = 1Q, Name des Steuersignals = Disconnect1a
Schalter	Disconnect2a	4R	Spannungsniveau (V) = 600.0, negative Polarität in Richtung (Zelle) = 4S, Name des Steuersignals = Disconnect2a
Schalter	Disconnect1b	9R	Spannungsniveau (V) = 600.0, negative Polarität in Richtung (Zelle) = 9Q, Name des Steuersignals = Disconnect1b
Schalter	Disconnect2b	12R	Spannungsniveau (V) = 600.0, negative Polarität in Richtung (Zelle) = 12S, Name des Steuersignals = Disconnect2b
Schalter	Disconnect1c	17R	Spannungsniveau (V) = 600.0, negative Polarität in Richtung (Zelle) = 17Q, Name des Steuersignals = Disconnect1c
Schalter	Disconnect2c	20R	Spannungsebene (V) = 600.0, negative Polarität in Richtung (Zelle) = 20S, Name des Steuersignals = Disconnect2c

```
curr_ref_d = 0.0
curr_ref_q = comp_curr_q

curr_alpha = math.sqrt(2.0/3.0)*(curr_a - 0.5*curr_b - \
                        0.5*curr_c)
curr_beta = math.sqrt(2.0/3.0)*math.sqrt(3)*(curr_b - \
                        curr_c)/2.0

curr_d = curr_alpha*math.cos(pll_phase_angle) + \
                        curr_beta*math.sin(pll_phase_angle)
curr_q = -curr_alpha*math.sin(pll_phase_angle) + \
                        curr_beta*math.cos(pll_phase_angle)

curr_d_err = curr_ref_d - curr_d
curr_q_err = curr_ref_q - curr_q

curr_d_int += curr_d_err*dt_sample
curr_q_int += curr_q_err*dt_sample

comp_output_d = (curr_d_err*curr_kp + curr_d_int*curr_ki)
comp_output_q = (curr_q_err*curr_kp + curr_q_int*curr_ki)

comp_output_alpha = comp_output_d*math.cos(pll_phase_angle) - \
                comp_output_q*math.sin(pll_phase_angle)
comp_output_beta = comp_output_d*math.sin(pll_phase_angle) + \
                comp_output_q*math.cos(pll_phase_angle)

comp_output_a = math.sqrt(2.0/3.0)*comp_output_alpha
comp_output_b = math.sqrt(2.0/3.0)*(-0.5*comp_output_alpha + \
                math.sqrt(3)*comp_output_beta/2.0)
comp_output_c = math.sqrt(2.0/3.0)*(-0.5*comp_output_alpha - \
                math.sqrt(3)*comp_output_beta/2.0)
```

Die Referenzen für den Kompensatorstrom werden von comp_reference.py bereitgestellt, wo die VariableStorage-Typen comp_curr_d und comp_curr_q berechnet werden. Die Referenz Ifd* ist curr_ref_d, während Ifq* curr_ref_q ist. curr_ref_q wird comp_curr_q zugewiesen, während curr_ref_d auf null gesetzt wird. Dies wurde oben erklärt, da der Kompensator die gesamte von der Last geforderte Blindleistung, aber keine Wirkleistung liefern wird. Die Dreiphasenströme des Kompensators sind curr_a, curr_b und curr_c, die gemessene Ausgänge von Amperemeter sein müssen. Diese Dreiphasenströme werden in die rotierende d-q-Domäne transformiert. In der rotierenden d-q-Domäne werden PI-Regler sowohl für d- als auch für q-Komponenten implementiert. Der Vorteil dabei ist, den stationären Fehler im Regler zu reduzieren. Wie bereits erwähnt, werden nach der Synchronisation des PLL mit dem Netz alle Messungen von Dreiphasenmengen, die in das d-q-Referenzsystem transformiert werden, konstante d- und q-Komponenten sein, solange die Dreiphasensignale ausgeglichen und sinusförmig sind. Da diese Schaltung ausgeglichen und linear ist, wird jedes gemessene Dreiphasensignal, ob es sich um Spannungen oder Ströme handelt, bei der Transformation zu Gleichstromsignalen im d-q-Referenzrahmen. Wenn ein PI-Regler auf Gleichstromsignale angewendet wird, ist der stationäre Fehler idealerweise null. Daher führt diese Implementierung von PI-Reglern im d-q-synchronen Referenzrahmen zu einem stationären Nachlauffehler von null. Dies geht von der Annahme aus, dass Messabweichungen nicht existieren, was im Falle einer Simulation wie dieser zutrifft. Die Ausgänge der PI-Regler sind die Kompensatorspannungen im d-q-Referenzrahmen. Eine inverse Transformation wird durchgeführt, um diese Spannungen zurück in den dreiphasigen stationären Referenzrahmen zu transformieren, damit sie den steuerbaren Spannungsquellen in der Schaltung zugeführt werden können. comp_output_a, comp_output_b und comp_output_c müssen mit diesen Spannungen verknüpft werden. In diesem Fall hat die Ausgabe einer Steuerfunktion direkten Einfluss auf die Schaltung. Daher wird es drei Variablen geben, die nicht vom Typ VariableStorage, sondern vom Typ Output sein werden.

Die nächste Gruppe von Variablen sind diejenigen am Anfang der Steuerfunktion. Die erste ist die Zeitperiode der Steuerfunktion. Wie zuvor ist eine Frequenz von 10 kHz für diesen Regler ausreichend, da die Grundfrequenz des Systems 60 Hz beträgt. Daher wird die Zeitperiode auf 100 μs gewählt. Es gibt auch die P- und I-Verstärkungen der PI-Regler. Für diese Simulation wurde eine einfache Versuch- und Irrtum-Methode verwendet, um diese Steuerverstärkungen zu wählen. Es gibt jedoch eine umfangreiche Theorie darüber, wie diese Steuerverstärkungen gewählt werden können, um die beste Steuerleistung zu erzielen. Der Benutzer wird ermutigt, diese Verstärkungen zu ändern oder die Steuerverstärkungen komplett neu zu gestalten, um seine Theorie zu überprüfen.

```
dt_sample=100.0e-6
curr_kp = 0.04
curr_ki = 8000.0

if t_clock>=t1:
        <Above code here>
        t1 += dt_sample
```

Die Ausgabe der Steuerfunktion ist dann:

```
comp_outputvolt_a = comp_output_a
comp_outputvolt_b = comp_output_b
comp_outputvolt_c = comp_output_c
```

Zur Fehlersuche in der Steuerfunktion und auch zum Untersuchen der Leistung des Reglers werden die folgenden Variablen vom Typ VariableStorage deklariert und Steuervariablen zugewiesen:

```
currcon_curr_d = curr_d
currcon_curr_q = curr_q
currcon_curr_d_int = curr_d_int
currcon_curr_q_int = curr_q_int
currcon_md = comp_output_d
currcon_mq = comp_output_q
currcon_ma = comp_output_a
currcon_mb = comp_output_b
currcon_mc = comp_output_c
```

Es gibt einen weiteren Aspekt der Steuerfunktion, der nicht sofort ersichtlich ist. Es gibt Trennschalter, die den Kompensator vom System trennen. Es wird immer notwendig sein, den VAR-Kompensator oder jedes andere Gerät vom System zu trennen. In dieser Simulation erfüllen die Trennschalter eine weitere Rolle. Wie aus der Ausgabe des PLL ersichtlich ist, dauert es etwa 0,15 s, bis der PLL mit dem Netz synchronisiert ist und die Winkelfrequenzausgabe des PLL einen stabilen Zustand erreicht hat. Bis 0,1 s ist die Ausgabe des PLL nicht sehr nahe an der Winkelfrequenz des Netzes. Daher wäre es ratsam, 0,1 s zu warten, bis der PLL synchronisiert ist, bevor irgendeine Form von Kompensation durchgeführt wird. Eine einfache Zeitschaltuhr ist eine Option, um sicherzustellen, dass die Steueralgorithmen in einer Sequenz folgen. Ein ausgefeilterer Algorithmus zur Überprüfung, ob der PLL synchronisiert hat, besteht darin zu überprüfen, ob die q-Komponente der PLL-Spannung innerhalb eines definierten Spielraums um null bleibt, da dies die Anzeige dafür ist, dass der PLL synchronisiert hat. Der Timer-Code ist unten dargestellt:

```
if t_clock <0.1:
        Disconnect1a = 0.0
        Disconnect2a = 0.0
        Disconnect1b = 0.0
        Disconnect2b = 0.0
        Disconnect1c = 0.0
        Disconnect2c = 0.0
else:
        Disconnect1a = 1.0
        Disconnect2a = 1.0
        Disconnect1b = 1.0
        Disconnect2b = 1.0
        Disconnect1c = 1.0
        Disconnect2c = 1.0
```

In dem oben genannten Block sind die Variablen Disconnectxa, Disconnectxb und Disconnectxc Ausgangsvariablen, die das Ein- und Ausschalten von Schaltern steuern. Der Grund dafür, dass es zwei Schalter gibt, ist, dass ein Schalter nur in eine Richtung leiten kann – von seinem positiven Terminal zu seinem negativen

Tab. 5.15 Kompensatorbeschreibung

Eingang	Elementname in der Schaltungstabelle = Amperemeter_Icompa, gewünschter Variablenname im Steuerungscode = curr_a
Eingang	Elementname in der Schaltungstabelle = Amperemeter_Icompb, gewünschter Variablenname im Steuerungscode = curr_b
Eingang	Elementname in der Schaltungstabelle = Amperemeter_Icompc, gewünschter Variablenname im Steuerungscode = curr_c
Ausgabe	Elementname in der Schaltungstabelle = ControlledVoltageSource_Vcompa, Steuerungstag definiert in der Parameter-Tabelle = compvolta, gewünschter Variablenname im Steuerungscode = comp_outputvolt_a, anfänglicher Ausgabewert = 0.0
Ausgabe	Elementname in der Schaltkreistabelle = ControlledVoltageSource_Vcompb, Kontrolltag definiert in der Parameter-Tabelle = compvoltb, gewünschter Variablenname im Steuercode = comp_outputvolt_b, anfänglicher Ausgabewert = 0.0
Ausgabe	Elementname in der Schaltkreistabelle = ControlledVoltageSource_Vcompc, Kontrolltag definiert in der Parameter-Tabelle = compvoltc, gewünschter Variablenname im Steuercode = comp_outputvolt_c, anfänglicher Ausgabewert = 0.0
Ausgabe	Elementname in der Schaltkreistabelle = Switch_Disconnect1a, Kontrolltag definiert in der Parameter-Tabelle = Disconnect1a, gewünschter Variablenname im Steuercode = Disconnect1a, anfänglicher Ausgabewert = 0.0
Ausgabe	Elementname in der Schaltkreistabelle = Switch_Disconnect2a, Variablenname im Steuercode = Disconnect2a, anfänglicher Ausgabewert = 0.0
Ausgabe	Elementname in der Schaltkreistabelle = Switch_Disconnect1b, Steuerungstag definiert in der Parameter-Tabelle = Disconnect1b, gewünschter Variablenname im Steuerungscode = Disconnect1b, anfänglicher Ausgabewert = 0.0
Ausgabe	Elementname in der Schaltkreistabelle = Switch_Disconnect2b, Steuerungstag definiert in der Parameter-Tabelle = Disconnect2b, gewünschter Variablenname im Steuerungscode = Disconnect2b, anfänglicher Ausgabewert = 0.0

Terminal. Daher wird in jeder Phase ein antiparalleles Paar von Schaltern benötigt, um den VAR-Kompensator zu trennen und gleichzeitig in beide Richtungen zu leiten, wenn sie eingeschaltet sind.

Die Deskriptor-Datei für diese Steuerfunktion currcon_sources.py ist in den Tab. 5.15, 5.16 und 5.17 aufgeführt. Eine kurze Anmerkung muss zur Wahl der Variablen in Steuerfunktionen gemacht werden. Wie man bemerken kann, gibt es mehrere Variablen, die zwischen den Steuerfunktionen gemeinsam sind. Zum Beispiel wird curr_a in comp_reference.py und currcon_sources.py als Eingänge von Amperemetern verwendet. Auch curr_alpha und curr_beta werden in mehreren Steuerdateien verwendet. Dies ist völlig akzeptabel. Die Eingänge und StaticVariables sind innerhalb einer Steuerfunktion lokal und mehrere Steuerfunktionen können Variablen dieser Typen mit dem gleichen Namen verwenden. Dies ist auch deshalb praktisch, da oft Steuercode gemeinsam ist und einfach von einer Funktion in eine andere kopiert wird. Wenn StaticVariables und Inputs unterschiedlich sein müssten, müsste der Steuercode jedes Mal bearbeitet werden, wenn er von einer Steuerfunktion in eine andere kopiert wird.

Anders sieht es bei den Ausgängen aus. Wenn eine Variable als Ausgang definiert ist, ist sie mit einem Steuerungstag in einer Schaltungskomponente verknüpft

Tab. 5.16 Kompensator-Beschreibung

ZeitEvent	Gewünschter Variablenname im Steuerungscode = t1, erstes Zeitereignis = 0.0
StatischeVariable	Gewünschter Variablenname im Steuerungscode = curr_d_int, Anfangswert der Variable = 0.0
StatischeVariable	Gewünschter Variablenname im Steuerungscode = curr_q_int, Anfangswert der Variable = 0.0
StaticVariable	Gewünschter Variablenname im Steuercode = comp_output_alpha, Anfangswert der Variable = 0.0
StaticVariable	Gewünschter Variablenname im Steuercode = comp_output_beta, Anfangswert der Variable = 0.0
StaticVariable	Gewünschter Variablenname im Steuercode = comp_output_a, Anfangswert der Variable = 0.0
StaticVariable	Gewünschter Variablenname im Steuercode = comp_output_b, Anfangswert der Variable = 0.0
StaticVariable	Gewünschter Variablenname im Steuercode = comp_output_c, Anfangswert der Variable = 0.0
StaticVariable	Gewünschter Variablenname im Steuercode = comp_output_d, Anfangswert der Variable = 0.0
StaticVariable	Gewünschter Variablenname im Steuercode = comp_output_q, Anfangswert der Variable = 0.0
StaticVariable	Gewünschter Variablenname im Steuerungscode = curr_ref_d, Anfangswert der Variable = 0.0
StaticVariable	Gewünschter Variablenname im Steuerungscode = curr_ref_q, Anfangswert der Variable = 0.0
StaticVariable	Gewünschter Variablenname im Steuerungscode = curr_d, Anfangswert der Variable = 0.0
StaticVariable	Gewünschter Variablenname im Steuerungscode = curr_q, Anfangswert der Variable = 0.0

und ändert daher die Schaltung. Es ist möglich, die gleiche Variable für einen Ausgang innerhalb verschiedener Steuerungsfunktionen zu verwenden, aber es ist ratsam, dass nur eine Steuerungsfunktion das Steuerzeichen in der Schaltungskomponente ändert. Dies aus dem einfachen Grund, dass wenn mehrere Steuerungsfunktionen versuchen, den Zustand eines Schalters zu ändern, es einen Fehler in der Gesamtsteuerung geben könnte, da eine Steuerungsfunktion versuchen könnte, ihn einzuschalten, während eine andere versuchen könnte, ihn auszuschalten. Die Ausgabevariable, die jedoch innerhalb einer Steuerungsfunktion verwendet wird, gilt jedoch nur für diese Steuerungsfunktion. Zum Beispiel könnte volt_a in mehreren Steuerungsfunktionen verwendet werden, solange die Steuerungsfunktionen versuchen, die Spannungen verschiedener steuerbarer Spannungsquellen zu ändern. Auf jeden Fall können die einzigen Variablen, die nur einmal in einer Steuerungsfunktionsbeschreibung definiert werden können, vom Typ VariableStorage sein. Sobald eine Variable als VariableStorage-Typ in einer Steuerungsfunktionsbeschreibung definiert wurde, ist eine wiederholte Definition in einer anderen Beschreibung ein Verstoß und wird einen Fehler verursachen. Dies liegt daran, dass eine Variable,

Tab. 5.17 Kompensatorbeschreibung

Ausgabe	Elementname in der Schaltkreistabelle = Switch_Disconnect1c, Steuerungstag definiert in der Parameter-Tabelle = Disconnect1c, gewünschter Variablenname im Steuerungscode = Disconnect1c, Anfangsausgabewert = 0.0
Ausgabe	Elementname in der Schaltkreistabelle = Switch_Disconnect2c, Kontrolltag definiert in der Parameter-Tabelle = Disconnect2c, gewünschter Variablenname im Steuercode = Disconnect2c, Anfangswert der Ausgabe = 0.0
VariableStorage	Gewünschter Variablenname im Steuercode = currcon_curr_d, Anfangswert der Variable = 0.0, Variable im Ausgabedatei darstellen = ja
VariableStorage	Gewünschter Variablenname im Steuercode = currcon_curr_q, Anfangswert der Variable = 0.0, Variable im Ausgabedatei darstellen = ja
VariableStorage	Gewünschter Variablenname im Steuercode = currcon_md, Anfangswert der Variable = 0.0, Variable im Ausgabedatei darstellen = ja
VariableStorage	Gewünschter Variablenname im Steuercode = currcon_mq, Anfangswert der Variable = 0.0, Variable im Ausgabedatei darstellen = ja
VariableStorage	Gewünschter Variablenname im Steuercode = currcon_ma, Anfangswert der Variable = 0.0, Variable im Ausgabedatei darstellen = ja
VariableStorage	Gewünschter Variablenname im Steuercode = currcon_mb, Anfangswert der Variable = 0.0, Variable im Ausgabedatei darstellen = ja
VariableStorage	Gewünschter Variablenname im Steuercode = currcon_mc, Anfangswert der Variable = 0.0, Variable im Ausgabedatei darstellen = ja

Abb. 5.18 d-Komponente des Kompensatorstroms

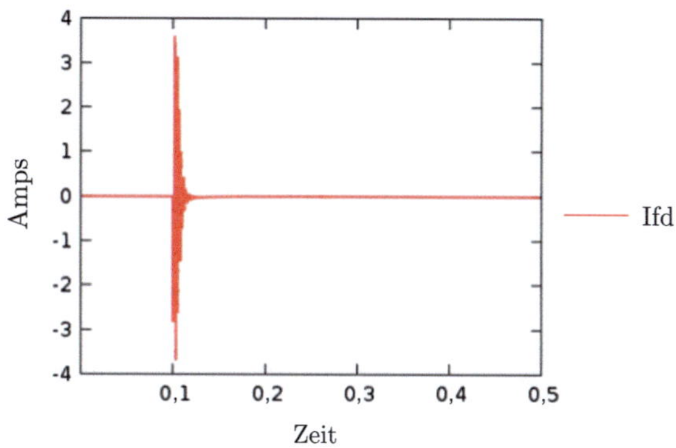

die einmal als Typ VariableStorage definiert wurde, in allen Steuerungsfunktionen verfügbar ist – sie kann in jeder Steuerungsfunktion gelesen und geändert werden.

Nun beschreiben wir die Simulationsergebnisse mit dem VAR-Kompensator, der aus steuerbaren Spannungsquellen besteht. Abb. 5.18 zeigt die Verfolgungsleistung des Kompensators in Bezug auf die d-Komponente des eingespeisten Stroms. Bis 0,1 s ist die d-Komponente des Kompensatorstroms absolut null, da die Trennschalter ausgeschaltet sind, während der PLL synchronisiert. Bei 0,1 s gibt es einen Übergang, wenn der Kompensator sich mit dem Netz verbindet. Die d-Komponente des im stationären Zustand vom Kompensator gelieferten Stroms ist null, da die Referenz Ifd* = 0 ist.

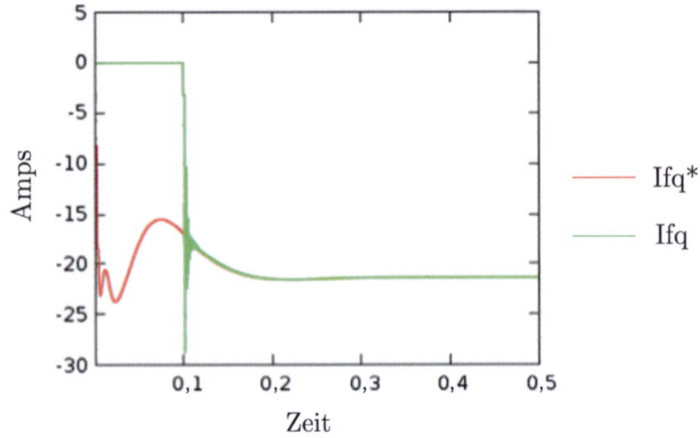

Abb. 5.19 Verfolgungsleistung der q-Komponente des Kompensatorstroms

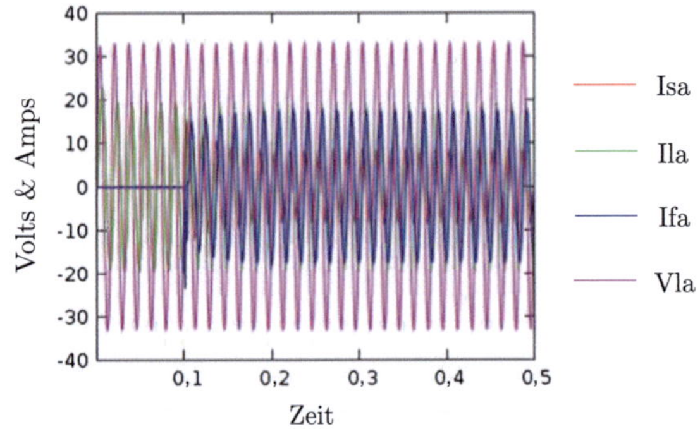

Abb. 5.20 Lastspannung, Quellenstrom und Kompensatorstrom

Abb. 5.19 zeigt die Verfolgungsleistung der q-Komponente des Kompensatorstroms. Wie zuvor ist Ifq, die grüne Wellenform, bis 0,1 s null. Nach 0,1 s, wenn der Kompensator sich mit dem Netz verbindet, folgt Ifq nach einem kurzen Übergang der Referenz Ifq*, die die rote Wellenform ist und in diesem Fall die gesamte q-Komponente des Laststroms darstellt.

Die Darstellung in Abb. 5.20 zeigt die Auswirkung der vom Kompensator eingespeisten Ströme auf das System. Dargestellt sind der Phasenstrom der Quelle a, der Kompensatorstrom der Phase a und die Lastspannung der Phase a, herunterskaliert um den Faktor 5. Betrachten wir die von der Dreiphasenquelle gelieferten Ströme vor und nach dem Anschluss des Kompensators. Der Quellenstrom hinkt der Phasenspannung a des Netzes hinterher, da die Quelle sowohl die aktive als auch die reaktive Leistung liefert, die von der Last gefordert wird, wenn der Kompensator getrennt ist, wie in Abb. 5.21 gezeigt.

Wie in Abb. 5.22 gezeigt, sinkt die von der Quelle geforderte Blindleistung nach dem Anschluss des Kompensators und wird null, da der Kompensator nun die Blindleistungsanforderung der Last deckt. Als Ergebnis kann man sehen, dass der Quellenstrom eine verringerte Größe hat und in Phase mit der Lastspannung ist, während der Kompensatorstrom in Quadratur zur Lastspannung steht. Die Simulation hat es uns ermöglicht, die Steuerverstärkungsparameter so einzustellen, dass eine schnelle Leistung erreicht wird. Diese Steuergewinne können nun in der

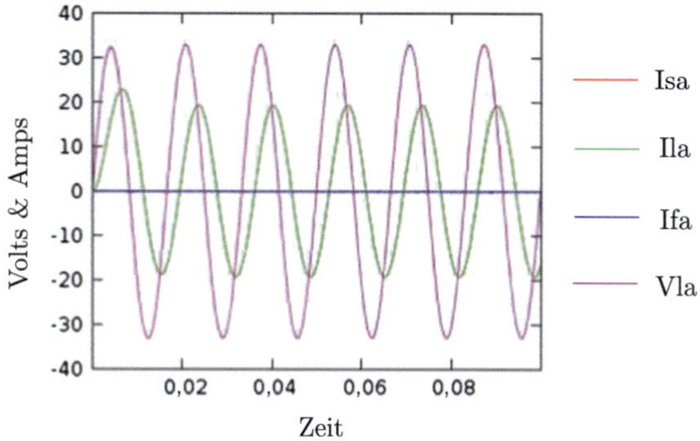

Abb. 5.21 Lastspannung, Quellenstrom und Kompensatorstrom

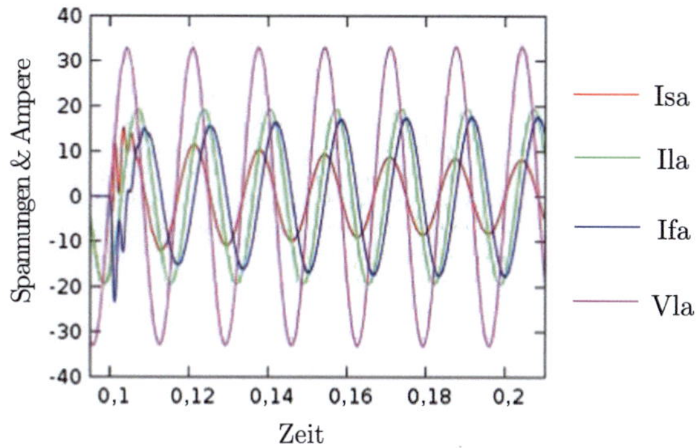

Abb. 5.22 Lastspannung, Quellenstrom und Kompensatorstrom

endgültigen Simulation mit dem VSC angewendet werden, wo die einzige Ergänzung der Pulsweitenmodulator für den VSC ist. Es sollte beachtet werden, dass die Steuergewinne für diese endgültige Stufe herunterskaliert werden, da der Ausgang des Stromreglers ein Modulationssignal und nicht die tatsächlichen Kompensatorspannungen sein wird.

5.6 Endstufe der Steuerungsentwicklung – Der gesamte Schaltkreis mit dem VSC

Mit dem aktuellen Controller, der mit steuerbaren Spannungsquellen entworfen wurde, erreichen wir die letzte Phase der Simulation – die Simulation des VAR-Kompensators mit dem VSC. Die Datei circuit_inputs.csv enthält nun zusätzliche Schaltpläne und Steuerfunktionen, wie in Tab. 5.18 aufgeführt. Die Änderung in diesem Schaltkreis besteht darin, dass sich der VSC in einer Tabelle befindet, während der Filter in einer anderen separaten Tabelle liegt. Im vorherigen Fall waren die steuerbaren Spannungsquellen zusammen mit dem Filter in der gleichen Ta-

Tab. 5.18 Simulationsparameter

Name der Schaltkreisdatei	three_ph_source.csv, three_ph_load.csv, comp_i-nverter.csv, comp_filter.csv
Zeitdauer der Simulation	0.5
Zeitschritt der Simulation	1.0e-6
Zeitschritt der Datenspeicherung	10.0e-6
Name der Datenspeicherungsdatei	ckt_output.dat
Name der Steuerungsdateien	pll.py, comp_reference.py, currcon_inverter.py, modulator.py
Ausgabedatei aufteilen?	Ja
Länge der Zeitfenster	0.25

Tab. 5.19 VSC-Parameter

Spannungsquelle	invdcbus	15A	Spitze (Volt) = 0.0, Frequenz (Hertz) = 0.0, Phase (Grad) = 0.0, Gleichspannungsversatz = 400.0, positive Polarität in Richtung (Zelle) = 14A
Widerstand	invdcbus	8A	0.1
Schalter	S1compinv	8H	Spannungspegel (V) = 600.0, negative Polarität in Richtung (Zelle) = 9H, Name des Steuersignals = S1compinvgate
Schalter	S2compinv	22H	Spannungspegel (V) = 600.0, negative Polarität in Richtung (Zelle) = 23H, Name des Steuersignals = S2compinvgate
Schalter	S3compinv	8O	Spannungspegel (V) = 600.0, negative Polarität in Richtung (Zelle) = 9O, Name des Steuersignals = S3compinvgate
Schalter	S4compinv	22O	Spannungspegel (V) = 600.0, negative Polarität in Richtung (Zelle) = 23O, Name des Steuersignals = S4compinvgate
Schalter	S5compinv	8T	Spannungspegel (V) = 600.0, negative Polarität in Richtung (Zelle) = 8T, Name des Steuersignals = S5compinvgate
Schalter	S6compinv	22T	Spannungspegel (V) = 600.0, negative Polarität in Richtung (Zelle) = 23T, Name des Steuersignals = S6compinvgate

belle comp_sources.csv. Die Gesamtstruktur des Kompensators hat sich nicht geändert (Tab. 5.19 und 5.20).

Der VSC in der Tabelle comp_inverter.csv hat Parameter in comp_inverter_params.csv, die in den Tab. 5.4 und 5.5 aufgeführt sind. Jeder Schalter im VSC hat einen eindeutigen Steuersignalnamen und dieser wurde so ausführlich wie möglich gestaltet, um sicherzustellen, dass bei Erweiterung des Schaltkreises die Wahrscheinlichkeit geringer ist, dass zwei Schalter dieselbe Steuersignalbezeichnung haben. In dieser Schaltkreistabelle ist die wichtigste Überprüfung sicherzustellen, dass die Dioden antiparallel zu den Schaltern sind. Die Parameter des Filters in

Tab. 5.20 VSC-Parameter

Diode	D1compinv	8J	Spannungspegel (V) = 600.0, Kathodenpolarität in Richtung (Zelle) = 7J
Diode	D2compinv	22J	Spannungspegel (V) = 600.0, Kathodenpolarität in Richtung (Zelle) = 21J
Diode	D3compinv	8Q	Spannungspegel (V) = 600.0, Kathodenpolarität in Richtung (Zelle) = 7Q
Diode	D4compinv	22Q	Spannungspegel (V) = 600.0, Kathodenpolarität in Richtung (Zelle) = 21Q
Diode	D5compinv	8V	Spannungspegel (V) = 600.0, Kathodenpolarität in Richtung (Zelle) = 7V
Diode	D6compinv	22V	Spannungspegel (V) = 600.0, Kathodenpolarität in Richtung (Zelle) = 21V

Tab. 5.21 Filterparameter

Induktor	Lcompa	1J	0.001
Induktor	Lcompb	9J	0.001
Induktor	Lcompc	17J	0.001
Widerstand	Rcompa	1H	0.1
Widerstand	Rcompb	9H	0.1
Widerstand	Rcompc	17H	0.1
Ammeter	Icompa	1M	Positive Polarität in Richtung (Zelle) = 1N
Ammeter	Icompb	9M	Positive Polarität in Richtung (Zelle) = 9N
Ammeter	Icompc	17M	Positive Polarität in Richtung (Zelle) = 17N
Schalter	Disconne-ct1a	1R	Spannungspegel (V) = 600.0, negative Polarität in Richtung (Zelle) = 1Q, Name des Steuersignals = Disconnect1a
Schalter	Disconne-ct2a	4R	Spannungspegel (V) = 600.0, negative Polarität in Richtung (Zelle) = 4S, Name des Steuersignals = Disconnect2a
Schalter	Disconne-ct1b	9R	Spannungspegel (V) = 600.0, negative Polarität in Richtung (Zelle) = 9Q, Name des Steuersignals = Disconnect1b
Schalter	Disconne-ct2b	12R	Spannungspegel (V) = 600.0, negative Polarität in Richtung (Zelle) = 12S, Name des Steuersignals = Disconnect2b
Schalter	Disconne-ct1c	17R	Spannungspegel (V) = 600.0, negative Polarität in Richtung (Zelle) = 17Q, Name des Steuersignals = Disconnect1c
Schalter	Trennen-ct2c	20R	Spannungspegel (V) = 600.0, negative Polarität in Richtung (Zelle) = 20S, Name des Steuersignals = Disconnect2c

comp_filter.csv befinden sich in comp_filter_params.csv und sind in Tab. 5.21 aufgeführt. Die Steuerlogik ist ziemlich ähnlich und kann im Blockdiagramm von Abb. 5.23 betrachtet werden. Der Hauptunterschied besteht darin, dass die

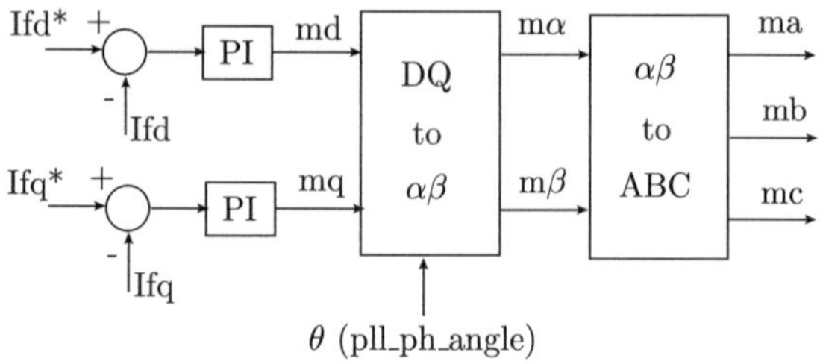

Abb. 5.23 Stromregelung für einen VSC

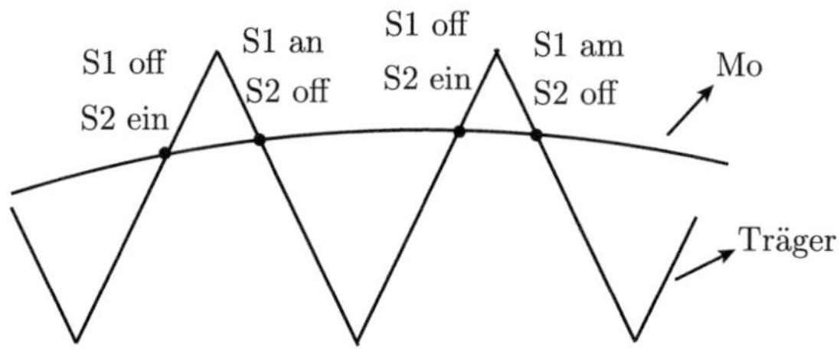

Abb. 5.24 Pulsweitenmodulation

Ausgänge des Controllers die Modulationssignale ma, mb und mc sind, anstatt die Spannungen der steuerbaren Spannungsquellen. Diese Modulationssignale sind Signale, die eine maximale Größe von eins haben. Daher müssen die PI-Steuerungsgewinne herunterskaliert werden. Die Steuerfunktion für diesen Stromregler ist currcon_inverter.py. Die Modulationssignale werden verwendet, um Schaltsignale für die Schalter S1–S6 zu erzeugen. Das Modulationssignal ma, verglichen mit einer Dreieckswelle, ergibt die Schaltsignale für S1 und S2. Dies ist in dem Diagramm von Abb. 5.24 [5] dargestellt. Die Dreieckswelle ist das Trägersignal. Es hat die Frequenz gleich der gewünschten Schaltfrequenz des VSC. Es ist zwischen –1 und 1 begrenzt. Auf ähnliche Weise erzeugt das Modulationssignal mb verglichen mit demselben Trägersignal die Schaltsignale für S3 und S4, und das Modulationssignal mc verglichen mit diesem Trägersignal steuert die Schalter S5 und S6. Die Steuerfunktion für den Modulator befindet sich in modulator.py.

Der aktuelle Controller-Code bleibt in currcon_inverter.py im Vergleich zu currcon_sources.py gleich. Der Unterschied liegt in den PI-Regelverstärkungen und der Tatsache, dass der Ausgang des PI-Controllers die Schaltung nicht direkt ändert.

```
    curr_kp = 0.0001
    curr_ki = 40.0
    if t_clock >=t1:
        curr_ref_d = 0.0
        curr_ref_q = comp_curr_q

        curr_alpha = math.sqrt(2.0/3.0)*(curr_a - 0.5*curr_b - \
                     0.5*curr_c)
        curr_beta = math.sqrt(2.0/3.0)*math.sqrt(3)*(curr_b - \
                     curr_c)/2.0
        curr_d = curr_alpha*math.cos(pll_phase_angle) + \
                     curr_beta*math.sin(pll_phase_angle)
        curr_q = -curr_alpha*math.sin(pll_phase_angle) + \
                     curr_beta*math.cos(pll_phase_angle)

        curr_d_err = curr_ref_d - curr_d
        curr_q_err = curr_ref_q - curr_q

        curr_d_int += curr_d_err*dt_sample
        curr_q_int += curr_q_err*dt_sample
        if (curr_ki*curr_d_int > 2.5):
            curr_d_int = 2.5/curr_ki
        if (curr_ki*curr_d_int < -2.5):
            curr_d_int = -2.5/curr_ki
        if (curr_ki*curr_q_int > 2.5):
            curr_q_int = 2.5/curr_ki
        if (curr_ki*curr_q_int < -2.5):
            curr_q_int = -2.5/curr_ki

        mod_d = (curr_d_err*curr_kp + curr_d_int*curr_ki)
        mod_q = (curr_q_err*curr_kp + curr_q_int*curr_ki)

        mod_alpha = mod_d*math.cos(pll_phase_angle) - \
                    mod_q*math.sin(pll_phase_angle)
        mod_beta = mod_d*math.sin(pll_phase_angle) + \
                    mod_q*math.cos(pll_phase_angle)

        modsignal_a = math.sqrt(2.0/3.0)*mod_alpha
        modsignal_b = math.sqrt(2.0/3.0)*(-0.5*mod_alpha + \
                    math.sqrt(3)*mod_beta/2.0)
        modsignal_c = math.sqrt(2.0/3.0)*(-0.5*mod_alpha - \
                    math.sqrt(3)*mod_beta/2.0)

        if modsignal_a>0.97:
            modsignal_a = 0.97
        if modsignal_a<-0.97:
            modsignal_a = -0.97
        if modsignal_b>0.97:
            modsignal_b = 0.97
        if modsignal_b<-0.97:
            modsignal_b = -0.97
        if modsignal_c>0.97:
            modsignal_c = 0.97
        if modsignal_c<-0.97:
            modsignal_c = -0.97

        t1=t1+dt_sample

    if t_clock<0.1:
        Disconnect1a = 0.0
        Disconnect2a = 0.0
        Disconnect1b = 0.0
        Disconnect2b = 0.0
        Disconnect1c = 0.0
        Disconnect2c = 0.0
    else:
        Disconnect1a = 1.0
        Disconnect2a = 1.0
        Disconnect1b = 1.0
        Disconnect2b = 1.0
        Disconnect1c = 1.0
        Disconnect2c = 1.0

    currcon_curr_d = curr_d
    currcon_curr_q = curr_q
    currcon_curr_d_int = curr_d_int
    currcon_curr_q_int = curr_q_int
    currcon_md = mod_d
    currcon_mq = mod_q
    currcon_ma = modsignal_a
    currcon_mb = modsignal_b
    currcon_mc = modsignal_c
```

Tab. 5.22 Wechselrichter-Stromregler

Eingang	Elementname in der Schaltungs-Tabelle = Amperemeter_Icompa, gewünschter Variablenname im Steuercode = curr_a
Eingang	Elementname in der Schaltungs-Tabelle = Amperemeter_Icompb, gewünschter Variablenname im Steuercode = curr_b
Eingang	Elementname in der Schaltungs-Tabelle = Amperemeter_Icompc, gewünschter Variablenname im Steuercode = curr_c
Ausgabe	Elementname in der Schaltkreistabelle = Switch_Disconnect1a, Steuerkennzeichen in der Parameter-Tabelle definiert = Disconnect1a, gewünschter Variablenname im Steuercode = Disconnect1a, anfänglicher Ausgabewert = 0.0
Ausgabe	Elementname in der Schaltkreistabelle = Switch_Disconnect2a, Steuerkennzeichen in der Parameter-Tabelle definiert = Disconnect2a, gewünschter Variablenname im Steuercode = Disconnect2a, anfänglicher Ausgabewert = 0.0
Ausgabe	Elementname in der Schaltkreistabelle = Switch_Disconnect1b, Steuerkennzeichen in der Parameter-Tabelle definiert = Disconnect1b, gewünschter Variablenname im Steuercode = Disconnect1b, anfänglicher Ausgabewert = 0.0
Ausgabe	Elementname in der Schaltkreistabelle = Switch_Disconnect2b, Steuerkennzeichen in der Parameter-Tabelle definiert = Disconnect2b, gewünschter Variablenname im Steuercode = Disconnect2b, anfänglicher Ausgabewert = 0.0

Wie aus dem obigen Code hervorgeht, steuert die Funktion currcon_inverter.py auch die Trennschalter, die in diesem Simulationsfall in der Datei comp_filter.csv enthalten sind. Es ist möglich, eine spezielle Steuerfunktion nur für die Trennschalter zu erstellen, um die Wiederverbindungs- und Trennlogik vollständig vom Stromregler zu trennen. Der Deskriptor currcon_inverter_desc.csv ist eine geringfügige Modifikation des currcon_sources_desc.csv und ist in den Tab. 5.22, 5.23 und 5.24 aufgeführt. Wie man sehen kann, werden die Ausgänge zu den steuerbaren Spannungsquellen eliminiert. Die Modulationssignale werden als Variablen des Typs VariableStorage in currcon_ma, currcon_mb und currcon_mc gespeichert. Auf diese Weise werden sie für die nachfolgend beschriebene Modulationsfunktion zur Verfügung gestellt.

Der Steuercode für den Modulator unterscheidet sich jedoch in mehreren Aspekten. Der größte Unterschied liegt in der Abtastzeit der Modulatorfunktion. Um dies vollständig zu verstehen, betrachten wir die Zeiträume der Signale, mit denen der Modulator umgeht. Der Modulator akzeptiert als Eingaben drei Modulationssignale ma, mb und mc. In dieser Simulationsstudie haben diese Modulationssignale ein Grundfrequenz von 60 Hz, da der Kompensator nur stetige Blindleistung liefert. Der Modulator vergleicht diese Modulationssignale mit einer dreieckigen Trägerwellenform derselben Frequenz wie die Schaltfrequenz des VSC. In dieser Simulationsstudie wurde die Schaltfrequenz des VSC als 5 kHz angenommen. Daher beträgt die Zeitperiode der dreieckigen Wellenform 200 μs. Der Simulationsschritt beträgt 1 μs. In vielen Fällen, wenn der Modulator mit einer Zeitperiode von 1 μs betrieben wird, sollte die Genauigkeit des Vergleichs ausreichend hoch sein. Betrachten wir jedoch den Extremfall, wenn das Modulationssignal eine Größe nahe eins hat. Wenn dies passiert, erfolgt der Vergleich des Modulationssignals

Tab. 5.23 Stromregler des Wechselrichters

Ausgabe	Elementname in der Schaltkreistabelle = Switch_Disconnect1c, Steuer-Tag definiert in der Parameter-Tabelle = Disconnect1c, gewünschter Variablenname im Steuercode = Disconnect1c, anfänglicher Ausgabewert = 0.0
Ausgabe	Elementname in der Schaltkreistabelle = Switch_Disconnect2c, Steuer-Tag definiert in der Parameter-Tabelle = Disconnect2c, gewünschter Variablenname im Steuercode = Disconnect2c, anfänglicher Ausgabewert = 0.0
StatischeVariable	Gewünschter Variablenname im Steuercode = curr_d_int, Anfangswert der Variable = 0.0
StatischeVariable	Gewünschter Variablenname im Steuercode = curr_q_int, Anfangswert der Variable = 0.0
StatischeVariable	Gewünschter Variablenname im Steuercode = mod_signal_alpha, Anfangswert der Variable = 0.0
StatischeVariable	Gewünschter Variablenname im Steuercode = mod_signal_beta, Anfangswert der Variable = 0.0
StaticVariable	Gewünschter Variablenname im Steuercode = mod_signal_a, Anfangswert der Variable = 0.0
StaticVariable	Gewünschter Variablenname im Steuercode = mod_signal_b, Anfangswert der Variable = 0.0
StaticVariable	Gewünschter Variablenname im Steuercode = mod_signal_c, Anfangswert der Variable = 0.0
StaticVariable	Gewünschter Variablenname im Steuercode = mod_signal_d, Anfangswert der Variable = 0.0
StaticVariable	Gewünschter Variablenname im Steuercode = mod_signal_q, Anfangswert der Variable = 0.0

und der Dreieckswelle am Scheitelpunkt der Dreieckswelle. Zwei aufeinanderfolgende Vergleiche könnten innerhalb weniger Mikrosekunden stattfinden und wenn die Zeitperiode des Modulators 1 μs beträgt, könnte es einen Fehler bei der Erzeugung des Schaltsignals geben. Um dies zu vermeiden, wird die Zeitperiode des Modulators normalerweise kleiner als der Simulationsschritt gewählt. Für eine detaillierte Erklärung, wie die Zeitplanung von Ereignissen stattfindet, siehe Kap. 4. An dieser Stelle wird noch einmal betont, dass der Vorteil der Wahl einer extrem kleinen Zeitperiode für den Modulator darin besteht, dass die Auflösung des Vergleichs steigt, wenn der Modulator mit dieser hohen Frequenz betrieben wird. Der Simulator löst jedoch die Schaltung nur, wenn es eine Änderung am Ausgang des Modulators gibt. Dies bedeutet, dass der Modulator den Zustand eines oder mehrerer Schalter aufgrund des Vergleichs der Modulationssignale und der Trägerwelle geändert hat. Dies ist das gewünschte Ergebnis. Der Steuercode für den Modulator lautet wie folgt:

Tab. 5.24 Wechselrichter-Stromregler

StaticVariable	Gewünschter Variablenname im Steuercode = curr_ref_d, Anfangswert der Variable = 0.0
StaticVariable	Gewünschter Variablenname im Steuercode = curr_ref_q, Anfangswert der Variable = 0.0
StaticVariable	Gewünschter Variablenname im Steuercode = curr_d, Anfangswert der Variable = 0.0
StaticVariable	Gewünschter Variablenname im Steuercode = curr_q, Anfangswert der Variable = 0.0
TimeEvent	Gewünschter Variablenname im Steuercode = t1, Erstes Zeitereignis = 0.0
VariableStorage	Gewünschter Variablenname im Steuercode = currcon_curr_d, Anfangswert der Variable = 0.0, Variable im Ausgabedatei darstellen = ja
VariableStorage	Gewünschter Variablenname im Steuercode = currcon_curr_q, Anfangswert der Variable = 0.0, Variable im Ausgabedatei darstellen = ja
VariableStorage	Gewünschter Variablenname im Steuercode = currcon_md, Anfangswert der Variable = 0.0, Variable im Ausgabedatei darstellen = ja
VariableStorage	Gewünschter Variablenname im Steuercode = currcon_mq, Anfangswert der Variable = 0.0, Variable im Ausgabedatei darstellen = ja
VariableStorage	Gewünschter Variablenname im Steuercode = currcon_ma, Anfangswert der Variable = 0.0, Variable im Ausgabedatei darstellen = ja
VariableStorage	Gewünschter Variablenname im Steuercode = currcon_mb, Anfangswert der Variable = 0.0, Variable im Ausgabedatei darstellen = ja
VariableStorage	Gewünschter Variablenname im Steuercode = currcon_mc, Anfangswert der Variable = 0.0, Variable im Ausgabedatei darstellen = ja

```
import math

carr_freq = 5000.0
dt_carr = 5.0e-7

if t_clock>=tcarr:
        if (x_tri>=1.0):
                x_tri_sign=-1.0
        if (x_tri<=-1.0):
                x_tri_sign=1.0
        x_tri+=x_tri_sign*(4.0*carr_freq)*dt_carr

        if (x_tri<currcon_ma):
                sc1logic=1.0
                sc2logic=0.0
        else:
                sc1logic=0.0
                sc2logic=1.0

        if (x_tri<currcon_mb):
                sc3logic=1.0
                sc4logic=0.0
        else:
                sc3logic=0.0
                sc4logic=1.0
        if (x_tri<currcon_mc):
                sc5logic=1.0
                sc6logic=0.0
        else:
                sc5logic=0.0
                sc6logic=1.0

        tcarr += dt_carr

sc1gate = sc1logic
sc2gate = sc2logic
sc3gate = sc3logic
sc4gate = sc4logic
sc5gate = sc5logic
sc6gate = sc6logic
modulator_compinvgate1 = sc1logic
modulator_compinvgate2 = sc2logic
modulator_compinvgate3 = sc3logic
modulator_compinvgate4 = sc4logic
modulator_compinvgate5 = sc5logic
modulator_compinvgate6 = sc6logic
modulator_carrier = x_tri
```

Der oben genannte Steuercode wird bei 500 ns ausgeführt. Diese Zahl kann auf jeden beliebigen Wert geändert werden. Als Beispiel, wenn der Benutzer plant, den Controller für den VSC auf einem Mikrocontroller mit eingebautem Pulsweitenmodulator zu implementieren, kann er die Zeitperiode gleich der Auflösung der Mikrocontroller-Hardware setzen. Die Steuerung besteht aus zwei Teilen – der Er-

Tab. 5.25 Modulator Deskriptor

Ausgabe	Elementname in der Schaltungs-Tabelle = Switch_S1compinv, Steuer-Tag definiert in der Parameter-Tabelle = S1compinvgate, gewünschter Variablenname im Steuercode = sc1gate, anfänglicher Ausgabewert = 0.0
Ausgabe	Elementname in der Schaltungs-Tabelle = Switch_S2compinv, Steuer-Tag definiert in der Parameter-Tabelle = S2compinvgate, gewünschter Variablenname im Steuercode = sc2gate, anfänglicher Ausgabewert = 0.0
Ausgabe	Elementname in der Schaltkreistabelle = Switch_S3compinv, Kontrolltag definiert in der Parameter-Tabelle = S3compinvgate, gewünschter Variablenname im Steuercode = sc3gate, anfänglicher Ausgabewert = 0.0
Ausgabe	Elementname in der Schaltkreistabelle = Switch_S4compinv, Kontrolltag definiert in der Parameter-Tabelle = S4compinvgate, gewünschter Variablenname im Steuercode = sc4gate, anfänglicher Ausgabewert = 0.0
Ausgabe	Elementname in der Schaltkreistabelle = Switch_S5compinv, Kontrolltag definiert in der Parameter-Tabelle = S5compinvgate, gewünschter Variablenname im Steuercode = sc5gate, anfänglicher Ausgabewert = 0.0
Ausgabe	Elementname in der Schaltkreistabelle = Switch_S6compinv, Kontrolltag definiert in der Parameter-Tabelle = S6compinvgate, gewünschter Variablenname im Steuercode = sc6gate, anfänglicher Ausgabewert = 0.0

Tab. 5.26 Modulator-Beschreibung

StaticVariable	Gewünschter Variablenname im Steuercode = sc1logic, Anfangswert der Variable = 0.0
StaticVariable	Gewünschter Variablenname im Steuercode = sc2logic, Anfangswert der Variable = 0.0
StaticVariable	Gewünschter Variablenname im Steuercode = sc3logic, Anfangswert der Variable = 0.0
StaticVariable	Gewünschter Variablenname im Steuercode = sc4logic, Anfangswert der Variable = 0.0
StaticVariable	Gewünschter Variablenname im Steuercode = sc5logic, Anfangswert der Variable = 0.0
StaticVariable	Gewünschter Variablenname im Steuercode = sc6logic, Anfangswert der Variable = 0.0
StaticVariable	Gewünschter Variablenname im Steuercode = x_tri, Anfangswert der Variable = 0.0
StaticVariable	Gewünschter Variablenname im Steuercode = x_tri_sign, Anfangswert der Variable = 0.0
TimeEvent	Gewünschter Variablenname im Steuercode = t_carr, erstes Zeitereignis = 0.0
VariableStorage	Gewünschter Variablenname im Steuercode = modulator_compinvgate1, Anfangswert der Variable = 0.0, Variable im Ausgabedatei darstellen = ja

zeugung der Dreiecksträgerwelle und dem Vergleich der Modulationssignale und der erzeugten Trägerwelle. Die Ausgabe von modulator.py sind die Schaltsteuersignale der Schalter. Der Deskriptor modulator_desc.csv ist wie in den Tab. 5.25, 5.26 und 5.27 aufgeführt.

Mit einer Beschreibung des Steuerungscodes werden wir nun die Simulationsergebnisse untersuchen. Die Daten werden in der folgenden Reihenfolge in die Ausgabedateien geschrieben:

```
************************************************
Output file is in ckt_output1.dat and ckt_output2.dat and
the columns are in the following sequence
1 => Time
Meters are in the following sequence:
2  =>  Ammeter_Isource1a  at  1L
3  =>  Ammeter_Isource1b  at  11L
4  =>  Ammeter_Isource1c  at  20L
5  =>  Ammeter_Iload1a  at  1M
6  =>  Ammeter_Iload1b  at  9M
7  =>  Ammeter_Iload1c  at  17M
8  =>  Ammeter_Icompa  at  1M
9  =>  Ammeter_Icompb  at  9M
10  =>  Ammeter_Icompc  at  17M
11  =>  Voltmeter_Vload1a  at  36G
12  =>  Voltmeter_Vload1b  at  36J
13  =>  Voltmeter_Vload1c  at  36M

Control variables to be plotted are in the following sequence
14  =>  pll_phase_angle
15  =>  currcon_curr_q
16  =>  pll_cont_int
17  =>  currcon_disconnect1b
18  =>  currcon_disconnect1c
19  =>  currcon_disconnect1a
20  =>  currcon_curr_d
21  =>  pll_volt_d
22  =>  modulator_carrier
23  =>  modulator_compinvgate6
24  =>  currcon_curr_q_int
25  =>  pll_omega
26  =>  pll_volt_q
27  =>  currcon_curr_d_int
28  =>  modulator_compinvgate2
29  =>  currcon_md
30  =>  currcon_disconnect2c
31  =>  currcon_disconnect2b
32  =>  currcon_disconnect2a
33  =>  modulator_compinvgate4
34  =>  currcon_mb
35  =>  currcon_mc
36  =>  currcon_ma
37  =>  modulator_compinvgate1
38  =>  modulator_compinvgate3
39  =>  comp_curr_q
40  =>  modulator_compinvgate5
41  =>  comp_curr_d
42  =>  currcon_mq
************************************************
```

Es sollte auch beachtet werden, dass in diesem Fall die Ausgabe in Dateien aufgeteilt ist, die ein Zeitfenster von 0,25 s haben. Da die Gesamtzeitdauer der Simulation 0,5 s beträgt, würde dies in zwei Ausgabedateien resultieren – ckt_output1.dat und ckt_output2.dat. Diese Aufteilung der Dateien ist in diesem Fall nicht völlig notwendig, jedoch wäre es ratsam, die Ausgabedateien bei einer längeren Laufzeit aufzuteilen, um das Plotten einfacher und schneller zu machen.

Tab. 5.27 Modulator-Beschreibung

VariableStorage	Gewünschter Variablenname im Steuercode = modulator_compinvgate1, Anfangswert der Variable = 0.0, Variable im Ausgabedatei darstellen = ja
VariableStorage	Gewünschter Variablenname im Steuercode = modulator_compinvgate2, Anfangswert der Variable = 0.0, Variable im Ausgabedatei darstellen = ja
VariableStorage	Gewünschter Variablenname im Steuercode = modulator_compinvgate3, Anfangswert der Variable = 0.0, Variable in Ausgabedatei darstellen = ja
VariableStorage	Gewünschter Variablenname im Steuercode = modulator_compinvgate4, Anfangswert der Variable = 0.0, Variable in Ausgabedatei darstellen = ja
VariableStorage	Gewünschter Variablenname im Steuercode = modulator_compinvgate5, Anfangswert der Variable = 0.0, Variable in Ausgabedatei darstellen = ja
VariableStorage	Gewünschter Variablenname im Steuercode = modulator_compinvgate6, Anfangswert der Variable = 0.0, Variable in Ausgabedatei darstellen = ja
VariableStorage	Gewünschter Variablenname im Steuercode = modulator_carrier, Anfangswert der Variable = 0.0, Variable in Ausgabedatei darstellen = ja

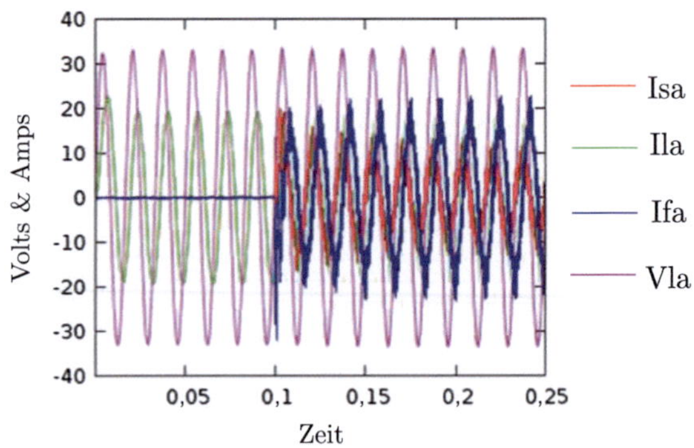

Abb. 5.25 Lastspannung, Quellenstrom und Kompensatorstrom

Wie zuvor stellen wir die Phasenlastspannung, den Quellenstrom, den Laststrom und den Kompensatorstrom dar. Die Darstellung für die ersten 0,25 s ist in Abb. 5.25 zu sehen, während das Diagramm für die letzten 0,25 s in Abb. 5.26 zu finden ist. Eine Nahaufnahme, die die Leistung des Kompensators zeigt, wird in Abb. 5.27 gezeigt. Das Diagramm in Abb. 5.28 zeigt die d-Komponente des vom VAR-Kompensator in das Netz eingespeisten Stroms. Wie man sehen kann, können beide Datenelemente aus beiden Ausgabedateien in einer Abbildung dargestellt werden. Der Benutzer sollte überprüfen, wie belastend es für die verwendete Plot-Software ist, Datenelemente aus mehreren Dateien darzustellen. Falls die Software hängt, ist es ratsam, den Plot-Befehl mit weniger Datenelementen zu wiederholen. Abb. 5.29 zeigt das Diagramm für die q-Komponente des vom VAR-Kompensator eingespeisten Stroms. Die q-Komponente des vom Kompensator eingespeisten Stroms verfolgt den Referenzwert, der die q-Komponente des Laststroms ist. Der Unterschied in all diesen Diagrammen ist die Schaltwelligkeitskomponente in den Strömen, die nicht existiert, wenn der Kompensator als steuerbare Spannungsquellen implementiert wurde.

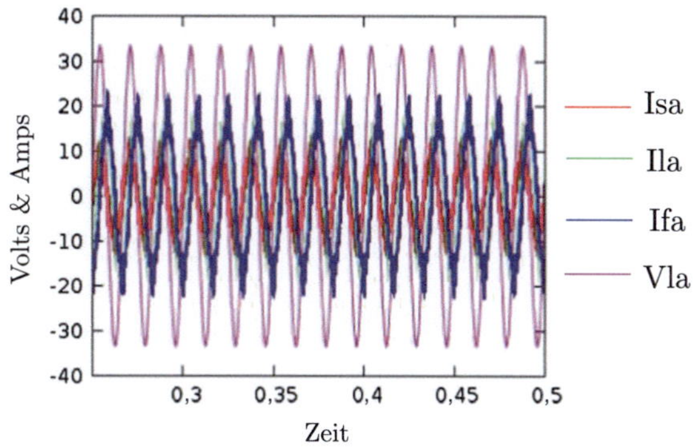

Abb. 5.26 Lastspannung, Quellenstrom und Kompensatorstrom

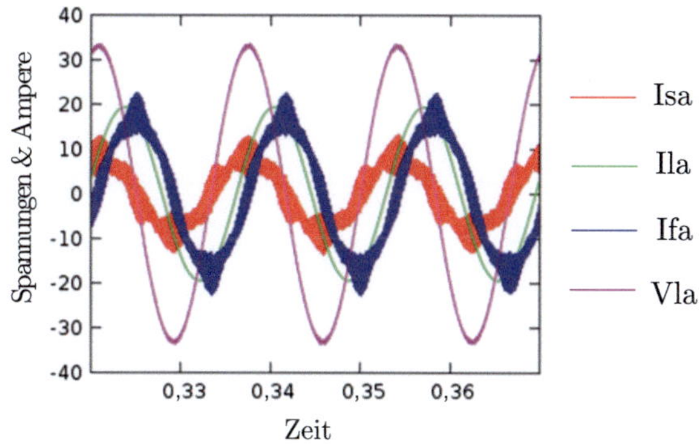

Abb. 5.27 Lastspannung, Quellenstrom und Kompensatorstrom – Nahaufnahme

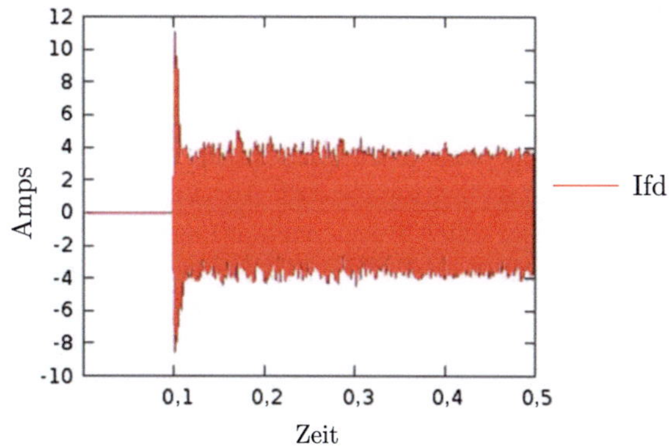

Abb. 5.28 Verfolgungsleistung der d-Komponente des Kompensatorstroms

5.7 Schlussfolgerungen

Wie in der Einleitung dieses Kapitels erwähnt, wurde der Fall eines VAR-Kompensators, der an ein dreiphasiges Netz angeschlossen ist, gewählt, um einem Benutzer zu beschreiben, wie die Funktionen des Simulators genutzt werden können.

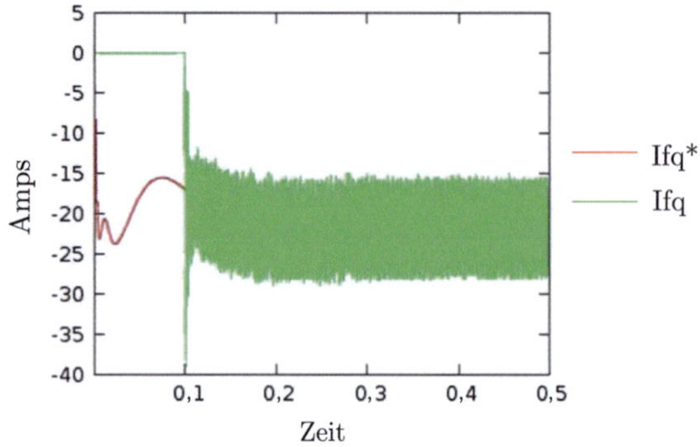

Abb. 5.29 Verfolgungsleistung der q-Komponente des Kompensatorstroms

Einer der wichtigsten Aspekte bei der Simulation von Leistungselektronikschaltungen ist die Implementierung von Controllern. Es ist unerlässlich, dass ein Benutzer in der Lage ist, ein Simulationsmodell zu erstellen, das so nah wie möglich an der endgültigen Hardware-Implementierung liegt. Es gibt mehrere Aspekte der Hardware-Implementierung, die für das Funktionieren eines Leistungswandlers entscheidend sind. Der erste und wichtigste ist die Ausführungsfrequenz der Steuerfunktion. In den meisten Steuerungsdesigns wird die Ausführungsfrequenz eine wichtige Designbeschränkung sein und die endgültigen Steuergewinne beeinflussen. Bei einer digitalen Implementierung wird die Ausführungsfrequenz durch die Verwendung von Unterbrechungsroutinen und Timern oder durch die Verwendung von externen Oszillatoren aufrechterhalten. Der Simulator ermöglicht es, dass jede Steuerfunktion mehrere TimeEvents hat. Durch die Definition eines TimeEvents für eine Steuerfunktion stellt der Simulator sicher, dass die Steuerfunktion zu diesem Zeitpunkt ausgeführt wird. Darüber hinaus kann durch die Einführung des Konzepts einer ereignisgesteuerten Steuerfunktion eine Steuerfunktion zu jedem beliebigen Zeitpunkt bewertet werden. Der Simulator führt jedoch die Schaltungslöser nur aus, wenn eine Steuerfunktion ein Ereignis erzeugt, indem sie einen oder mehrere ihrer Ausgänge ändert. Auf diese Weise kann ein Benutzer zufällige Zeitereignisse in einer Steuerfunktion erzeugen, die größer oder kleiner als der Simulationsschritt sein können. Daher ermöglicht die mit jeder Steuerfunktion verfügbare Zeitereignisvariable dem Benutzer, den genauen Zeitpunkt der Bewertung einer Steuerfunktion ähnlich einer Hardware-Implementierung zu bestimmen.

Ein weiteres bedeutendes Merkmal des Simulators ist die Fähigkeit, große Datenmengen zu speichern, die ein Benutzer darstellen kann. Jeder Amperemeter und Voltmeter speichert den gemessenen Strom und die Spannung in der angegebenen Ausgabedatei. Darüber hinaus kann jede Steuerfunktion Werte speichern, indem sie den Datentyp VariableStorage verwendet. Bei großen Simulationen ist die Menge der erzeugten Daten oft ein Faktor dafür, dass Simulationen hängen bleiben. Dieses Problem löst der Simulator, indem er einem Benutzer erlaubt, die Ausgabedatei nach Zeitintervallen aufzuteilen. Die letzte Simulation gibt ein Zeitintervall von 0,25 s an, das in zwei Ausgabedatendateien resultiert. Der Vorteil dabei ist, dass ein Benutzer Intervalle löschen kann, die nicht von Bedeutung sind, oder alternativ Datenfiles komprimieren kann, da es sich dabei um reine Textdateien handelt, die mit grundlegender Kompressionssoftware auf 25 % ihrer ursprünglichen Größe komprimiert werden können. Auf diese Weise sind alle Daten aus einer Simulation für den Benutzer verfügbar. In vielen Softwareprogrammen besteht bei großen Simulationen die einzige Option für den Benutzer darin, das letzte angegebene Zeitintervall darzustellen, während alle vorherigen Daten gelöscht werden.

In diesem Kapitel wurde gezeigt, wie eine Schaltung in Stufen simuliert werden kann. Es wurde beschrieben, wie jedes Segment der Schaltung in einer separaten Tabelle platziert und mit dem Rest der Schaltung über Sprunglabels verbunden werden kann. Um dieses Segment der Schaltung in die Simulation einzubeziehen, muss die Tabelle zur Simulationsparameter-Tabelle circuit_inputs.csv hinzugefügt werden. Auf diese Weise kann die Simulation ähnlich wie bei kommerzieller Software entwickelt werden, bei der ein Segment einer Schaltung in einem Block oder Subsystem eingebettet und dieses über seine Ports und Anschlüsse mit dem Rest der Schaltung verbunden werden kann. Diese Funktion des Simulators, Segmente einer Schaltung in separaten Tabellen einzubetten, verbessert die Wiederverwendbarkeit dieser Schaltungssegmente in anderen Simulationen.

Neben der Entwicklung einer Simulation durch Hinzufügen und Löschen von Schaltungssegmenten hat das Kapitel auch gezeigt, wie Steuerfunktionen zu einer Simulation hinzugefügt und entfernt werden können. Wie bei Schaltungssegmenten kann eine Steuerfunktion zu einer Simulation hinzugefügt werden, indem sie zur Simulationsparameter-Datei circuit_inputs.csv hinzugefügt wird. Die Bedeutung der TimeEvent-Variable wurde oben beschrieben. Zusätzlich ermöglicht der Datentyp StaticVariable dem Benutzer, komplexe mathematische Berechnungen durchzuführen. Dies liegt daran, dass der Wert eines StaticVariable-Objekts vom Simulator gespeichert wird und zur Durchführung kontinuierlicher Summation, Integration und auch zur Implementierung von Filtern höherer Ordnung verwendet werden kann. Die Beispiele in diesem Kapitel haben anschaulich dargelegt, wie ein PI-Controller mit StaticVariables implementiert werden kann.

Wie in Kap. 4 erwähnt, können Objekte des Datentyps VariableStorage verwendet werden, um Daten zwischen Steuerfunktionen auszutauschen. In diesem Kapitel wurde diese Funktion für zwei Zwecke genutzt: erstens zur Speicherung von Steuervariablen in der Ausgabedatendatei und zweitens zur Schnittstelle von Steuerfunktionen wie dem PLL und dem Stromregler. Der Datentyp VariableStorage ist ein äußerst leistungsfähiges Objekt, das es einem Benutzer ermöglicht, Steuerfunktionen miteinander zu verknüpfen. Dies ist besonders nützlich, wenn Leistungswandler auf koordinierte Weise gesteuert werden müssen, wie z. B. durch verschachteltes Schalten zur Reduzierung von Stromoberschwingungen. Der Datentyp VariableStorage kann auch als Kommunikationskanal zwischen Steuerfunktionen dienen, wenn in einer praktischen Implementierung Leistungswandler mit Hilfe von Fernerkennung oder Kommunikation gesteuert werden, insbesondere in Mikronetzen und verteilten Systemen.

Das Beispiel des VAR-Kompensators in diesem Kapitel hat gezeigt, dass die verschiedenen Funktionen des Schaltungssimulators ihn mit bestehender kommerzieller Software vergleichbar machen. Der größte Nachteil des Simulators ist das Fehlen einer grafischen Benutzeroberfläche, die dann unpraktisch ist, wenn es darum geht, eine relativ einfache Schaltung zu simulieren. Bei großen und komplexen Schaltungen spielt jedoch eine grafische Benutzeroberfläche nicht so eine große Rolle. Zum Beispiel wird es in einer Schaltung mit mehreren Leistungswandlern und Filtern die übliche Strategie sein, Blöcke zu verwenden, die alle Teilschaltungen enthalten. Darüber hinaus werden die Parameter der Schaltung nicht direkt in die Dialogfelder jeder Komponente, sondern in Skriptdateien eingegeben, um Änderungen an der Schaltung nachverfolgen zu können. Daher würde der Vorteil der Verwendung dieses Schaltungssimulators sichtbar, wenn die Schaltungen größer werden. Wie bereits erwähnt, war es seit der Konzeption des Simulators als Projekt das endgültige Ziel, große Schaltungen simulieren zu können, für die viele bestehende Simulatoren nicht praktisch zu verwenden sind. Der Leser wird ermutigt, die Website des Simulators zu besuchen, um einige der komplexeren Schaltungen zu betrachten, die simuliert wurden, um einen Eindruck von dem Umfang und den Möglichkeiten des Projekts zu bekommen.

Kapitel 6
Knoten, Zweige und Schleifen

Zusammenfassung Dieses Kapitel beschreibt, wie der Simulator die Schaltpläne verarbeitet, die der Benutzer in Tabellen eingibt. Die Konnektivitätsinformationen werden in Form von Knoten, Zweigen und Schleifen aus den Schaltplänen extrahiert. Knoten, Zweige und Schleifen werden zur Schaltungsanalyse durch Schleifenanalyse und Knotenanalyse verwendet, die in den nächsten Kapiteln beschrieben werden. Das Kapitel zeigt anhand von Beispielkreisen die Algorithmen, die zur Bestimmung der Knoten, Zweige und Schleifen verwendet werden. Das Kapitel führt das Konzept der LoopMap ein, das zur Durchführung der Schleifenanalyse in Kap. 7 und das Konzept der KCLBranchMap, das zur Durchführung der Knotenanalyse in Kap. 8 verwendet wird.

Schlüsselwörter Schaltkreisverbindung · Knoten · Zweige · Schleifen · Brücken · Kurze Knoten · Kurze Zweige · Iterative Suchalgorithmen · Schleifenanalyse · Knotenanalyse

6.1 Einführung

Die Kap. 3, 4 und 5 haben das Äußere des Schaltungssimulators beschrieben. Kap. 3 erläuterte, wie das Schaltbild in einer Tabelle eingegeben werden kann und wie die Parameter der Komponenten in einer separaten Tabelle eingegeben werden können. Kap. 4 legte dar, wie ein Benutzer Steuerfunktionen definieren kann und wie der Schaltungssimulator diese verarbeitet. Kap. 5 bot ein Tutorial, wie eine Schaltung mit einem Leistungswandler zusammen mit allen zugehörigen Steuerfunktionen simuliert werden kann. Diese Kapitel haben jedoch nicht aufgeführt, wie der Simulator die Schaltung löst und Informationen über Ströme und Spannungen generiert. Der Rest des Buches ist der Beschreibung des Kernmotors des Simulators gewidmet, der die Schaltungsanalyse durchführt.

Die erste Schicht des Simulationsmotors verarbeitet die aus den vom Benutzer eingegebenen Tabellen extrahierte Schaltung und generiert Verbindungsinformationen. Diese Verbindungsinformationen liegen in Form von Knoten,

S. V. Iyer, *Simulation nichtlinearer Schaltungen in der Leistungselektronik mit Python*, https://doi.org/10.1007/978-3-031-58981-2_6

Zweigen und Schleifen vor. Für jede Art von Schaltungsanalyse sind diese unerlässlich. Der Schaltungssimulator verwendet sowohl Schleifenanalyse als auch Knotenanalyse, wie in den Kap. 7 und 8 beschrieben wird. Die Knotenanalyse benötigt die Informationen der Knoten in der Schaltung und der Zweige, die diese Knoten verbinden. Die Schleifenanalyse erfordert Informationen über die Anzahl der geschlossenen Pfade in der Schaltung, die aus den Knoten und Zweigen in der Schaltung abgeleitet werden. In diesem Kapitel wird beschrieben, wie der Simulator die Knoten, Zweige und Schleifen in der Schaltung generiert und sie in einem Format präsentiert, das von den nachfolgenden Kapiteln verwendet werden kann, die die Schleifenanalyse und Knotenanalyse aufzeigen.

Die vorherigen Kapitel lieferten detaillierte Codebeispiele, um dem Benutzer zu helfen, Steuerfunktionen zu schreiben, während er Schaltungen simuliert. Der Rest des Buches, der den Kern des Simulationsmotors beschreibt, wird sich jedoch auf die Vorstellung des Konzepts der Schaltungssimulation konzentrieren. In diesem Kapitel wird die Methode zur Bestimmung von Knoten, Zweigen und Schleifen anhand von Beispielschaltungen erläutert. Darüber hinaus wird die Methode, die der Simulator zur Bestimmung von Knoten, Zweigen und Schleifen verwendet, anhand von Diagrammen und Charts beschrieben, um diese Konzepte leichter verständlich zu machen. Da der Simulator Open Source ist, werden die Leser ermutigt, den Quellcode durchzugehen, während sie diese Kapitel lesen, wenn sie den Simulationsmotor ändern möchten.

6.2 Sprungmarken

Sprungmarken wurden in Kap. 3 eingeführt, während die Schaltungskomponenten erklärt wurden, die ein Benutzer in die schematische Tabelle eingeben kann. Eine Sprungmarke, wie sie noch beschrieben wird, ist eine Diskontinuität in einer Schaltung, daher beginnt der Simulator bei der Verarbeitung einer Schaltung mit der Suche nach Sprungmarken. In einigen Schaltungen ist eine Drahtbrücke entscheidend, wenn die Schaltung in einem zweidimensionalen Eingabebereich wie einer Tabelle beschrieben werden muss. Ein Beispiel für eine solche Schaltung ist ein einphasiger Diodengleichrichter, wie in Abb. 6.1 gezeigt. Im Allgemeinen müsste eine große und komplexe Schaltung in modularen Blöcken gezeichnet und

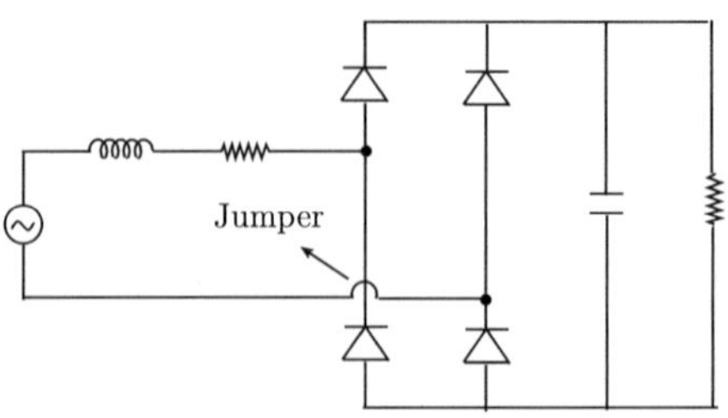

Abb. 6.1 Einphasiger Diodengleichrichter

die Blöcke durch Steckverbinder verbunden werden, die auch als Sprungmarken wahrgenommen werden können. Zu diesem Zweck beginnen wir mit der Beschreibung des Zwecks von Sprungmarken und der Art und Weise, wie sie verwendet werden können. Ein Paar Sprungmarken in einem Schaltplan ist physisch verbunden. Dies ermöglicht das Unterbrechen eines Zweiges, um eine Verbindung ähnlich dem unteren Zweig des oben genannten Diodengleichrichters zu ermöglichen. Es gibt einige Einschränkungen bei der Verwendung von Sprungmarken, wie unten beschrieben:

1. Obwohl technisch viele Verbindungen in einer Schaltung hergestellt werden können, müssen Sprungmarken auftreten und können nur paarweise auftreten. Daher dienen Sprungmarken dazu, zwei Teile eines Zweigsegments zu verbinden und können nicht verwendet werden, um einen Knoten mit zwei oder mehr Zweigsegmenten zu bilden. Dies bedeutet, dass der Schaltungssimulator einen Fehler ausgibt, wenn es nur eine Sprungmarke gibt oder wenn es mehr als zwei gleiche Sprungmarken gibt.
2. Da Sprungmarken dazu dienen, zwei Segmente eines Zweiges miteinander zu verbinden, muss eine Sprungmarke das äußerste Element im Zweigsegment sein. Eine Sprungmarke muss nur auf einer der Zellen neben ihr ein Element haben, da es dieses Element mit der anderen Instanz der Sprungmarke verbindet. Es ist ein Fehler, Elemente auf zwei Zellen neben einer Sprungmarke zu haben, da dies die Verbindung mehrdeutig machen würde. Ebenso kann eine Sprungmarke nicht neben einer anderen Sprungmarke sein, da zwei Sprünge nicht sofort gemacht werden können. Zwischen zwei Sprungmarken muss mindestens ein Element eingefügt werden. Aus dem gleichen Grund kann eine Sprungmarke nicht neben einem Knoten gefunden werden, da dies die Verbindung zu einem Knoten mehrdeutig machen würde. Zwischen einem Knoten und einer Sprungmarke muss mindestens ein Element eingefügt werden.

Das Diagramm in Abb. 6.2 zeigt die nicht akzeptable Verwendung von Sprungmarken auf der linken Seite und ihre korrekte Verwendung auf der rechten Seite.

Der Simulator liest den gesamten Schaltkreis für Sprungmarken und prüft die Plausibilität der Sprungmarken gemäß den oben genannten Richtlinien. Eine Sprungmarke enthält das Schlüsselwort „jump“, gefolgt von dem Bezeichner. Dieser Bezeichner kann alles sein – eine Zahl, ein Buchstabe oder eine Kombination aus Buchstaben und Zahlen. Es wird empfohlen, keine Sonderzeichen zu verwenden. Um die Fehlersuche im Schaltkreis zu einem späteren Zeitpunkt zu erleichtern, ist es ratsam, die Bezeichner so zu wählen, dass sie die verbundenen Teile beschreiben. Daher sind „jump1“, „jumpsrctodiode“, „jumpcaptoload“ alle akzeptable Sprungmarken, solange es eine andere identische Sprungmarke im Schaltkreis gibt. Alle Sprünge werden zu einer Liste namens JumpList hinzugefügt, die folgende Struktur hat:

```
[Row, Column, JumpLabel, Direction]
```

	A	B	C	D	E	F	G	H	I	J	K	L	M
1	wire	wire	wire	jump1	wire			wire	wire	wire	wire	jump1	
2													
3													
4		jump1	wire	wire	wire				jump1	wire	wire	wire	
5													
6													
7													
8	wire	wire	wire	wire	jump1	jump2				jump2			
9										wire			
10								wire	wire	wire	wire	jump1	
11		jump1	wire	wire	wire								
12				wire									
13				jump2					jump1	wire	wire	wire	
14											wire		
15											jump2		
16													
17													
18													
19	wire	wire	wire	wire	wire			wire	wire	wire	wire	wire	
20				wire							wire		
21				jump1							wire		
22				wire							jump1		
23													
24													

Abb. 6.2 Verwendung von Sprungmarken

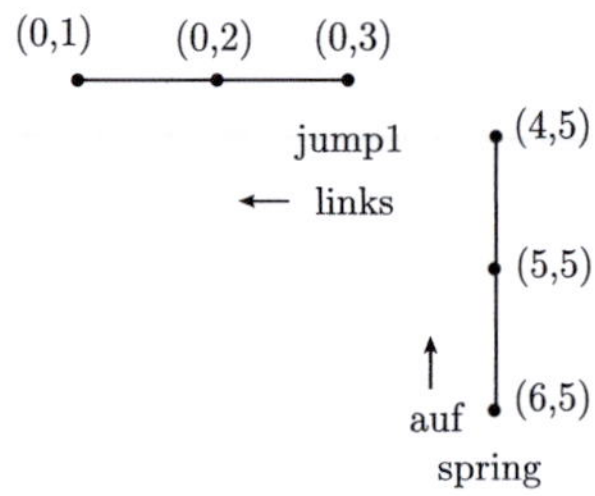

Abb. 6.3 Richtungen bei Sprungmarken

Zeile und Spalte bilden die Zellenposition der Sprungmarke. JumpLabel ist der Name der Sprungmarke an der Zellenposition (z. B. „jump1"). Direction ist die Richtung, in der die nächste Zelle von dieser Sprungmarke aus gefunden werden kann und kann „up", „down", „right" oder „left" sein. Dies soll die Suche nach dem Verzweigungsalgorithmus erleichtern, wenn eine Sprungmarke gefunden wird. Wie bereits erwähnt, muss eine Sprungmarke das äußerste Element in einem Verzweigungssegment sein. Daher, wenn das einzige Element, das an eine Sprungmarke angrenzt, eine Zellenposition unter der Sprungmarke ist, ist die Richtung „down", was darauf hinweist, dass, wenn der Verzweigungssuchalgorithmus bei dieser Sprungmarke ankommt, dies die Richtung ist, in der er weitergehen muss, um entlang des Verzweigungssegments fortzufahren. In Abb. 6.3 werden als Beispiel die Sprungmarken „jump1" auf dem Verzweigungssegment auf der linken

Seite [0, 3, „jump1“, „left“] sein, da das Verzweigungssegment nach links fortschreitet, wenn man bei dieser Sprungmarke aussteigt. Das Label „jump1“ auf der rechten Seite wird [6, 5, „jump1“, „up“] sein, da das Verzweigungssegment nach oben fortschreitet, wenn man bei der Sprungmarke aussteigt. Es ist weiterhin zu beachten, dass die Richtung bei einer Sprungmarke die Richtung ist, wenn man die Sprungmarke verlässt und nicht die Richtung, wenn man die Sprungmarke betritt.

Der nächste Schritt besteht darin, die Sprungmarken in einer „JumpMatrix“ zu verknüpfen. Diese „JumpMatrix“ ist ein Wörterbuch, bei dem die Schlüssel die Sprungmarken sind und der mit jedem Schlüssel (Sprungmarke) verbunden Wert ist die folgende Liste:

```
[[[row, col], ''direction''], [[row, col], ''direction'']]
```

Die Liste enthält eingebettete Listen – eine für jede Sprungmarke. Jede Sprungmarke hat eine Struktur ähnlich der JumpList – die Zellenkoordinaten [Zeile, Spalte] und die Ausgangs-„Richtung“. Der Vorteil der Verwendung eines Wörterbuchs besteht in einem schnelleren Zugriff auf Werte, wenn der Schlüssel (Sprungmarke) bekannt ist. Das Ziel der Sammlung der Paare von Sprungmarken in dem oben genannten Wörterbuch besteht darin, auf die Sprungmarke zuzugreifen, wenn sie in einer Verzweigungssuchfunktion auftritt, und die Zellenposition zu bestimmen, von der aus fortgefahren werden soll. Typischerweise würden Suchfunktionen mit zunehmender Größe des Schaltkreises zeitaufwendig werden und daher wird ein Wörterbuch die Zeit zur Lokalisierung von Sprungmarken reduzieren, da Wörterbuchsuchfunktionen auf Elementschlüsseln basieren und optimiert sind. Die Alternative wäre gewesen, mit der vorherigen „JumpList“ fortzufahren, aber da dies eine Liste ist, wäre die Methode zur Bestimmung von Sprungmarken während der Verzweigungssuchfunktion das sequentielle Durchsuchen der Liste gewesen, was zeitaufwendig sein könnte, wenn es Hunderte von Sprungmarken gibt. Für das obige Beispiel in Abb. 6.3 wird das Label „jump1“ die folgenden Schlüssel:Wert-Wörterbucheinträge haben:

```
''jump1'': [[[0, 3], ''left''], [[6, 5], ''up'']]
```

Zusammenfassend dient das Wörterbuch „JumpMatrix“ dazu, die Sprungmarken im Schaltkreis zu kartieren, indem sie durch eindeutige Schlüssel, die die Sprungmarken selbst sind, leicht zugänglich gemacht werden. Wenn eine Sprungmarke auftritt, wird der Wert der Sprungmarke aus dem Wörterbuch gelesen und es kann bestimmt werden, welche der beiden Sprungmarken aufgetreten ist. Welche Sprungmarke auch immer auftritt, der Zweig setzt sich bei der anderen Sprungmarke fort und darüber hinaus gibt die mit der Sprungmarke verbundene Richtung die Richtung an, in der der Zweig von der Sprungmarke aus weitergeht. Dies wird im nächsten Abschnitt zur Verzweigungsermittlung ausführlicher beschrieben.

6.3 Knoten und Verzweigungen

Ein Schaltkreis wird aus einer Tabelle auf eine Matrix extrahiert, die in Python in Listen eingebettet ist. Dies wurde in Abschn. 3.2 von Kap. 3 beschrieben. Diese Matrix wird „ConnMatrix“ genannt. Jedes Element in „ConnMatrix“ wird durchlaufen. Ein Element kann leer sein, ein Draht oder eine Komponente oder eine Sprungmarke. Kap. 3 konzentrierte sich darauf, wie Objekte für Komponenten erstellt wurden und wie der Benutzer die Parameter dieser Komponenten eingeben würde. In diesem Kapitel wird der Simulator die Konnektivität des Schaltkreises verarbeiten. Da der Schaltkreis auf einer Tabelle „gezeichnet“ wird, kann ein Element nur vier Elemente angrenzend haben und das sind die Elemente in den Zellen darüber, darunter, rechts und links davon. Eine Funktion wird aufgerufen, die prüft, ob das Element ein Knoten ist. Ein Drahtelement kann ein Knoten sein, wenn es ein T-Gelenk ist oder wenn es ein „Kreuz“ in einem Schaltkreis ist. Eine Komponente oder eine Sprungmarke kann keinen Knoten bilden und es ist ein Fehler, dies in einem Schaltplan zu tun. Ein T-Knoten ist, wenn ein Element Elemente in zwei entgegengesetzten Richtungen und nur ein Element in einer anderen Richtung angrenzend hat. Zum Beispiel hat ein Element angrenzende Elemente über und unter ihm und ein angrenzendes Element rechts davon. Oder alternativ hat es angrenzende Elemente rechts und links davon und ein angrenzendes Element unter ihm. Ein „Kreuz“ ist, wenn ein Element angrenzende Elemente in allen Richtungen besitzt – oben, unten, rechts und links. Die fünf Arten von Knoten sind in Abb. 6.4 dargestellt. Alle solchen Knoten, die in einem Schaltkreis gefunden werden, werden zu einer Liste namens NodeList als [Zeile, Spalte] Listen hinzugefügt.

Sobald alle Knoten bestimmt sind, besteht die Methode zur Festlegung der Zweige darin, von einem Knoten aus zu starten und Elemente zu finden, bis ein anderer Knoten auftritt. Der Zweig wird dann zur Sammlung von Elementen zwischen den beiden Knoten und beinhaltet die beiden Knoten. Die einzige Komplikation, die in diesem Prozess auftritt, ist das Vorhandensein von Sprungmarken und das Fortsetzen entlang des Zweigs, wenn Sprungmarken auftreten. Die Zweige werden in einer Liste namens „BranchParams“ gesammelt. Zusätzlich wird eine Matrix namens „BranchMap“ erstellt, die Informationen über die Zweige enthält, die zwischen allen Paaren von Knoten existieren. An dieser Stelle sollte darauf hingewiesen werden, dass jeder Zweig abgeschlossen sein muss. Das bedeutet, wenn Sie einen Zweig von einem Knoten aus starten, müssen Sie ihn bis zu einem anderen Knoten erweitern. Ein unvollständiger oder gebrochener Zweig führt dazu, dass der Schaltungssimulator mit einem Fehler abbricht. Wenn die

Abb. 6.4 Arten von Knoten

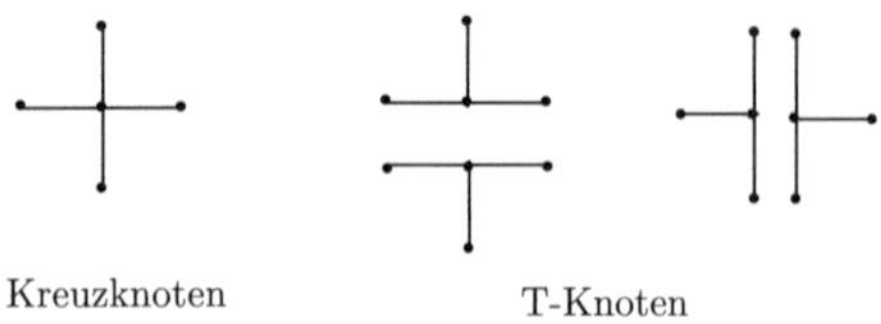

Absicht besteht, keinen Strom zwischen zwei Knoten fließen zu lassen, verbinden Sie sie mit einem sehr großen Widerstand. Darüber hinaus ist ein Zweig lediglich die Existenz eines Elements. Es ist jedoch auch möglich, einen leeren Zweig zu haben, d. h., der nur aus „Draht"-Elementen besteht. Diese leeren Zweige werden später im Kapitel behandelt.

Da der Ausgangspunkt ein Knoten ist, hat ein Knoten per Definition mindestens drei Elemente in benachbarten Zellen. Daher könnten beim Start von einem Knoten aus potenziell mindestens drei Richtungen zur Suche nach Zweigen vorhanden sein und diese werden zu einer Liste namens „NodeIterRule" hinzugefügt. Jeder Knoten hat eine Knoteniterationsregel, die ein Wörterbuch mit vier möglichen Richtungen „oben", „unten", „rechts", „links" ist. Für jeden Knoten werden die Richtungen bestimmt, in denen Elemente existieren, und die Richtungen, in denen leere Zellen vorhanden sind, werden gelöscht. Der Suchalgorithmus durchläuft alle Knoten in „NodeList" und sucht nach Zweigen, die von einem bestimmten Knoten ausgehen. Für jede Iterationsregel für diesen Knoten beginnt der Suchalgorithmus, Elemente hinzuzufügen und einen Zweig zu bilden. Zum Beispiel gibt es in dem Knoten [2, 3], der in Abb. 6.5 gezeigt wird, drei Iterationsregeln an diesem Knoten – „links", „rechts" und „unten".

Eine vorübergehende Liste namens „BranchIter" wird für jede Richtung in „NodeIterRule" entsprechend einem Knoten gestartet, und diese Liste enthält die Elemente, die hinzugefügt werden, während der Zweig bestimmt wird, wobei das erste Element dieser Liste der Startknoten ist. Die Zeile und die Spalte dieses ersten Elements werden in den Variablen „NodeRow" und „NodeColumn" gespeichert. Das nächste Element wird basierend auf der Knotensuchiterationsregel entschieden. Wenn beispielsweise die aktuelle Knotensuchiterationsregel „links" ist, bedeutet dies, dass das nächste Element die gleiche Zeile hat, aber die Spalte ist um eins kleiner als die Spalte des ersten Elements, d. h. [2, 2] (wie durch den Pfeil in Abb. 6.5 gezeigt). Diese Zeilen- und Spaltenpaarung des neuen Elements wird in den Variablen NextNodeRow und NextNodeColumn gespeichert. Eine Variable zur Verfolgung von Sprüngen wird zu einem leeren String initialisiert und „JumpExecuted" genannt. Dies dient zur Vorbereitung auf den nächsten zu startenden iterativen Prozess.

Der iterative Prozess beginnt jetzt, und dieser iterative Prozess endet, wenn die Endbedingung erfüllt ist, d. h., das Zeilen- und Spaltenpaar von [NextNodeRow, NextNodeColumn] ist in der Liste „NodeList". Das bedeutet, das nächste Element im Zweigsuchalgorithmus ist ein Knoten und der Zweig ist vollständig. Es

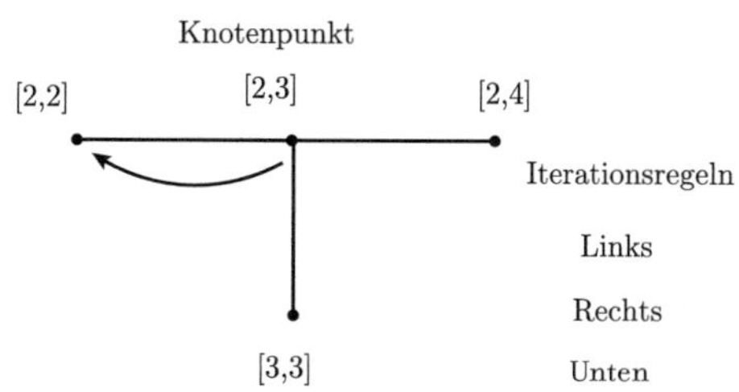

Abb. 6.5 Richtungen an Knoten

gibt zwei Möglichkeiten in jeder Phase des Suchalgorithmus – das nächste Element [NextNodeRow, NextNodeColumn] ist eine Sprungmarke oder es ist keine Sprungmarke. Betrachten wir die Möglichkeit, dass dieses nächste Element eine Sprungmarke ist. Siehe Abb. 6.6, wo das nächste Element [2, 1] die Sprungmarke „jump1" ist. Diese Überprüfung wird in der Funktion „BranchJump" durchgeführt. Innerhalb dieser Funktion wird festgestellt, ob das Element eine Sprungmarke ist, indem überprüft wird, ob die ersten vier Zeichen „jump" sind. Wenn das Element eine Sprungmarke ist, wird das im vorherigen Abschnitt beschriebene Wörterbuch „JumpMatrix" nachgeschlagen. Für das obige Beispiel wird der Wörterbucheintrag für „jump1" sein:

```
''jump1'': [[[2, 1], ''right''], [[6, 7], ''down'']]
```

Da jedes Element im Wörterbuch „JumpMatrix" zwei Elemente enthält, muss zunächst bestimmt werden, welches der beiden Elemente derzeit im Zweigsuchalgorithmus aufgetreten ist. Wenn das erste Element aufgetreten ist, nimmt die Suche das zweite Element auf, um den Zweig fortzusetzen, während wenn das zweite Element aufgetreten ist, nimmt die Suche das erste Element auf. Im obigen Beispiel wird das erste Element aufgetroffen und daher wird der Suchalgorithmus ab dem zweiten Element fortgeführt. Diese Fortsetzung wird in der Funktion „JumpMove" umgesetzt, und der Zweck dieser Funktion besteht darin, das Element zu bestimmen, das an das andere Sprungmarkenpaar angrenzt. Obwohl es trivial erscheint, stellt die unten stehende Beschreibung sicher, dass der Zweigsuchalgorithmus nicht zum Ursprungsknoten zurückkehrt. Die Funktion „JumpMove" wird die mit dem fortlaufenden Sprunglabel verbundene Richtung verwenden, in diesem Fall [6, 7] und „unten", um das nächste Element nach dem Verlassen des Sprungs zu bestimmen. Da die Ausgangsrichtung „unten" ist, wird das nächste Element nach dem Sprung [7, 7] sein, wie in Abb. 6.6 zu sehen ist. Da zu diesem Zeitpunkt ein Sprung ausgeführt wurde, wird die Variable „JumpExecuted" auf den Wert „unten" gesetzt. Jetzt, da der Sprung ausgeführt wurde, wird die Fortsetzung des Zweigs durch die Funktion „BranchAdvance" durchgeführt.

Da zwei Sprungmarken nicht in benachbarten Zellen sein können, muss das nächste Element neben den Verzweigungsmarken nicht nach Sprungmarken suchen. Aus dem obigen Beispiel könnte der Suchalgorithmus von Element [7, 7] in eine von drei Richtungen fortschreiten – links, rechts oder nach unten zu den Elementen [7, 6], [7, 8] oder [8, 7] entsprechend. Die einzige Richtung, in die der

Abb. 6.6 Ausführung eines Sprungs während einer Zweigsuche

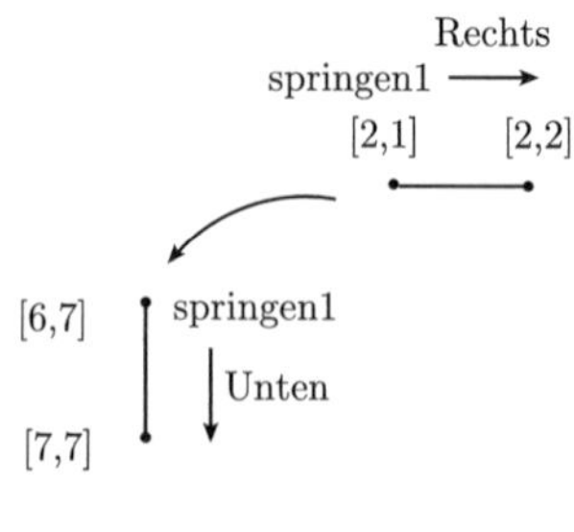

Verzweigungssuchalgorithmus nicht fortschreiten kann, ist „nach oben“, da dies die Suche zurück zur Sprungmarke „jump1“ bei [6, 7] führen würde. Und genau dafür ist die Variable „JumpExecuted“ notwendig, die derzeit auf „nach unten“ gesetzt ist. Daher kann der Suchalgorithmus in jede Richtung außer „nach oben“ schauen. Zu diesem Zweck wird, wenn der Suchalgorithmus in eine bestimmte Richtung nach einer Komponente sucht, die Prüfbedingung, ob die Variable „JumpExecuted“ nicht auf die entgegengesetzte Richtung gesetzt ist. Im obigen Beispiel, wenn von [7, 7] das nächste Element links bei [7, 6] war, wird geprüft, ob „JumpExecuted“ auf „rechts“ gesetzt ist. Da dies nicht der Fall ist, würde das nächste Element [7, 6] werden. Diese Prüfung stellt sicher, dass in der Funktion „BranchAdvance“ keine Umkehrung stattfindet. Sobald ein benachbartes Element in der geeigneten Richtung gefunden wurde, prüfen Sie, ob das Element bisher noch nicht gefunden wurde, d. h., ob das Element noch nicht in der temporären Liste „BranchIter“ ist. Dies ist eine Wiederholungsprüfung, um sicherzustellen, dass der Suchalgorithmus nicht zum Ursprungsknoten zurückgeht. Wenn nicht, ist es ein neues Element und kann zu „BranchIter“ hinzugefügt werden. Jetzt, da der Sprung behandelt ist, setzen Sie die Variable „JumpExecuted“ auf einen leeren String „“. Da der Suchalgorithmus zwei Elemente von der Sprungmarke entfernt ist, kann das aktuelle Element eine weitere Sprungmarke sein, die in der nächsten Iteration überprüft wird.

Wenn jedoch keine Sprungmarke gefunden wird, wird die Funktion „BranchJump“ keine Änderung im nächsten Element bewirken und die Variable „JumpExecuted“ bleibt ein leerer String „“, da sie sich nur ändert, wenn ein Sprung ausgeführt wird. Dieses unveränderte nächste Element wird an die Funktion „BranchAdvance“ übergeben, und da „JumpExecuted“ ein leerer String ist, wird diese Funktion lediglich ein benachbartes Element zurückgeben. Da in einem Ast jedes Element zwei benachbarte Elemente zur Kontinuität haben wird, wird eines der Elemente bereits aufgetreten sein und in „BranchIter“ existieren, daher wird das neue benachbarte Element zurückgegeben. Dies kann mit Abb. 6.7 veranschaulicht werden. Nehmen wir an, das aktuelle Element ist [3, 6] und die Pfeile zeigen den Fortschritt des Suchalgorithmus an. Da kein Sprung aufgetreten ist, ist die Variable „JumpExecuted“ ein leerer String. Bei [3, 6] sind zwei Elemente verbunden [3, 5] und [3, 7]. Um auf [3, 5] fortzuschreiten, gibt es zwei Prüfungen. Da [3, 5] links von [3, 6] ist, ist die erste Prüfung, ob „JumpExecuted“ nicht „rechts“ ist. Obwohl diese Bedingung erfüllt ist, da „JumpExecuted“ ein leerer String ist, ist die nächste Bedingung, ob das Element in „BranchIter“ existiert. Da das Element vom Suchalgorithmus gefunden wurde, wird es in „BranchIter“ existieren und daher als mögliches nächstes Element abgelehnt. Das Element [3, 7] erfüllt beide Be-

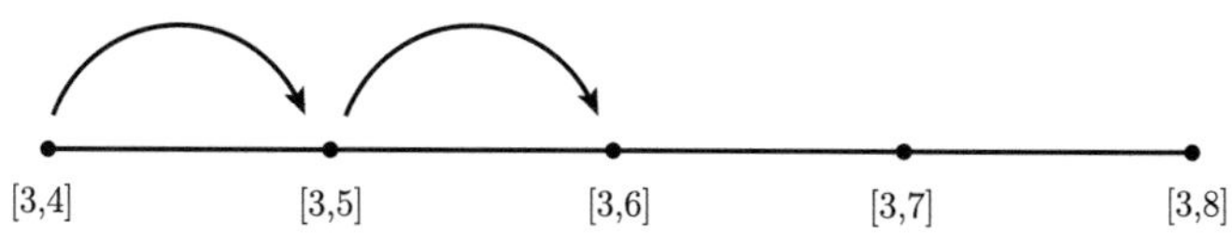

Abb. 6.7 Hinzufügen eines Elements zu einem Ast

dingungen, da „JumpExecuted“ nicht „links“ ist und [3, 7] nicht in „BranchIter“ ist.

Im Falle eines unterbrochenen Astes wird der Verzweigungssuchalgorithmus am letzten Element im Segment anhalten, da das einzige Element, das diesem benachbart ist, bereits zuvor aufgetreten ist. Dies ist ein Fehlerzustand und wird den Simulator zum Abbruch bringen. Wenn der Ast kontinuierlich ist und von einem Knoten zu einem anderen Knoten reicht, wird der Suchalgorithmus mit der abschließenden Bedingung enden, dass das nächste Element, das von der Funktion „BranchAdvance“ erzeugt wird, ein Knoten ist. Die temporäre Liste „BranchIter“ wird nun durch Hinzufügen dieses abschließenden Knotens und Hinzufügen von „BranchIter“ zur Matrix „BranchMap“ geschlossen, wobei die Koordinaten von „BranchMap“ die Indizes der beiden Knoten sind, die den Ast abschließen. Die BranchMap wird im Detail behandelt, wenn der Schleifensuchalgorithmus beschrieben wird.

6.4 Kurze Äste und Knoten

Beim Zeichnen einer Schaltung ist es aufgrund der Übersichtlichkeit unerlässlich, leere Äste zu haben, d. h. Äste ohne Komponenten. Betrachten Sie z. B. das Segment der Schaltung in Abb. 6.8. Die obige Schaltung hätte ohne die im Kreis angezeigten leeren Äste gezeichnet werden können, aber die Verwendung dieser leeren Äste verbessert die Klarheit der Schaltung erheblich. Diese Äste enthalten keine Komponenten und bestehen nur aus „Draht“-Elementen. Je nach Komplexität der Schaltung könnten diese leeren Äste fast die Hälfte der gesamten Äste ausmachen und daher könnte das Belassen dieser Äste in der Liste der Äste und das Weitergeben an den Simulator zur Verarbeitung die Belastung des Simulators erheblich erhöhen. Die leeren Äste werden als „kurze“ Äste bezeichnet und die Knoten, die durch „kurze“ Äste verbunden sind, werden als „kurze“ Knoten bezeichnet.

„Kurze“ Äste werden vollständig aus dem Schaltungssimulator entfernt, aber „kurze“ Knoten werden in einer separaten Liste aufbewahrt, da sie immer noch die Verbindungsinformationen der Schaltung enthalten. Zum Beispiel gibt es drei Knoten in der Schaltung von Abb. 6.8, die durch „kurze“ Äste verbunden sind und daher „kurze“ Knoten sind. Wenn die „kurzen“ Äste entfernt werden, müssen die

Abb. 6.8 Kurze Knoten, verbunden durch kurze Äste

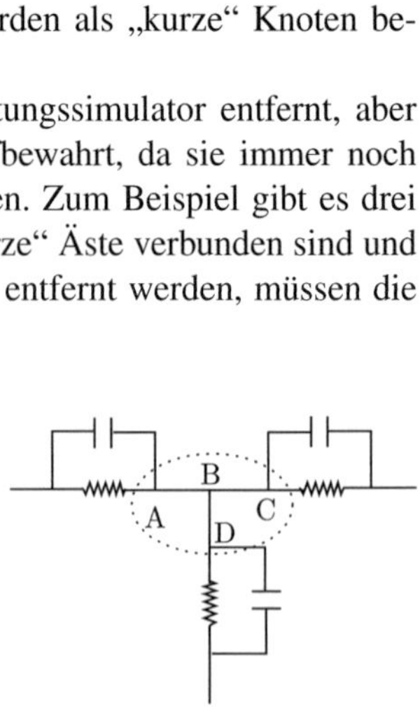

Verbindungsinformationen übertragen werden, da die Knoten A, B, C und D durch „kurze“ Äste verbunden sind. Ohne diese Äste muss ein Verzeichnis geführt werden, dass diese Knoten miteinander verbunden sind und im Grunde genommen ein einziger Knoten sind. Das Verfahren zur Identifizierung von „kurzen“ Ästen und „kurzen“ Knoten ist daher miteinander verknüpft.

Die Abb. 6.9 zeigt eine Schaltung, die durch „kurze“ Äste verbunden ist, welche durch Zahlen dargestellt werden, und die resultierenden „kurzen“ Knoten werden durch Buchstaben dargestellt. Auf den ersten Blick sind die „kurzen“ Äste als Liste [1, 2, 3, 4, 5, 6, 7, 8] zu erkennen. Ein „kurzer“ Ast kann dadurch bestimmt werden, dass er nur „Draht“-Elemente und keine Komponenten enthält. Es ist zu beachten, dass ein „kurzer“ Ast nicht einfach ein Ast mit Nullwiderstand sein kann. Wenn z. B. ein Ast nur ein Amperemeter hat, das ein Element mit Nullwiderstand ist, hätte dieser Ast einen Nullwiderstand, aber er hat eine Komponente, d. h. ein Amperemeter. Dies ist ein Entwurfsfehler und wird dem Benutzer gemeldet, der ihn dann korrigieren sollte, da ein Ast keinen Widerstand von null haben kann. Wenn der Benutzer einen Ast mit nur einem Amperemeter haben möchte, sollte in dem Ast ein vernachlässigbarer Widerstand vorhanden sein. Wenn dieser Ast jedoch als „kurzer“ Ast bezeichnet wird, wird er aus der Liste der Äste gelöscht und erscheint nicht im Simulator. Dies ist unerwünscht, da der Ast eine Komponente enthält, und da in diesem Fall die Komponente ein Amperemeter ist, erwartet der Benutzer, den vom Amperemeter gemessenen Strom in der Ausgabedatei zu sehen. Aus diesem Grund besteht das Prüfverfahren, ob ein Ast ein „kurzer“ Ast ist, darin zu testen, ob er nur aus „Draht“-Elementen besteht und nicht aus einer einzigen Komponente.

Die „kurzen“ Knoten können wie folgt zu Gruppen zusammengefasst werden – [A, B, C, D], [I, J], [F, G, H, K] und [E, L]. Da jede Gruppe von „kurzen“ Knoten im Grunde genommen nur ein Knoten ist, wird einer von ihnen zum repräsentativen Knoten, wenn die Schaltungsanalyse durchgeführt wird, wie später beschrieben wird. Dieser repräsentative Knoten in einem Cluster von „kurzen“ Knoten ist normalerweise der erste Knoten im Cluster. Die Bestimmung von „kurzen“ Knoten mag trivial erscheinen, ist aber ein iterativer Prozess. Zunächst werden, wenn die „kurzen“ Äste bestimmt werden, die Knoten dieser Äste als Knotenpaare

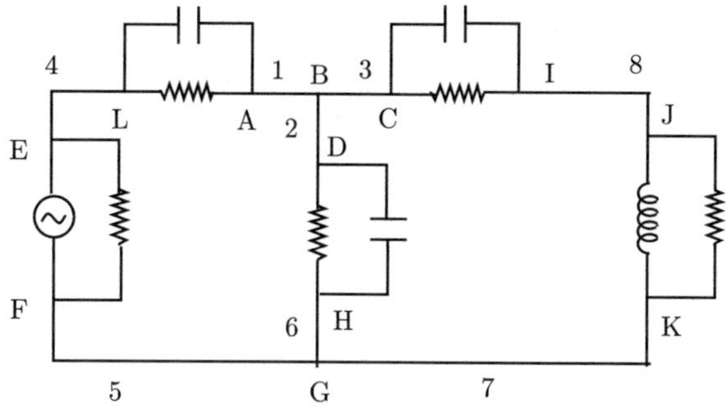

Abb. 6.9 Beispiel einer Schaltung mit kurzen Knoten und Ästen

gesammelt. Die erste Iteration ergibt also diese Knotenpaare für die „kurzen“ Knoten:

```
[A, B], [B, C], [C, D], [I, J], [K, G], [G, H],
        [F, G], [E, L]
```

Diese Paare von „kurzen“ Knoten werden nun iterativ angesammelt. Betrachten Sie zwei Paare von „kurzen“ Knoten oben – z. B. [A, B] und [B, C] als ein Paar und [C, D] und [E, L] als ein anderes Paar. Das erste Paar enthält einen gemeinsamen Knoten, der Knoten B ist. Dies impliziert, dass Knoten C indirekt mit Knoten A verbunden ist. Dieses Konzept wird verwendet, um die Knoten zusammenzufassen und „kurze“ Knotencluster zu bilden. Die Liste, die die Paare von „kurzen“ Knoten enthält, wird wiederholt nach gemeinsamen Knoten durchsucht. Also, im obigen Beispiel von [A, B] und [B, C], da es mindestens einen gemeinsamen Knoten zwischen ihnen gibt, werden diese beiden Listen zusammengefügt, um eine Liste [A, B, C] zu bilden, und die zweite wird gelöscht. Der Suchalgorithmus geht weiter zur Gruppe [A, B, C] und [C, D], und da wieder mindestens ein Knoten (Knoten C) gemeinsam ist, führt dies zu einer einzigen Liste [A, B, C, D]. Wenn bei einer beliebigen Suchiteration durch alle Knotengruppen auch nur ein einziger gemeinsamer Knoten zwischen mindestens zwei Knotengruppen gefunden wird, wird die Suchiteration durch die Knotengruppen wiederholt. Dies liegt daran, dass dieser Prozess des Zusammenfügens von Knoten in komplexeren Schaltungen möglicherweise nicht in einer einzigen Iteration abgeschlossen werden kann, da die Knoten zufällig in der Liste erscheinen. Obwohl also in dem obigen Fall eine einzige Iteration ausreichen könnte, um alle „kurzen“ Knotencluster zu bestimmen, wäre es nicht ratsam, sich auf eine einzige Iteration zu verlassen, um den Prozess abzuschließen. Die Suchiteration wird erst beendet, wenn während einer Iteration kein einziger Knoten zwischen zwei Knotengruppen gefunden wird. Das Ergebnis des Suchalgorithmus für „kurze“ Knoten wäre:

```
[A, B, C, D], [I, J], [K, G, H, F], [E, L]
```

Mit den bestimmten „kurzen“ Knoten werden die „kurzen“ Äste aus der Liste der Äste gelöscht. Aus der obigen Schaltung geht hervor, dass die Anzahl der „kurzen“ Äste eine erhebliche Anzahl aller Äste in der Schaltung ist. Durch das Eliminieren dieser Äste aus der Liste der Äste verringert sich die Größe dieser Listen, was die Belastung des Simulators insbesondere während der Suchalgorithmen verringert. Um jedoch die Schleifen in der Schaltung zu bestimmen, sind die „kurzen“ Äste immer noch unerlässlich, um die Verbindung zu bestimmen. Daher wird die ursprüngliche Sammlung von Ästen beibehalten und die Astinformationen, die für die Knotenanalyse verwendet werden sollen, werden separat verarbeitet, wie im nächsten Abschnitt beschrieben.

6.5 Verbindungskarte für die Knotenanalyse

In diesem Abschnitt wird beschrieben, wie eine Astkarte erstellt wird, um die Verbindung der Schaltung zu beschreiben. Diese Astkarte unterscheidet sich von der BranchMap, die erstellt wurde, als die Knoten und Äste der Schaltung bestimmt wurden. Die in dem vorherigen Abschnitt bestimmte BranchMap war eine vollständige Karte aller Äste und Knoten in der Schaltung und wird verwendet, um Schleifen zu bestimmen, wie im nächsten Abschnitt gezeigt wird. Die in diesem Abschnitt diskutierte Astkarte verringert die Rechenzeit, wenn eine Knotenanalyse durchgeführt wird, da die Verbindung zwischen den Knoten direkt aus diesen Matrizen abgelesen werden kann. Daher wird diese Astkarte als KCLBranchMap bezeichnet, da sie hauptsächlich erstellt wird, um die Rechenbelastung bei der Durchführung der Knotenanalyse zu verringern. Dieser Abschnitt wird das Konzept der „kurzen" Knoten, das im vorherigen Abschnitt beschrieben wurde, aufgreifen und die Astkarte ohne „kurze" Äste erstellen, da diese bei der Knotenanalyse keine Rolle spielen.

Zunächst muss die zuvor gefundene Liste der Knotenpunkte hinsichtlich der im vorherigen Abschnitt gefundenen „kurzen" Knotenpunkte gekürzt werden. Wie bereits erwähnt, kann eine Gruppe von „kurzen" Knotenpunkten als ein einzelner Knotenpunkt betrachtet werden und der erste Knotenpunkt in der Gruppe der „kurzen" Knotenpunkte wird als Repräsentant der Gruppe gewählt. Daher wird beim Erstellen dieser Liste der Knotenpunkte, die als KCLNodes bezeichnet wird, überprüft, ob der Knotenpunkt in einem der „kurzen" Knotenpunktcluster existiert. Wenn dies der Fall ist, wird überprüft, ob der erste repräsentative „kurze" Knotenpunkt in der Gruppe zu KCLNodes hinzugefügt wurde. Wenn der erste repräsentative „kurze" Knotenpunkt in KCLNodes gefunden wird, ist der „kurze" Knotenpunktcluster bereits hinzugefügt worden, während er, wenn er nicht in KCLNodes vorhanden ist, zu KCLNodes hinzugefügt wird. Wenn jedoch der untersuchte Knotenpunkt kein „kurzer" Knotenpunkt ist und in keinem der „kurzen" Knotenpunktcluster vorhanden ist, wird der Knotenpunkt zu KCLNodes hinzugefügt, da es sich um einen regulären Knotenpunkt handelt. Auf diese Weise wird die Konnektivität der Schaltung beibehalten, während die „kurzen" Zweige aus der Knotenanalyse entfernt werden, da Cluster von „kurzen" Knotenpunkten verwendet werden, um Verbindungen von Zweigen zu überprüfen. Alle Knotenpunkte in KCLNodes werden in der später zu beschreibenden Knotenanalyse erscheinen, und ihre Spannung wird das Ergebnis der Analyse sein. Die anderen „kurzen" Knotenpunkte werden ihre Spannung gleich der des repräsentativen ersten „kurzen" Knotenpunkts im Cluster haben, der ein KCLNode ist und dessen Spannung durch die Knotenanalyse bestimmt wurde.

Mit dem Aufbau einer Zweigkarte der Schaltung wird fortgefahren, es werden zwei solche Karten erstellt. Die erste Karte stellt eine detaillierte Karte für die Durchführung der Knotenanalyse dar, die zweite Karte ist eine einfachere Karte, die nur die Zweige zwischen den KCL-Knotenpunkten anzeigt. Beginnend mit der einfachen Zweigkarte namens BranchesinKCLNodes wird diese Karte mit der Schaltung in Abb. 6.10 beschrieben. In der Schaltung von Abb. 6.10 sind die Zweige, die Komponenten enthalten, mit den Zahlen 1–12 nummeriert, während die Beschriftung der Knotenpunkte mit Buchstaben erfolgt, wie in Abb. 6.9. Der Unterschied zwischen den Schaltungen besteht darin, dass ein neuer Knotenpunkt M mit den Zweigen 11 und 12 zwischen den Knotenpunkten M und A erstellt wird. Der Zweck der Zweigkarte BranchesinKCLNodes besteht darin, anzuzeigen, welche Zweige an jedem KCLNode auftreten. In der obigen Schaltung lauten die KCLNodes:

```
[A, I, K, E, M]
```

Mit Ausnahme von Knotenpunkt M sind alle anderen Knotenpunkte in „kurzen" Knotenpunktclustern vorhanden, sie sind die ersten Knotenpunkte in ihren Clustern und werden dadurch zum repräsentativen Knotenpunkt dieses Clusters.

Für jeden Knotenpunkt in KCLNodes sucht der Simulator nach allen Zweigen, die diesen Knotenpunkt als einen der Endknotenpunkte haben oder wenn der Endknotenpunkt ein „kurzer" Knotenpunkt im selben Cluster wie der betrachtete KCLNode ist. Zum Beispiel wird der Knotenpunkt A die folgenden Zweige haben, die auf ihn treffen:

```
[3, 5, 6, 7, 8, 11, 12]
```

Nur die Zweige 3, 11 und 12 treffen direkt auf den Knotenpunkt A; d. h., einer der Endknotenpunkte der Zweige ist Knotenpunkt A. Alle anderen Zweige treffen auf Knotenpunkt A durch „kurze" Zweige. In diesem Fall kann dies wie folgt ausführlich dargestellt werden. Die Zweige 5 und 6 treffen auf Knotenpunkt D, der sich im „kurzen" Knotenpunktcluster mit dem „kurzen" Knotenpunkt A befindet. Die Zweige 7 und 8 treffen auf Knotenpunkt C, der sich im „kurzen" Knotenpunktcluster mit dem „kurzen" Knotenpunkt A befindet. Entsprechend werden auf den KCL-Knoten I die Zweige [7, 8, 9, 10], auf den KCL-Knoten K die Zweige [1, 2, 5, 6, 9, 10], auf den KCL-Knoten E die Zweige [1, 2, 3, 4] und auf den KCL-Knoten M die Zweige [4, 11, 12] einwirken. BranchesinKCLNodes ist also eine Liste, die Listen wie folgt enthält:

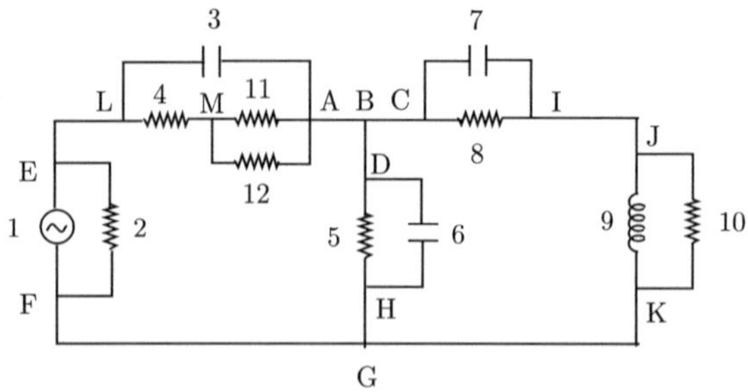

Abb. 6.10 Zweigkarte für die Knotenanalyse

```
[[3, 5, 6, 7, 8, 11, 12], [7, 8, 9, 10],
[1, 2, 5, 6, 9, 10], [1, 2, 3, 4],
[4, 11, 12]]
```

Obwohl BranchesinKCLNodes dem Simulator ermöglicht, die Zweige auszuwählen, die Knotenpunkte verbinden, fehlt eine Information, die für die Knotenanalyse notwendig ist – die Richtung der an den Knotenpunkten auftretenden Zweige. Bei der Knotenanalyse wird der in einen Knotenpunkt eintretende Strom als negativ und der aus einem Knotenpunkt austretende Strom als positiv betrachtet. Diese Richtungen sind willkürlich, solange sie konsistent sind; d. h., wenn angenommen wird, dass der Strom im Zweig 3 von L nach A fließt, wird der Strom bei KCLNode A negativ sein, während er bei KCLNode L positiv sein wird. Um das Vorzeichen eines Zweiges zu bestimmen, werden Informationen über den ursprünglichen und den endgültigen Knotenpunkt verwendet, wie sie durch den Zweigsuchalgorithmus gefunden wurden. Wie im vorherigen Abschnitt erwähnt, beginnt der Zweigsuchalgorithmus an einem Knotenpunkt und endet, wenn ein anderer Knotenpunkt gefunden wird. Die „Richtung" eines Zweiges wird als von dem ursprünglichen Knotenpunkt zu dem endgültigen Knotenpunkt betrachtet. Diese Information wird mit BranchesinKCLNodes kombiniert, um die Matrix KCLBranchMap zu bilden.

KCLBranchMap ist eine Matrix, bei der die Zeilen- und Spaltendimension gleich der Anzahl der KCLNodes ist. Im obigen Beispiel wird KCLBranchMap eine 5×5-Matrix sein oder in Python-Terminologie wird es fünf Listen mit jeweils fünf eingebetteten Listen haben. Jedes Element der Matrix wird ein Paar von Knoten darstellen, und für Knoten, die nicht direkt durch einen Ast verbunden sind, wird das Element leer sein. Zum Beispiel sind KCLNode E und I nicht direkt durch einen Ast verbunden und daher werden die Elemente [1, 3] und [3, 1] von KCLBranchMap leere Listen sein. Andererseits, wenn zwei KCLNodes direkt durch einen oder mehrere Äste verbunden sind, werden die entsprechenden Elemente eine Liste haben, die wiederum die folgenden zwei Listen enthalten wird. Die erste Liste wird eine Liste der Äste zwischen den beiden KCLNodes sein, da es möglich ist, dass mehrere Äste zwischen einem Paar von KCLNodes verbunden sind. Die zweite Liste wird die Richtungen jeder dieser Äste sein. Zum Beispiel wird in Abb. 6.11, zwischen KCLNode A und KCLNode M, das Element [0, 4] [[11, 12], [1, -1]] sein. Ast 11 hat seinen Ursprung bei KCLNode A, was dazu führt, dass die entsprechende Richtung in der zweiten Liste 1 ist; während Ast 12 bei KCLNode A endet, ist die Richtung -1. Umgekehrt wird das Element [4, 0] von KCLBranchMap zwischen KCLNode M und KCLNode A [[11, 12], [-1, 1]]

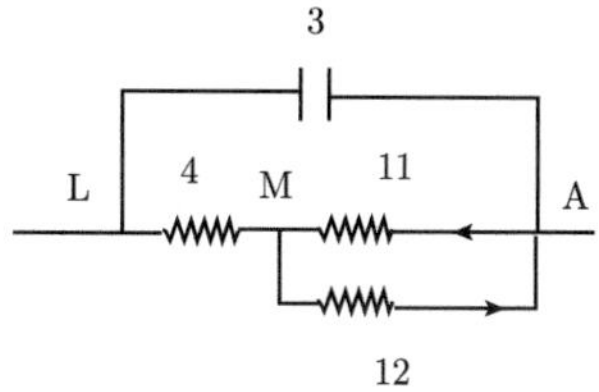

Abb. 6.11 Mehrere Zweige zwischen Knotenpunkten

sein, da Ast 11 bei KCLNode M endet, während Ast 12 von ihm ausgeht. Es ist zu beachten, dass diese Richtungen der Äste zwischen den Knoten willkürlich sind. Ast 11 könnte seine Richtung umkehren, in diesem Fall wird das Element [0, 4] [[11, 12], [−1, −1]] und das Element [4, 0] [[11, 12], [1, 1]] sein. Die wichtige Tatsache ist, dass die Richtungslisten der außerdiagonalen Elemente [0, 4] und [4, 0] entgegengesetzte Vorzeichen haben sollten – [−1, 1] im ersten Beispiel und [1, 1] im zweiten Beispiel.

Die Liste BranchesinKCLNodes und KCLBranchMap wird sich als effektiv erweisen, um eine Knotenanalyse der Schaltung durchzuführen und auch eine einfache Konnektivitätsprüfung der Schaltung durchzuführen. Ein weiterer zu beachtender Punkt ist, dass die Knotenanalyse immer die gleiche Struktur hat – die gleichen KCLNodes mit den gleichen auf sie einwirkenden Ästen. Wie jedoch im nächsten Kapitel gezeigt wird, ändern sich die Schleifen mit der nichtlinearen Natur der Schaltung. Dies bedeutet, dass sich die Schleifen, die zur Beschreibung der Schaltung verwendet werden, ändern, wenn Geräte ein- und ausgeschaltet werden, und daher wird das nächste Kapitel auch Schleifenmanipulationstechniken beschreiben. Bei der Knotenanalyse ändern sich jedoch nur die Impedanzen der Äste, wenn die Geräte ihren Zustand ändern, aber die Gleichungen für die Knotenanalyse, die aus KCLBranchMap abgeleitet werden, bleiben gleich.

6.6 Schleifen

Der Simulator verwendet sowohl Schleifenanalyse als auch Knotenanalyse, um die Ströme in den Ästen und die Spannungen an den Knoten zu bestimmen. Dieser Abschnitt befasst sich mit der Bestimmung von Schleifen in einer Schaltung und setzt die Liste der Knoten und die Liste der Äste fort, die in den vorherigen Abschnitten bestimmt wurden. In der Knotenanalyse gibt es eine Stromgleichung (Kirchhoff'sches Stromgesetz) für jeden Knoten in der Schaltung mit Ausnahme des Masse- oder Referenzknotens. Daher sind in der Knotenanalyse die Knotengleichungen statisch und einzigartig für eine gegebene Schaltung. Der einzige Faktor, der sich ändern kann, ist die Wahl des Referenzknotens, wenn ein bestimmter Knoten nicht vom Benutzer als Referenzknoten definiert wurde. Im Falle der Schleifenanalyse können die Schleifen jedoch auf zahlreiche Arten für eine bestimmte Schaltung definiert werden.

Betrachtet man das Beispiel der Schaltung in Abb. 6.12, kann das Konzept der nicht eindeutigen Schleifen weiter erklärt werden. Die drei unabhängigen Schleifen, die benötigt werden, um die Schaltung vollständig darzustellen, können auf zwei völlig unterschiedliche Arten gezeichnet werden, wie in den beiden Abbildungen gezeigt. Eine Reihe von zusätzlichen Permutationen ist auch möglich, um Schleifen zu zeichnen. Die Anzahl der unabhängigen Schleifengleichungen wird jedoch immer $L = B - N + 1$ sein, wobei B die Anzahl der Äste, N die Anzahl der Knoten und L die Anzahl der Schleifen sind [6]. In der obigen Schaltung gibt es sechs Äste (einschließlich des einen „kurzen“ Astes) und vier Knoten (ein-

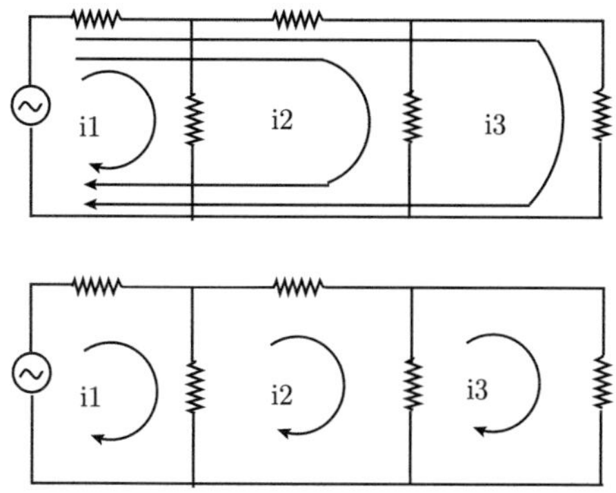

Abb. 6.12 Gleiche Schaltung, verschiedene Schleifen

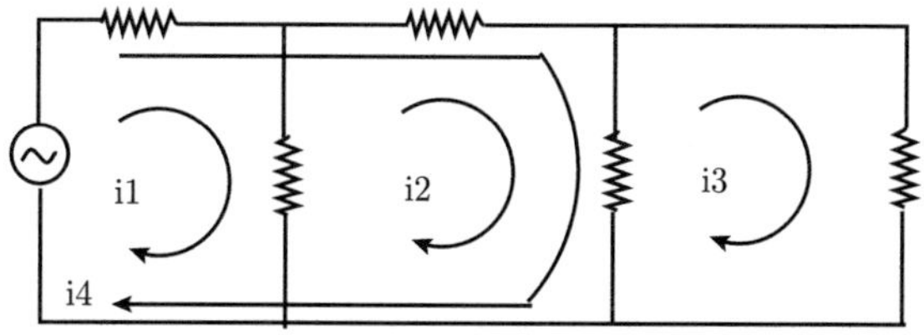

Abb. 6.13 Übermäßige Schleifen sind eine lineare Kombination anderer Schleifen

schließlich der beiden „kurzen" Knoten), was in drei unabhängigen Schleifen resultiert. Schleifen zusätzlich zu diesen unabhängigen Schleifen sind lineare Kombinationen der unabhängigen Schleifen. Zum Beispiel sind in der Schaltung in Abb. 6.13 die Schleifen i1, i2, i3 unabhängige Schleifen und die zusätzliche Schleife i4 kann als lineare Kombination i1+i2 gesehen werden.

Der Schleifensuchalgorithmus beginnt mit der ursprünglichen Verzweigungskarte, die vom Verzweigungssuchalgorithmus generiert wurde, wobei die „kurzen" Knoten und „kurzen" Verzweigungen in dieser ursprünglichen Verzweigungskarte enthalten sind. Dies dient dazu, die Komplikation im Schleifensuchalgorithmus zu reduzieren, da die Kontinuität der Verzweigungen beim Überprüfen von Schleifen äußerst wichtig ist. Eine Schleife ist ein geschlossener Pfad in einer Schaltung, wie aus den obigen Abbildungen ersichtlich ist. Daher ist die abschließende Bedingung, dass die Schleife mit dem ursprünglichen Knoten enden sollte. Darüber hinaus gibt es mehrere andere Fälle, die verhindern, dass ein geschlossener Pfad eine Schleife wird. Zum Beispiel kann eine Schleife keinen Knoten oder eine Verzweigung mehr als einmal treffen. Da eine Schleife als geschlossener Pfad in einer Schaltung definiert ist, besteht die Möglichkeit einer kleineren Schleife, die in einer größeren Schleife eingebettet ist, wenn ein Knoten oder eine Verzweigung zweimal getroffen wird, da in diesem Fall ein Knoten zum ursprünglichen und abschließenden Knoten wird. Der Prozess der Schleifenbestimmung ist iterativ und rekursiv, weshalb er einer der kompliziertesten Teile des Schaltungssimulators war.

Betrachten Sie die obige Schaltung als Beispiel zur Beschreibung des Schleifensuchalgorithmus. Die Schaltung wird in Abb. 6.14 mit den markierten Knoten

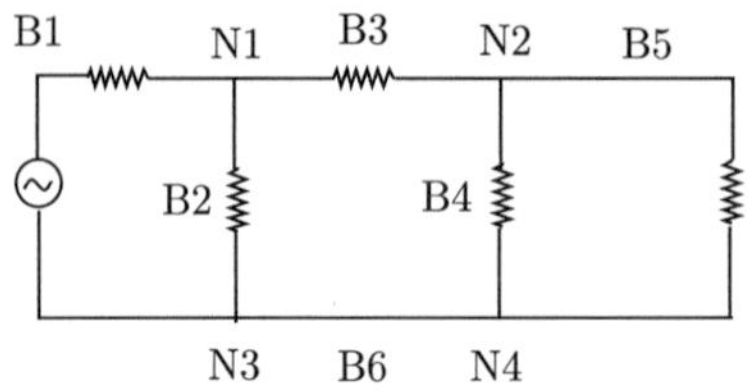

Abb. 6.14 Formulierung des Schleifensuchalgorithmus

Abb. 6.15 Verzweigungskarte, die in der Schleifensuche verwendet wird

	N1	N2	N3	N4
N1	X	B3	B1,B2	X
N2	B3	X	X	B4,B5
N3	B1,B2	X	X	B6
N4	X	B4,B5	B6	X

N1-N4 und den markierten Verzweigungen B1–B6 wiederholt. Das Ergebnis der zuvor beschriebenen Algorithmen zur Suche nach Knoten und Verzweigungen wird eine BranchMap erzeugen, die die Konnektivität zwischen den Knoten beschreibt. Für die Schaltung in Abb. 6.14 kann eine Beispiel-BranchMap wie in Abb. 6.15 beschrieben werden. Diese BranchMap von Abb. 6.15 erscheint als Listen, die in einer Liste eingebettet sind. Der Schleifenfinder-Algorithmus verwendet die obige BranchMap, um Schleifen zu bestimmen. Bevor der Algorithmus beschrieben wird, werden einige Schleifen in dieser BranchMap „gezeichnet", um das Konzept zu veranschaulichen.

Betrachten Sie die Schleife, die in Abb. 6.16 mit den folgenden Verzweigungen – B3-B2-B6-B4-B3 – beschrieben wird. Die tatsächliche Schleife wird im Schaltbild in Abb. 6.17 gezeigt und kann als echte Schleife gesehen werden. Der Pfeil zwischen den Verzweigungen in BranchMap kann jedoch nicht zufällig sein. Zum Beispiel wurde ein Pfeil von B3 nach B2 gezeichnet. Dies ist jedoch möglich, weil B3 und B2 einen gemeinsamen Knoten teilen, der in diesem Fall N1 ist. Daher wird beim Erweitern der Schleife um eine Verzweigung überprüft, ob die neue Verzweigung einen gemeinsamen Knoten mit der neuesten Verzweigung in der sich entwickelnden Schleife hat. So kann die Schleifensuche beschrieben werden.

1. Die Schleife beginnt mit der ersten Verzweigung B3.
2. Der Algorithmus überprüft die nächste Verzweigung und stellt fest, dass die Verzweigung B2 mit dem Knoten N1 gemeinsam ist und fügt sie der Schleife hinzu, sodass daraus B3-B2 wird.

Abb. 6.16 Schleife, die in der Verzweigungskarte gefunden wurde

	N1	N2	N3	N4
N1	X	B3	B1,B2	X
N2	B3	X	X	B4,B5
N3	B1,B2	X	X	B6
N4	X	B4,B5	B6	X

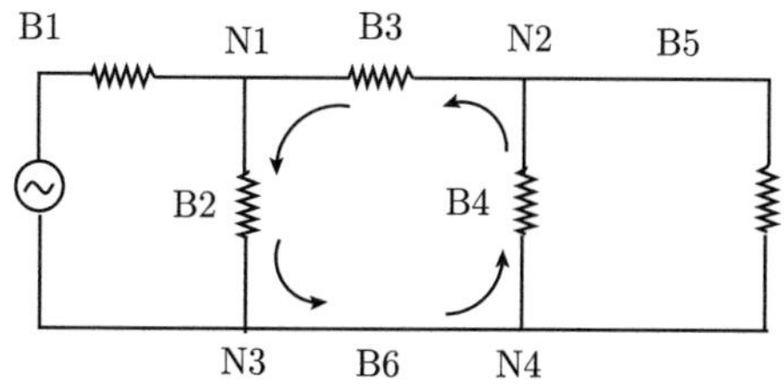

Abb. 6.17 Tatsächliche Schleife in der Schaltung

3. Die nächste Verzweigung ist Verzweigung B6 mit Knoten N3, der mit der letzten Verzweigung B2 in der sich entwickelnden Schleife gemeinsam ist. Die Schleife ist jetzt also B3-B2-B6.
4. Die nächste Verzweigung B4 hat Knoten N4 gemeinsam mit der letzten Verzweigung B6 in der sich entwickelnden Schleife. Die Schleife ist jetzt also B3-B2-B6-B4.
5. Die nächste Verzweigung B3 ist die ursprüngliche Verzweigung und hier schließt sich die Schleife zu B3-B2-B6-B4-B3.

Der oben beschriebene Prozess wird verallgemeinert, um jede Schleife suchen zu können, wie unten beschrieben.

Zunächst gibt es zwei Arten von Schleifen, nach denen der Schleifenalgorithmus suchen muss. Die erste Art sind die parallelen Schleifen zwischen einem Paar von Knoten, die im obigen Beispiel B1-B2 und B4-B5 wären. Die zweite Art sind alle anderen Arten von Schleifen, die mehr als zwei Knoten haben. Es gibt keine Begrenzung für die Anzahl der Verzweigungen, die zwischen zwei Knoten verbunden werden können, und daher wäre für B Verzweigungen, die zwischen zwei Knoten verbunden sind, die Anzahl der Schleifen $B-N+1=B-1$. Durch die Bildung von Schleifen zwischen parallelen Verzweigungen, die zwischen Knoten verbunden sind, verringert sich die Belastung des Schleifenalgorithmus, da die Anzahl der Schleifen, nach denen er suchen muss, nur diejenigen sind, die mehr als zwei Knoten haben. In den meisten Leistungselektronikschaltungen ist es ganz normal, eine große Anzahl von parallelen Schleifen zwischen Knoten zu haben. Zum Beispiel würde die Spannungsmessung die Verbindung eines Voltmeters über ein Paar von Knoten implizieren. In vielen Fällen wäre der Ausgang eines Leistungswandlers an einem Filterkondensator mit einem Widerstand und einem Voltmeter darüber verfügbar. Im einfachen Beispiel oben hat die Schaltung zwei Schleifen zwischen parallelen Knoten B1-B2 und B4-B5, aber nur eine Schleife mit mehr als zwei Knoten.

Um den Algorithmus für die Schleife mit mehr als zwei Knoten zu verallgemeinern, untersuchen wir jeden Schritt 1–5 des in der Beispielschaltung von Abb. 6.17 aufgeführten Schleifenalgorithmus. Das erste Element kann ein beliebiger Ast zwischen zwei Knoten sein. Um sicherzustellen, dass keine Schleifen übersehen werden, beginnt der Suchalgorithmus eine neue Suche mit einem Ast zwischen jedem Knotenpaar. Eine solche Suchtechnik kann eine Herausforderung sein, da viele der Schleifen Duplikate von bereits gefundenen Schleifen sein werden, aber wie später gezeigt wird, wird sie sicherstellen, dass die Sammlung von Schleifen immer linear unabhängig ist. Die BranchMap für eine Schaltung mit Ni-Knoten und der Algorithmus zur Erstellung neuer Suchen mit dem Schleifenalgorithmus ist in Abb. 6.18 dargestellt.

In BranchMap muss der Suchalgorithmus nach der Auswahl eines Startastes zum nächsten Ast übergehen. Um dieses visuell offensichtliche Konzept in einen Algorithmus umzuwandeln, muss die Struktur einer Schleife verstanden werden. Eine Schleife ist eine Sammlung von Ästen, die einen geschlossenen Pfad bilden, während sichergestellt wird, dass ein Ast oder ein Knoten nicht wiederholt wird. Diese beiden Überprüfungen werden wiederholt durchgeführt, während der Algorithmus ausgeführt wird. Um jedoch die Berechnungszeit des Algorithmus zu reduzieren, werden Äste, die die Wiederholung eines Astes oder eines Knotens offensichtlich verletzen würden, nicht hinzugefügt. Betrachten wir das folgende Schaltungssegment in Abb. 6.19, wo der Ast B1 der erste Ast ist, mit dem der Schleifenalgorithmus beginnt. Da B1 der erste Ast ist, kann der Schleifenalgorithmus die Äste B2, B3 oder B4 als nächsten Ast hinzufügen. Mit Blick auf die Bran-

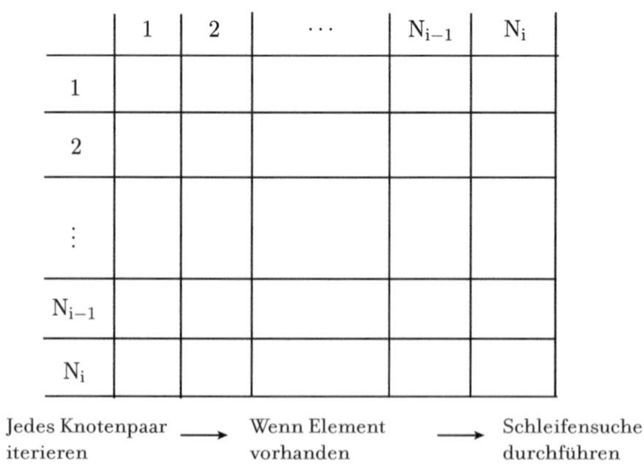

Abb. 6.18 Umfang des Schleifensuchalgorithmus

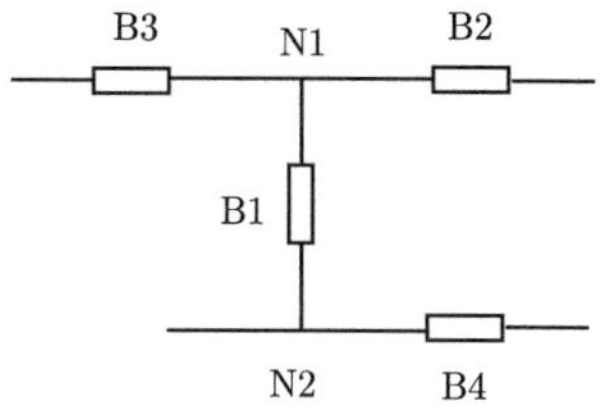

Abb. 6.19 Beginn einer Schleifensuchiteration

Abb. 6.20 Hinzufügen eines Astes in BranchMap

	N1	N2			
N1		B1	B2	B3	
N2	B1				B4
	B2				
	B3				
		B4			

chMap von Abb. 6.20 kann die Auswahl in Bezug auf die Knoten des Astes B1 beschrieben werden. Der Ast B1 liegt zwischen den Knoten N1 und N2, wie aus der BranchMap hervorgeht. Da die BranchMap eine symmetrische Matrix ist, erscheint jeder Ast zweimal, z. B. der Ast B1 als Knotenpaar N1, N2 tritt zweimal auf – als (N1, N2) und (N2, N1). Aus dem Schaltbild geht hervor, dass die Äste B2 und B3 ebenfalls am Knoten N1 auftreffen. Das Schaltbild gibt nicht die anderen Endknoten von B2 und B3 an. In BranchMap erscheinen diese beiden Äste in der Zeile N1 und der Spalte N1. Ast B4 trifft auf Knoten N2 und erscheint daher in Zeile N2 und Spalte N2.

Wenn eine Schleife mit dem Ast B1 gestartet wird, gibt es drei mögliche Äste, die hinzugefügt werden können – Ast B2, Ast B3 oder Ast B4. Bewegt man sich in der Zeile von Ast B1, können die Äste B2 oder B3 hinzugefügt werden. Die Bewegung entlang der Zeile bedeutet, nach Ästen zu suchen, die am Knoten auftreffen, der der Zeile entspricht, in diesem Fall ist das N1. Entlang der Spalte zu gehen bedeutet, nach Ästen zu suchen, die am Knoten auftreffen, der der Spalte entspricht, in diesem Fall ist das N2. Der Schleifensuchalgorithmus kann nur in eine Richtung und mit nur einem Ast vorgehen, um sicherzustellen, dass die Verletzung des Hinzufügens eines Knotens mehr als einmal nicht auftritt. Standardmäßig wird die Startrichtung vom Ausgangsast als horizontal oder entlang der Zeile genommen und die hinzuzufügenden Äste können Ast B2 oder Ast B3 sein. Wie bereits erwähnt, versucht der Schleifenalgorithmus, die Schleife mit beliebigen Astkombinationen zu schließen, da es unmöglich ist zu wissen, bis eine Endbedingung erreicht ist, ob eine bestimmte Suchiteration in einer gültigen Schleife resultieren würde. Daher werden sowohl Ast B2 als auch Ast B3 separat hinzugefügt, um zwei temporäre Schleifenlisten [B1, B2] und [B1, B3] zu erstellen.

Der nächste Schritt im Schleifensuchalgorithmus ist das Hinzufügen eines zufälligen Astes. Betrachten wir die Fortsetzung des vorherigen Beispiels, wo nun B5, B6 und B7 hinzugefügt werden können, wie aus der folgenden BranchMap in Abb. 6.21 hervorgeht. Es sollte beachtet werden, dass die Schleifensuche die wahrscheinlichen Schleifen, die mit Ast B1 beginnen, bereits in [B1, B2] und [B1, B3] aufgeteilt hat. Daher erfolgt die Fortsetzung der Schleifensuche von den Ästen B2 und B3 für ihre jeweiligen unvollständigen Schleifen. Abb. 6.21 unten zeigt die BranchMap mit diesen Ästen B5, B6 und B7. Ast B5 liegt zwischen den Knoten N3 und N5, Ast B6 liegt zwischen den Knoten N4 und N7 und Ast B7 liegt zwischen den Knoten N3 und N6. An dieser Stelle wurde das Schaltbild absichtlich zurückgestellt, um die Position der Äste auf der BranchMap zu zeigen und wie der Algorithmus Äste zur Schleifenliste hinzufügt.

Um zu untersuchen, wie der Schleifenalgorithmus vorgehen wird, kehren wir zum vorherigen Schritt zurück, als die Zweige B2 und B3 nach dem Startzweig B1 hinzugefügt wurden. Nach der Auswahl des Startzweigs B1 bewegte sich der Algorithmus entlang der Zeile, die dem Knoten N1 entspricht, und fand die Zweige B2 und B3, die ebenfalls auf Knoten N1 einwirken. Dies wird durch die beiden Pfeile dargestellt, die vom Zweig B1 in Abb. 6.21 ausgehen. Der Schleifenalgorithmus sucht nun nach Zweigen, die nach den Zweigen B2 und B3 hinzugefügt werden sollen. Betrachten wir die vorläufige Schleifenliste [B1, B2]. Da B1 und B2 den Knoten N1 gemeinsam haben, muss der nächste Zweig auf dem anderen Knoten des Zweigs B2 einwirken, der in diesem Fall Knoten N3 ist. Bei Knoten N3 gibt es neben Zweig B2 die Zweige B5 und B7, die auf ihn einwirken. Aus Abb. 6.22 kann die Suche nach Zweigen, die auf Knoten N3 einwirken, als Bewegung entlang der Spalte gesehen werden, die dem Knoten N3 entspricht. Da die Richtung des Eintreffens am Zweig B2 vom vorherigen Zweig B1 entlang der Zeile war, wird die Suchrichtung von B2 entlang der Spalte sein. Dies wird durch Pfeile in Abb. 6.22 dargestellt.

Abb. 6.21 Suchrichtung eines Astes

	N1	N2	N3	N4	N5	N6	N7
N1		B1	B2	B3			
N2	B1						
N3	B2				B5	B7	
N4	B3						B6
N5			B5				
N6			B7				
N7				B6			

Abb. 6.22 Änderung der Suchrichtung eines Zweiges

	N1	N2	N3	N4	N5	N6	N7
N1		B1	B2	B3			
N2	B1						
N3	B2				B5	B7	
N4	B3						B6
N5			B5				
N6			B7				
N7				B6			

In einem praktischen elektrischen Schaltkreis ist eine Selbstschleife nicht möglich. Eine Selbstschleife kann in einer rein mathematischen Konstruktion existieren, kann aber in einem implementierbaren Schaltkreis nicht visualisiert werden. Daher existiert in BranchMap jeder Zweig in einem Element, dessen Zeile und Spalte nicht gleich sind. Die Diagonalelemente von BranchMap sind immer leer und enthalten keine Zweige. Der Schleifenalgorithmus ändert immer die Suchrichtungen nach jeder Iteration des Hinzufügens von Zweigen. Aus Abb. 6.22 der BranchMap geht hervor, dass, wenn ein Zweig aus einer Richtung, sagen wir entlang einer Zeile, erreicht wird, er hinzugefügt wurde, wenn nach Zweigen vom Knoten gesucht wurde, der der Zeile entspricht. Wenn der Schleifenalgorithmus die Suche von diesem Zweig aus fortsetzen muss, muss er vom anderen Knoten des Zweigs aus suchen, der in diesem Fall dem Knoten entspricht, der der Spalte entspricht. Daher geht der Schleifensuchalgorithmus nun entlang der Spalte vor. Genau das Gegenteil wäre passiert, wenn der Schleifenalgorithmus den Zweig erreicht hätte, während er sich entlang einer Spalte bewegte. Der Schleifenalgorithmus wäre dann vom Zweig entlang der Zeile vorgegangen. Auf diese Weise ändert der Schleifenalgorithmus immer seine Richtung nach dem Hinzufügen von Zweigen bei jeder Iteration.

Mit der obigen Erklärung zeigt Abb. 6.23, wie die oben genannte BranchMap in den folgenden tatsächlichen Schaltkreis übersetzt wird. Jeder Schaltkreis kann mit einer solchen BranchMap-Matrix dargestellt werden, und daher kann der zuvor genannte Schleifenalgorithmus für jeden Schaltkreis verwendet werden. Wie bereits erwähnt, wird der Schleifenalgorithmus jede mögliche Methode zur Findung geschlossener Schleifen untersuchen, was bedeutet, dass die vorläufige Schleifenliste [B1, B2] aufgeteilt wird, um sowohl die Zweige B5 als auch B7 als [B1, B2, B5] und [B1, B2, B7] hinzuzufügen. Darüber hinaus wird der Zweig B6 zur Liste [B1, B3] hinzugefügt, um [B1, B3, B6] zu werden. Infolgedessen ist die Gesamtzahl der Schleifenlisten, die mit Zweig B1 beginnen und bisher vom Schleifensuchalgorithmus generiert wurden, [B1, B2, B5], [B1, B2, B7],

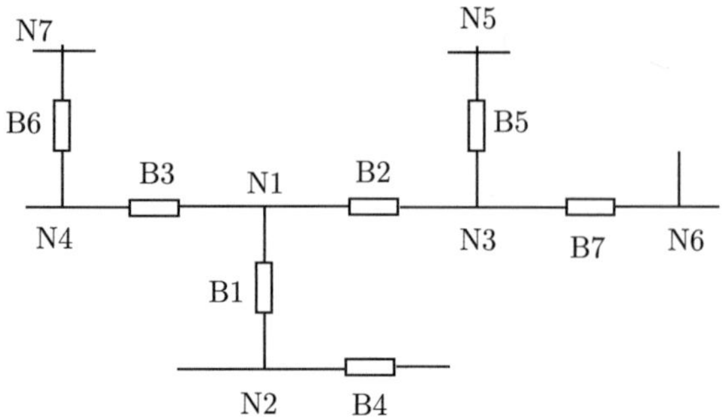

Abb. 6.23 Tatsächlicher Schaltkreis in Bezug auf die BranchMap

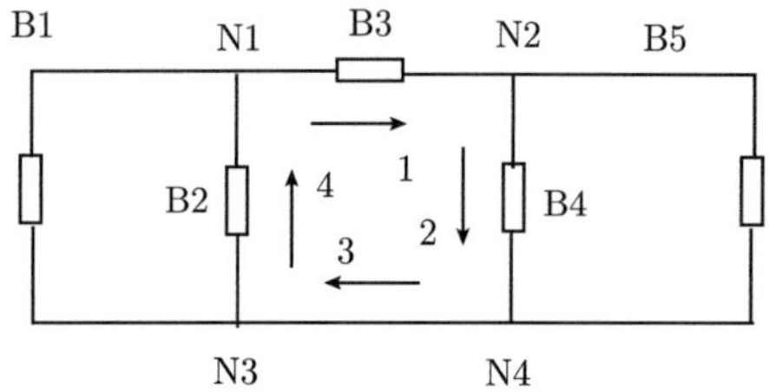

Abb. 6.24 Erfolgreiche Schleife in einem Schaltkreis

[B1, B3, B6]. Die Anzahl der möglichen Schleifen kann daher mit jedem hinzugefügten Zweig zunehmen und für komplexe Schaltkreise können diese vorläufig unvollständigen Schleifen zu einer ziemlich großen Anzahl anwachsen. Allerdings werden nur sehr wenige dieser Listen zu erfolgreichen Schleifen führen und eine große Anzahl von ihnen wird gelöscht, wenn der Schleifenalgorithmus abbricht. Dies wird unten beschrieben.

Das erfolgreiche Schließen einer Schleife kann mit dem Schaltkreis in Abb. 6.24 beschrieben werden. Die Schleife besteht aus den Zweigen B3-B4-B2 einschließlich eines kurzen Zweigs, der in der Sequenz 1-2-3-4 wie oben gezeigt auftritt. Der erste Zweig ist B3, und der Ausgangsknoten, von dem aus die Zweige durch den Schleifenalgorithmus hinzugefügt werden, ist N2. Wenn der letzte Zweig B2 hinzugefügt wird, ist einer seiner Knoten N1 auch ein Knoten des Startzweigs B3 und dies impliziert das erfolgreiche Schließen der Schleife. Wenn der Schleifenalgorithmus also einen Zweig hinzufügt, bei dem einer der Knoten mit dem Ursprungsknoten des Anfangszweigs identisch ist, gilt die Schleife als erfolgreich beendet. Das Konzept des Ursprungsknotens des Startzweigs bedarf einer genaueren Beschreibung. Wenn der Schleifensuchalgorithmus mit dem Startzweig beginnt, der in diesem Fall Zweig B3 ist, ist die Position von Zweig B3 in BranchMap (N2, N1). Dies liegt daran, dass die Suchrichtung vom Startzweig entlang der Zeile verläuft und daher wird diese Zeile diejenige sein, die dem Knoten N2 entspricht. Knoten N2 ist der ausfahrende Knoten des Startzweigs, während Knoten N1 der Ursprungsknoten ist. Daher wird die Schleife nur dann erfolgreich geschlossen, wenn der abschließende Zweig einen seiner Knoten hat, der derselbe ist wie der Ursprungsknoten N1.

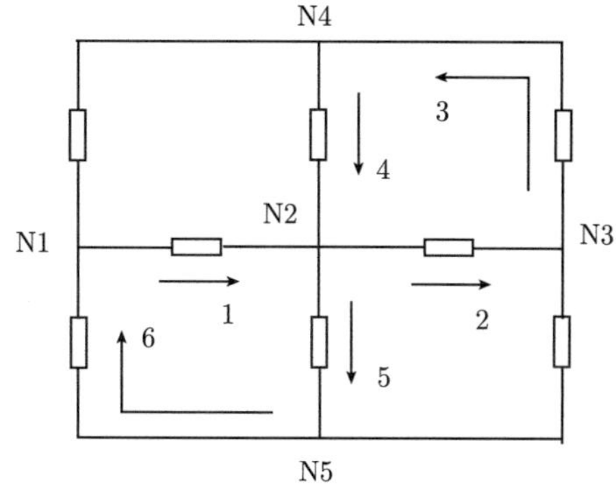

Abb. 6.25 Fehlgeschlagene Schleifensuche

Der Loop-Suchalgorithmus versucht, eine Schleife zu schließen, indem er jeden möglichen Zweig hinzufügt. Dies ergibt wiederholte Verzweigungen, die dazu führen, dass die Sammlung von temporären möglichen Schleifen, die mit einem Zweig beginnen, zunimmt. Allerdings werden nur wenige dieser Schleifen geschlossen und viele von ihnen werden gelöscht. Dieser Abschnitt beschreibt die Fälle, in denen Schleifen als nicht berechtigte Schleifen gelöscht werden. Der einfachste Fall, in dem eine Schleife nicht berechtigt wird, ist, wenn sie versucht, einen Zweig zu ergänzen, der bereits zuvor hinzugefügt wurde. Wenn diese einfache Überprüfung fehlschlägt, bedeutet dies, dass die Schleife denselben Zweig durchläuft und daher kein einzelner geschlossener Pfad mehr ist. Eine Erweiterung dieses Falles ist, wenn der Loop-Suchalgorithmus an einen Zweig gelangt und feststellt, dass alle anderen Zweige, die am Ausgangsknoten dieses Zweiges auftreten, bereits in der Schleife hinzugefügt wurden. Daher gibt es keine mögliche Fortsetzung der Schleife und die Schleife wird verworfen. Ein weiterer Fehlschlag ist die Wiederholung eines Knotens, die zusätzlich zur abschließenden Bedingung erfolgt. Ein Beispiel wäre der Schaltkreis und die Schleife, die in Abb. 6.25 gezeigt werden. Der Schaltkreis zeigt die Schleife 1-2-3-4-5-6-7. Sie erfüllt die abschließende Bedingung einer Schleife und folgt auch der logischen Reihenfolge der Zweige, die zur Schleife hinzugefügt wurden, bis sie erfolgreich geschlossen wird. Allerdings handelt es sich hierbei nicht um eine gültige Schleife, da sie eine kleinere Schleife enthält, die in ihr eingebettet ist, nämlich 2-3-4. Der Grund dafür ist, dass der Knoten N2 zweimal auftritt. Wenn ein Knoten zweimal auftritt, bedeutet dies, dass eine Schleife gebildet wurde. Allerdings wird ein einzelner geschlossener Pfad nur dann gebildet, wenn der Knoten in der abschließenden Bedingung zweimal auftritt. Wenn der Knoten N2 zum zweiten Mal auftritt, wird die abschließende Bedingung nicht erfüllt, da der Zweig 4 nicht einen seiner Knoten hat, der mit dem ursprünglichen Knoten N1 des startenden Zweiges 1 übereinstimmt. Daher endet die Schleife hier nicht, sondern fährt fort, die Zweige 6 und 7 hinzuzufügen, bevor sie erfolgreich geschlossen wird. Wenn ein Knoten zweimal auftritt, aber nicht in der abschließenden Bedingung, bedeutet dies fast immer, dass eine eingebettete Schleife gebildet wird. Die Überprüfung auf diesen Zustand besteht darin, den ursprünglichen Knoten des startenden Zweiges auszuschließen und zu überprüfen, ob alle anderen Knoten der anderen Zweige in der Schleife nur einmal aufgetreten sind. Wenn einer dieser Knoten mehr als einmal auftritt, wird die Schleife verworfen.

Der Loop-Suchalgorithmus wird am Ende überprüfen, ob einige der Schleifen Wiederholungen voneinander sind. Dies ist immer möglich, da der Suchalgorithmus mit jedem Zweig in BranchMap beginnt und versucht, geschlossene Schleifen zu finden. Eine Schleife könnte wiederholt werden, aber in einer anderen Reihenfolge. Wenn Schleifen wiederholt werden, wird die erste Schleife beibehalten, während alle nachfolgenden Wiederholungen verworfen werden. Es gibt einen komplizierteren Fall von Redundanz, der in diesem Stadium nicht identifiziert werden kann und im nächsten Kapitel beschrieben wird. Wie zu Beginn des Abschnitts über Schleifen erläutert, ist es möglich, Schleifen auf verschiedene Weisen zu schreiben. Darüber hinaus ist es auch möglich, zusätzliche Schleifen zu schreiben, um einen Schaltkreis darzustellen. Ein Schaltkreis hat eine Anzahl von B-N+1 linear unabhängigen Schleifen, die benötigt werden, um ihn genau zu beschreiben. Zusätzliche Schleifen werden eine lineare Kombination dieser linear unabhängigen Schleifen sein. Allerdings sind diese zusätzlichen Schleifen möglicherweise keine Wiederholungen der linear unabhängigen Schleifen und werden daher nicht durch die Wiederholungsprüfung erkannt. Sie können nur identifiziert werden, wenn elementare Operationen auf den Mengen von Schleifengleichungen durchgeführt werden. Die elementaren Operationen erfolgen in Form von Zeilenoperationen und führen dazu, dass die zusätzlichen Gleichungen zu Nullgleichungen werden, die dann verworfen werden können.

6.7 Schleifenkarte

Der oben beschriebene Schleifensuchalgorithmus liefert eine Liste von abgeschlossenen Schleifen. Jede abgeschlossene Schleife, wie oben gezeigt, ist eine Liste von Zweigen, wobei jeder Zweig durch ein Paar von Knoten dargestellt wird, die die Endknoten des Zweiges sind. Diese Liste lässt jedoch eine wichtige Information bezüglich der Zweige aus. Das ist die Richtung, in der die Zweige in den Schleifen erscheinen. Die Zweige werden – je nachdem, wie der Suchalgorithmus sie bestimmt – willkürliche Richtungen zugewiesen, d. h. in Bezug auf den Startknoten und den Endknoten. Der Strom in einem Zweig wird als positiv betrachtet, wenn er vom Startknoten zum Endknoten fließt. Jede Spannungsquelle in einem Zweig wird als positiv betrachtet, wenn die positive Polarität der Quelle näher am Startknoten des Zweiges liegt. Daher ist bei der Durchführung der Schleifenanalyse, die im nächsten Kapitel beschrieben wird, die Richtung, in der ein Zweig erscheint, wichtig und muss erfasst werden.

Lassen Sie uns die Schaltung von Abb. 6.26, die zuvor in diesem Kapitel vorgestellt wurde, noch einmal betrachten, diesmal jedoch mit Richtungen auf den Zweigen. Die Schleife besteht aus den Zweigen B3-B4-B2 mit einem kurzen

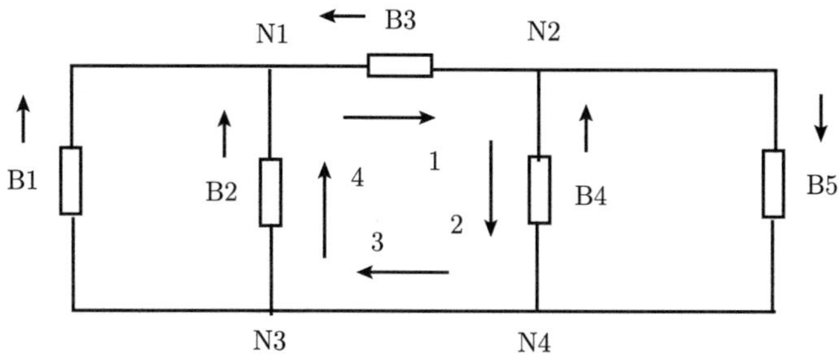

Abb. 6.26 Schleife hinsichtlich der Zweige mit ihren Richtungen

Zweig. Die Richtung der Schleife wird durch die inneren Pfeile 1-2-3-4 markiert, so fügt der Schleifensuchalgorithmus die Zweige hinzu. Die Richtungen der Zweige sind neben den Zweigetiketten angegeben. Zweig B3 geht von Knoten N2 zu N1, Zweig B4 geht von N4 zu N2 und Zweig B2 geht von N3 zu N1. Daher, wenn der Schleifensuchalgorithmus die Zweige hinzufügt, ist Zweig B2 in Richtung der Schleife, während Zweige B3 und B4 gegen die Richtung der Schleife sind. Um die Information über die Richtung eines Zweiges mit der Schleife hinzufügen zu können, ist der Ausgangsknoten von einem Zweig von Bedeutung. Zum Beispiel, wenn die Schleife mit Zweig B3 beginnt, hat der Schleifensuchalgorithmus das Element (N1, N2) aus BranchMap hinzugefügt. Danach sucht der Suchalgorithmus nach Zweigen, die bei Knoten N2 auftreten. Daher ist Knoten N2 der Ausgangsknoten in Bezug auf Zweig B3. Allerdings ist Knoten N2 der Ursprungsknoten von Zweig B3, der von Knoten N2 zu Knoten N1 geht. Dies ist ein Hinweis darauf, dass ein Zweig in die entgegengesetzte Richtung zur Schleife geht. Ähnlich findet der Suchalgorithmus bei Ausgangsknoten N2 den Zweig B4, der darauf auftritt. Allerdings ist Knoten N2 der Endknoten von Zweig B4, was die Richtung von Zweig B4 entgegengesetzt zur Richtung der Schleife macht. Andererseits, betrachten wir den Fall, wenn der Schleifenalgorithmus Zweig B2 hinzufügt. Nachdem der kurze Zweig zwischen Knoten N4 und Knoten N3 hinzugefügt wurde, sieht der Suchalgorithmus bei Knoten N3 nach auftretenden Zweigen. Da Knoten N3 zu diesem Zeitpunkt der Ausgangsknoten ist, wird Zweig B2 bei Knoten N3 gefunden und dieser Knoten N3 ist der Ursprungsknoten von Zweig B2. Daher verläuft der Zweig B2 in der gleichen Richtung wie die Schleife.

Der Schleifensuchalgorithmus fügt die oben beschriebene Schleife als Satz von Knotenpaaren hinzu. Die in Abb. 6.27 angezeigte Schleife wird sein:

```
[N1, N2], [N2, N4], [N4, N3], [N3, N1] ->
                    B3-reverse, B4-reverse, B2-forward
```

Für die gezeigte Schaltung ist dies die einzige Schleife, die mehr als zwei Knoten hat. Die anderen Schleifen sind lediglich Schleifen, die aus parallelen Zweigen zwischen Knoten bestehen. Die anderen beiden Zweige werden sein:

Abb. 6.27 LoopMap, die die Schleifen in der Schaltung darstellt

	B1	B2	B3	B4	B5
L1		FW	RV	RV	
L2	FW	RV			
L3				RV	RV

```
[N1, N3], [N3, N1] -> B2-reverse, B1-forward
[N2, N4], [N4, N2] -> B4-reverse, B5-reverse
```

Wie bereits erwähnt, werden die Schleifen, die aus parallelen Zweigen zwischen Paaren von Knoten bestehen, separat behandelt, um die Belastung des Schleifensuchalgorithmus zu reduzieren. Wenn ein Element in BranchMap mehr als einen Zweig enthält, können Schleifen zwischen den Zweigen in diesem Element geschrieben werden. Die Methode zur Bestimmung der Richtung des Zweiges innerhalb einer solchen Schleife bleibt die gleiche.

Um die Informationen über die Zweige und ihre Richtungen oben in ein einziges präsentierbares Format zu kombinieren, führen wir das Konzept der Schleifenkarte ein. Ähnlich wie die BranchMap ermöglicht die Schleifenkarte eine schnelle Visualisierung der Zweige und ihrer Richtungen in jeder Schleife der Schaltung, wie in Abb. 6.27 für die gleiche Schaltung in Abb. 6.26 gezeigt. Diese Matrix liefert beide Informationen für alle Schleifen in einer Schaltung – die in der Schleife vorhandenen Zweige und die Richtung des Zweiges in Bezug auf die Schleife. Die „FW“ und „RV“ in der Karte bedeuten, dass die Zweige in die Richtung (vorwärts) und gegen die Richtung (rückwärts) der Schleife sind. Diese Schleifenkarte wird die Grundlage für die Schleifenanalyse bilden, die im nächsten Kapitel beschrieben wird. Die Schleifenkarte kann zur Erzeugung der Matrizen verwendet werden, die zur iterativen Lösung der Differentialgleichungen zur Aktualisierung der Schleifen- und Zweigströme verwendet werden. Darüber hinaus bietet die Schleifenkarte auch die Möglichkeit, Schleifenmanipulationen durchzuführen, wie sie im nächsten Kapitel ausführlich beschrieben werden.

6.8 Schlussfolgerungen

Dieses Kapitel präsentiert Schaltkreisdaten in einem Format, das von den Schaltkreislösern verwendet werden kann, die in den Kap. 7 und 8 beschrieben werden. Der Schaltkreislöser besteht aus der Lösung linearer Gleichungen, die entweder rein algebraisch oder Differentialgleichungen sein können. Die Schleifenanalyse ist eine Kombination aus der Lösung gewöhnlicher Differentialgleichungen und rein algebraischen Gleichungen. Die Knotenanalyse beinhaltet die Lösung rein algebraischer Gleichungen. Es ist offensichtlich, dass die Schleifenanalyse zu einem bestimmten Zeitpunkt Informationen über alle Schleifen im Schaltkreis zu diesem Zeitpunkt erfordert. Diese Informationen werden durch die im letzten Abschnitt beschriebene LoopMap bereitgestellt. Die Knotenanalyse erfordert Informationen über Knoten und Zweige, die in Form der KCLBranchMap zur Verfügung gestellt werden.

Während des Simulationsprozesses fließen Informationen in beide Richtungen zwischen den Schaltkreisdaten und dem Schaltkreislöser. Der Schaltkreislöser erzeugt die Matrizen zur Lösung von Gleichungen basierend auf dem neuesten Zustand des Schaltkreises, wie er in den Zweigen und Schleifen erfasst ist. Zum Beispiel enthalten die Zweige des Schaltkreises Informationen über den Gesamtwiderstand, die Gesamtinduktivität, den Strom und die Gesamtspannung im Zweig. Mit fortschreitender Zeit ändert sich die Gesamtspannung im Zweig, wenn eine Wechselspannungsquelle vorhanden ist. Wenn der Zweig einen variablen Widerstand hat, ändert sich der Wert des Gesamtwiderstands des Zweigs, wenn der variable Widerstand durch Steuercode verändert wird. Der Wert des Stroms in einem Zweig könnte sich aufgrund einer Änderung im Zweig oder aufgrund von Abweichungen in anderen Zweigen des Schaltkreises verändern. Auf diese Weise werden am Ende jeder Simulationsiteration alle Zweigdaten aktualisiert, um den neuesten Zustand des Schaltkreises zu erfassen.

Wenn der Schaltkreislöser gestartet wird, sind die Daten in den Zweigen die Grundlage für die Erzeugung der Gleichungen sowohl für die Schleifen- als auch für die Knotenanalysen. Für die Schleifenanalyse wird die LoopMap basierend auf dem Zustand des Schaltkreises aktualisiert. Wie gezeigt, beschreibt die LoopMap Schleifen in Bezug auf die in einer Schleife vorhandenen Zweige und die Richtung des Zweigs in Bezug auf die Schleife. Daher können Zweigdaten verwendet werden, um Gleichungen für die Schleifenanalyse aus der LoopMap zu erzeugen. In ähnlicher Weise erfordert die Knotenanalyse Informationen über die Knoten im Schaltkreis und die Zweige, die diese Knoten verbinden. Der Unterschied zwischen Schleifen- und Knotenanalyse liegt in der Tatsache, dass Schleifen nicht eindeutig sind und für einen gegebenen Schaltkreis auf verschiedene Weisen geschrieben werden können, aber die Verbindungsmappe für die Knotenanalyse ist immer eindeutig. Diese Verbindungsmappe für die Knotenanalyse wird in der KCLBranchMap erfasst, die Informationen über die Zweige zwischen den Knoten und ihre Richtung enthält. Die Gleichungen für die Knotenanalyse werden erzeugt, indem Zweigdaten mit der KCLBranchMap verwendet werden.

In diesem Kapitel wurde beschrieben, wie Knoten, Zweige und Schleifen aus dem Schaltkreisschema bestimmt werden, das in Kap. 3 beschrieben wurde. Das Konzept von Zweigen, Knoten und Schleifen wurde ohne Bezug auf die Schaltkreiskomponenten, sondern nur mit der Anwesenheit eines Elements – eines „Drahtes“, einer Komponente oder einer Sprungmarke – beschrieben. Daher kann ein Knoten nur ein „Draht“ sein, ein Zweig ist eine Sammlung der oben genannten Elemente und eine Schleife ist eine Sammlung von Zweigen. Da ein Zweig eine Sammlung von Elementen ist, wird er zu einer Sammlung aller mit den Schaltkreiskomponenten verbundenen Objekte, wie in Kap. 3 beschrieben. Daher werden Zweigdaten erzeugt, indem Daten aus den den Schaltkreiskomponenten entsprechenden Objekten extrahiert werden. Und umgekehrt werden nach jeder Simulationsiteration die den Schaltkreiskomponenten entsprechenden Objekte basierend auf den Zweigdaten aktualisiert, die wiederum aus den Ergebnissen der Schleifen- und Knotenanalysen aktualisiert werden.

Neben der Grundlage für die Durchführung der Schaltkreisanalyse liefern die Strukturen LoopMap und KCLBranchMap eine Fülle von Informationen über den Schaltkreis. Wie im nächsten Kapitel gezeigt wird, kann die LoopMap durch Durchführung von Schleifenmanipulationen verändert werden und dies ist eine Technik, die verwendet werden muss, wenn der Schaltkreis nichtlinear ist. Die Schleifen in einem solchen Fall eines nichtlinearen Schaltkreises liefern Informationen über die Pfade für die Ströme, und eine Schleife ist per Definition ein geschlossener Pfad in einem Schaltkreis. Daher ist das Durchlaufen der LoopMap oder vielleicht auch nur Segmente der LoopMap eine effektive Möglichkeit, einen Schaltkreis zu debuggen, indem die Pfade bestimmt werden, durch die der Strom im Schaltkreis fließt. Der Quellcode enthält einige Funktionen, die es einem Benutzer ermöglichen, entweder alle oder einige der Schleifen in der LoopMap anzuzeigen. Diese Funktionen wurden ursprünglich entwickelt, um den Simulator während des Entwicklungsprozesses zu debuggen, dienen aber nun als Lernwerkzeug beim Simulieren großer und vernetzter Schaltkreise.

Kapitel 7
Schaltkreisanalyse—Schleifenanalyse

Zusammenfassung Dieses Kapitel beschreibt, wie die Schleifenanalyse im Simulator durchgeführt wird. Weiterhin wird gezeigt, wie die Matrixgleichung für die Durchführung der Schleifenanalyse aus der im Kap. 6 beschriebenen LoopMap generiert wird. Eine kurze Erklärung wird darüber gegeben, wie die Matrizen in dieser Gleichung durch Zeilenoperationen transformiert werden, sodass sie mit numerischen Integrationstechniken gelöst werden können. Das Kapitel beschreibt, wie Schleifenströme und Zweigströme in der Schaltung abgebildet werden können, was die Berechnung von Zweigströmen aus Schleifenströmen und umgekehrt ermöglicht. Das Kapitel beschreibt anhand eines Beispiels, wie Zeitkonstanten von Zweigen der Schaltung die Simulation instabil machen können und führt das Konzept einer steifen Schleife ein. Durch Bereitstellung einer Beispielschaltung und ihrer entsprechenden LoopMap beschreibt das Kapitel die Notwendigkeit, steife Schleifen zu isolieren, um eine Schaltung simulieren zu können. Mit diesem Beispiel wird das Konzept der Schleifenmanipulationen beschrieben und mit fortgeschrittenen Beispielen wird die Wirksamkeit des Verfahrens vorgestellt. Das Kapitel erläutert die Begrenzung der Schleifenanalyse mit einem weiteren Satz von Beispielen und daher die Notwendigkeit für die Knotenanalyse.

Schlüsselwörter Schleifenanalyse · Gewöhnliche Differentialgleichungen · Elementare Operationen · Numerische Methoden · Lösungsstabilität · Steife Systeme · Zeitkonstanten · Schleifenmanipulationen

7.1 Einführung

Kap. 6 beschrieb den Prozess der Bestimmung von Knoten, Zweigen und Schleifen in einer Schaltung aus dem Schaltplan. Wie im vorherigen Kapitel erwähnt, sind die LoopMap und die KCLBranchMap die Grundlagen für die Durchführung der Schleifenanalyse und Knotenanalyse. Dieses Kapitel wird die Schleifenanalyse und das nächste Kapitel wird die Knotenanalyse beschreiben. Weiterhin erfolgt eine Erläuterung der Technik der Schleifenmanipulationen, die die Schleifen

S. V. Iyer, *Simulation nichtlinearer Schaltungen in der Leistungselektronik mit Python*, https://doi.org/10.1007/978-3-031-58981-2_7

in LoopMap verändern. Schleifenmanipulationen werden extrem wichtig bei der Simulation von nichtlinearen Schaltungen, die hauptsächlich im nächsten Kapitel beschrieben werden, aber deren Grundlagen gegen Ende dieses Kapitels gelegt werden.

Die Schaltungsanalyse kann mit der Schleifenanalyse und/oder Knotenanalyse [6] durchgeführt werden. Wie im vorherigen Kapitel erwähnt, können die Schleifen, die eine Schaltung beschreiben, auf verschiedene Weisen geschrieben werden. Dies ist ein Nachteil der Schleifenanalyse, und bei nichtlinearen Schaltungen müssen die Schleifen jedes Mal neu geschrieben werden, wenn es eine Änderung in der Schaltung gibt, da die von den Strömen gefolgten geschlossenen Pfade sich ändern. Im Gegensatz dazu verwendet die Knotenanalyse die Verbindungsinformationen zwischen den Knoten in der Schaltung, die für eine gegebene Schaltung immer gleich sind. Es sind nur die Parameter der Zweige, die sich ändern, was zu unterschiedlichen Knotengleichungen führt. Daher reduziert in den meisten Fällen die Durchführung der Knotenanalyse die Rechenlast, da es nicht notwendig ist, KCLBranchMap neu zu berechnen und nur die Matrizen für die Gleichungen erzeugt werden müssen.

Allerdings unterscheiden sich Leistungselektronikschaltungen von den meisten analogen Schaltungen, für die die meisten Schaltungssimulatoren ausgelegt sind. Leistungselektronikschaltungen haben sehr oft mehrere Induktoren, da die einzige Möglichkeit, eine nichtlineare Schaltung zu steuern, darin besteht, Energiespeichergeräte zu verwenden, die Induktoren und Kondensatoren sind. Im Gegensatz dazu bestehen die meisten anderen analogen Schaltungen aus Widerständen und Kondensatoren und haben selten Induktoren und wenn sie welche haben, ist es recht selten, dass das Ziel darin besteht, eine Schaltung mit dem Induktor als Energiespeicherelement zu steuern. Wenn eine Schaltung eine große Anzahl von Induktoren enthält, ist die Lösung der Schaltung mit der Knotenanalyse schwierig, da diese Induktoren die Eigenschaft haben, den Strom durch sie nicht sofort ändern zu lassen. Mit anderen Worten, um eine Schaltung mit Induktoren lösen zu können, muss der $\frac{di}{dt}$ durch den Induktor bestimmt werden. Die Durchführung der Knotenanalyse führt in der Regel dazu, dass die Knotenspannungen in Bezug auf die Widerstände, Spannungsquellen und Stromquellen in der Schaltung bestimmt werden. Die Frage ist, wie soll ein Induktor nun modelliert werden – als eine Spannungsquelle $L\frac{di}{dt}$ oder als eine Stromquelle?

Es ist immer möglich, den Induktor in der Knotenanalyse in Bezug auf die obige Frage zu approximieren und ihn lösen zu können. Aufgrund der Natur des Induktors ist jedoch die Schleifenanalyse eine viel bequemere Methode, um eine Schaltung mit Induktoren zu lösen. Um dies zu erläutern, summiert die Schleifenanalyse die Spannungen in einem geschlossenen Pfad – Spannungsabfälle über Widerstände und Induktoren und die Spannungsquellen. Der Spannungsabfall über den Induktor ist $L\frac{di}{dt}$ und da die zu berechnende Variable in der Schleifenanalyse der Schleifenstrom ist, ermöglicht dies uns, eine Differentialgleichung basierend auf dem $\frac{di}{dt}$ der Induktoren zu lösen. Das Ergebnis der Schleifenanalyse sind die Schleifenströme, aus denen nicht nur die Induktorströme, sondern alle Ströme in der Schaltung bestimmt werden können. Im Gegensatz dazu wird die Knotenanalyse die Knotenspannungen in der Schaltung erzeugen, aus denen dann die Ströme in den Zweigen mit Induktoren berechnet werden müssen.

Die Methode der Durchführung der Schleifenanalyse wird in diesem Kapitel ausführlich beschrieben. Die Methode der Erzeugung von Gleichungen aus Loop-Map wird mit Beispielschaltungen vorgestellt. Darüber hinaus wird das Konzept der steifen Systeme mit einer Beispielschaltung eingeführt und wie die Simulation eines solchen eine Änderung der Schleifengleichungen erfordert. Das Konzept der steifen Systeme ist dann die Grundlage für die Einführung des Konzepts der Schleifenmanipulationen, das wiederum mit Beispielschaltungen beschrieben wird, die steife Zweige haben. Schließlich wird die Begrenzung der Schleifenanalyse beschrieben, die dann im nächsten Kapitel mit der Knotenanalyse überwunden wird.

7.2 Matrizen für die Schleifenanalyse

Die Schleifenanalyse an einer Schaltung wird durchgeführt, indem die Kirchhoff'schen Spannungsgesetze (KVL) als Differentialgleichungen geschrieben werden. Um die Gleichungen zu lösen, werden sie als Matrizen dargestellt und mit Matrixmanipulationstechniken gelöst. Dieser Abschnitt wird beschreiben, wie die Matrixgleichungen für jede Schaltung geschrieben werden, sobald eine Schleifenmatrix abgeleitet wurde, wie im vorherigen Abschnitt beschrieben. Betrachten Sie die Schaltung in Abb. 7.1, die eine detailliertere Version der zuvor präsentierten Schaltung ist. Die Schleifen L1, L2 und L3 und die Zweige sind mit ihren Richtungen angegeben. Für die Schaltung in Abb. 7.1 wird die Schleifenkarte wie in Abb. 7.2 gezeigt sein. In diesem Beispiel werden die Komponenten in den Zweigspalten verwendet, anstatt nur die Zweigsymbole, da die Werte der Komponenten in der folgenden Schleifenanalyse verwendet werden. Für die für die obige Schaltung gezeichneten Schleifen können die Schleifen in Form der unten stehenden Gleichungen geschrieben werden. Betrachten wir die Spannungsquelle V1 als eine sinusförmige Spannungswelle mit einem Momentanwert von V1 und die Schleifen 1, 2 und 3 mit den Schleifenströmen I1, I2 und I3.

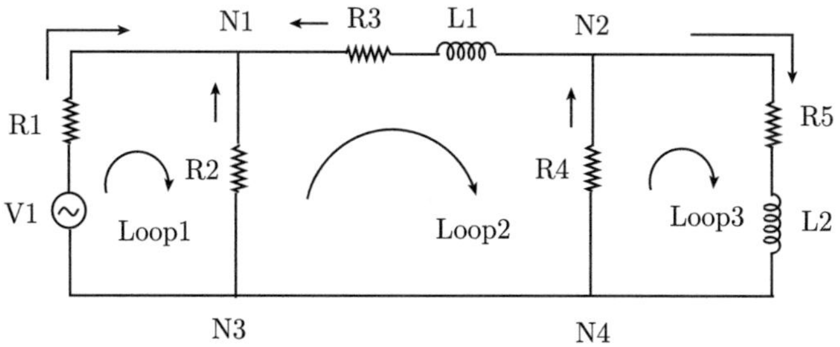

Abb. 7.1 Schleifen in einer Schaltung

Abb. 7.2 Schleifenkarte für die Schaltung

	{V1,R1}	R2	{R3,L1}	R4	{R5,L2}
Loop1	FW	RV			
Loop2		FW	RV	RV	
Loop3				FW	FW

$$V_1 - (R_1 + R_2)I_1 + R_2I_2 = 0 \tag{7.1}$$

$$R_2I_1 - (R_2 + R_3 + R_4)I_2 - L_1\frac{dI_2}{dt} + R_4I_3 = 0 \tag{7.2}$$

$$R_4I_2 - (R_4 + R_5)I_3 - L_2\frac{dI_3}{dt} = 0 \tag{7.3}$$

Die obigen Gleichungen sind recht einfach zu überprüfen. Für eine so einfache Schaltung wie die oben genannte können die Gleichungen einzeln geschrieben und gleichzeitig gelöst werden. Wenn jedoch die Schaltung größer wird und die Anzahl der Schleifen zunimmt, kann die einzige bequeme Möglichkeit, ein solches Gleichungssystem zu lösen, in Form von Matrizen erfolgen. Das obige Gleichungsset kann in der folgenden Matrixform geschrieben werden:

$$\mathbf{E}\frac{d\mathbf{x}}{dt} - \mathbf{A}\mathbf{x} = \mathbf{B}\mathbf{u} \tag{7.4}$$

In der obigen Matrixgleichung ist der Vektor **x** der Vektor der Variablen, die in diesem Fall die Schleifenströme I1, I2 und I3 sind. $d\mathbf{x}/dt$ bezeichnet die Differential- oder Ableitung dieser Variablen in Bezug auf die Zeit. Der Vektor **u** ist die Sammlung aller Quellen, die in diesem Fall V1 ist. **E**, **A** und **B** sind Matrizen, die wie folgt geschrieben werden können:

$$\mathbf{A} = \begin{bmatrix} R_1 + R_2 & -R_2 & 0 \\ -R_2 & R_2 + R_3 + R_4 & -R_4 \\ 0 & -R_4 & R_4 + R_5 \end{bmatrix} \tag{7.5}$$

$$\mathbf{E} = \begin{bmatrix} 0 & 0 & 0 \\ 0 & L_1 & 0 \\ 0 & 0 & L_2 \end{bmatrix} \tag{7.6}$$

$$\mathbf{B} = \begin{bmatrix} 1 \\ 0 \\ 0 \end{bmatrix} \quad \mathbf{U} = \begin{bmatrix} V_1 \end{bmatrix} \quad \mathbf{x} = \begin{bmatrix} I_1 \\ I_2 \\ I_3 \end{bmatrix} \tag{7.7}$$

Eine schnelle Überprüfung der Matrizen wird bestätigen, dass die Matrizen die Gleichungen bilden werden. Der nächste Schritt besteht darin, einen Algorithmus zu entwickeln, der die obigen Matrizen für jede Schleifenkarte, die jede Schaltung repräsentiert, generieren kann.

Eine Untersuchung der Matrizen **E** und **A** zeigt zwei Eigenschaften. Erstens sind diese Matrizen symmetrisch. Zweitens werden die Diagonalelemente dieser Matrizen niemals negativ sein. Nachfolgend eine detaillierte Erklärung: Die außerdiagonalen Elemente der Matrizen sind ein Indikator dafür, wie die Schleifen miteinander interagieren. Untersuchen Sie die erste KVL-Gleichung. Schleife 1 und Schleife 2 haben den Widerstand R2 gemeinsam. Zusätzlich stehen diese Schleifen einander entgegen, wenn sie durch R2 hindurchgehen. Daher ist die Interaktion zwischen Schleife 1 und Schleife 2 −R2 und das Element (1, 2) und (2, 1) der Matrix **A** −R2. In der Schaltung haben die Zweige zwischen den Schleifen keine Induktivität und daher sind alle Elemente der Matrix **E** außerhalb der Diagonalen gleich null. Die Schleifen für die obige Schaltung könnten jedoch auf eine andere Weise gezeichnet werden und die Matrix E könnte in diesem Fall auch Elemente außerhalb der Diagonalen aufweisen. Der Leser wird ermutigt, dies zu untersuchen. In jedem Fall, da die außerdiagonalen Elemente der Matrizen **A** und **E** die Interaktionen zwischen den Schleifen sind, werden diese Matrizen symmetrisch sein. Die Vorzeichen der außerdiagonalen Elemente können jedoch positiv oder negativ sein. In der obigen Schaltung stehen sich Schleife 1 und Schleife 2 über Zweig R2 entgegen, während Schleife 2 und Schleife 3 sich über Zweig R4 entgegenstehen. Aus diesem Grund sind alle außerdiagonalen Elemente negativ. Wenn jedoch die Richtung von Schleife 3 umgekehrt wäre und Schleife 2 und Schleife 3 in die gleiche Richtung über Zweig R4 gingen, wären die Elemente (2, 3) und (3, 2) der Matrix **A** +R4. Zusätzlich könnten zwei Schleifen über eine Anzahl von Zweigen interagieren. In diesem Fall enthalten die außerdiagonalen Elemente der Matrizen **A** und **E** die Summe der Widerstände und Induktivitäten der Zweige. Zusammenfassend lässt sich sagen, dass, wenn zwei Schleifen m und n sich über Zweige mit einem Gesamtwiderstand R und einer Gesamtinduktivität L entgegenstehen, das Element (m, n) und (n, m) der Matrix **A** −R und das der Matrix **E** −L sein wird. Umgekehrt, wenn zwei Schleifen m und n sich über Zweige mit einem Gesamtwiderstand R und einer Gesamtinduktivität L unterstützen, wird das Element (m, n) und (n, m) der Matrix **A** R und das der Matrix **E** L sein.

Nun die zweite Eigenschaft – das Diagonalelement wird niemals negativ sein. Die Diagonalelemente in den Matrizen **A** und **E** sind die Gesamtsumme der Widerstände und Induktivitäten in den Schleifen. Bei Anwendung von KVL ist eine Spannungsquelle in einer Schleife positiv, wenn die Schleife vom negativen zum positiven Anschluss fortschreitet. Ebenso ist der Spannungsabfall über einen Widerstand oder eine Induktivität negativ, wenn er gegen die Richtung der Schleife fortschreitet. Daher würde man auch für Diagonalelemente eine Möglichkeit sowohl positiver als auch negativer Terme erwarten. Nehmen wir jedoch an, dass eine Schleife immer in Richtung des angezeigten Stroms durchlaufen wird. Daher werden Spannungsabfälle über Widerstände und Induktivitäten gemäß KVL immer negativ sein. Ausgedrückt als Matrixgleichungen werden die KVL-Gleichungen immer dazu führen, dass diese Diagonalterme der Matrizen A und E positiv sind. Der Leser ist eingeladen, KVL-Gleichungen für den obigen Schaltkreis oder jeden anderen Schaltkreis zu schreiben und diese Tatsache zu überprüfen. Das Vorzeichen erscheint nur in den Spannungsquellen, da diese in jeder Richtung in Bezug auf den Schleifenstrom auftreten können. Zum Beispiel hat in dem obigen Schaltkreis Schleife 1 die Spannungsquelle V1, die als positiv genommen wird, da die Schleife vom negativen zum positiven Anschluss fortschreitet und Element 1 der Matrix B ist +1. Die Diagonalelemente (1, 1) der Matrix **A** und **E** sind positiv. Würde jedoch die Richtung von Schleife 1 umgekehrt, würde die Schleife vom positiven zum negativen Anschluss von V1 fortschreiten und daher würde diese Quelle als $-$V1 erscheinen, wobei Element 1 der Matrix B zu -1 wird. Aber auch in diesem Fall werden die Elemente (1,1) der Matrizen **A** und **E** weiterhin positiv bleiben.

Nun zur Beschreibung, wie die Matrix **B** für einen Schaltkreis erzeugt wird. Die Matrix **B** stellt einen Zusammenhang zwischen den Spannungsquellen im Schaltkreis und den Schleifengleichungen her. Daher wird zunächst eine Liste aller Spannungsquellen im Schaltkreis erstellt. Betrachten wir einen komplexeren Schaltkreis mit mehr als einer Spannungsquelle, um diesen Prozess zu beschreiben. Der Schaltkreis in Abb. 7.3 enthält 8 Zweige und 5 Knoten und hat daher 8-5+1=4 unabhängige Schleifen. Diese Schleifen sind oben durch bloße visuelle Inspektion gezeichnet, könnten jedoch auch sehr gut durch den im vorherigen Kapitel beschriebenen Schleifensuchalgorithmus erfasst werden. Der obige Schaltkreis hat drei Spannungsquellen V1, V2 und V3. Der Eingabevektor **u** in der Matrixgleichung wird eine Sammlung dieser drei Spannungsquellen sein und wird daher sein:

$$\mathbf{u} = \begin{bmatrix} V_1 \\ V_2 \\ V_3 \end{bmatrix} \tag{7.8}$$

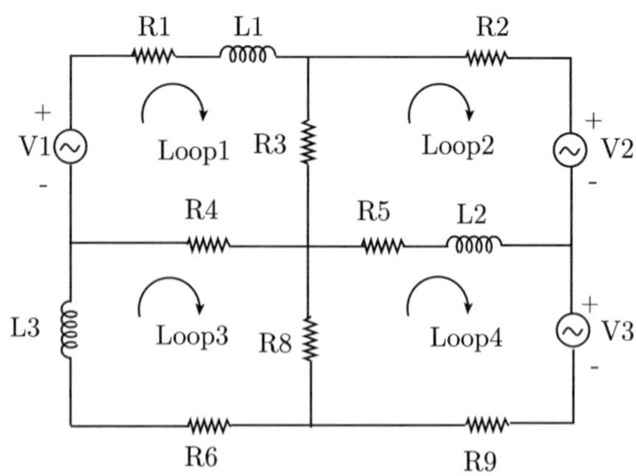

Abb. 7.3 Beispielschaltung

Im obigen Schaltkreis wurden die drei Spannungsquellen auf getrennten Zweigen und in getrennten Schleifen gezeigt. Es könnten jedoch mehrere Spannungsquellen auf einem einzigen Zweig sein. Betrachten Sie für den obigen Schaltkreis Schleife1. Schleife1 trifft beim Bewegen vom negativen zum positiven Terminal auf die Spannungsquelle V1 und daher erscheint die Spannungsquelle als +V1 in Schleife1. Die erste Zeile der Matrix B wird daher der Vektor sein:

$$\begin{bmatrix} 1 & 0 & 0 \end{bmatrix} \tag{7.9}$$

Im Fall von Schleife2 wird die Spannungsquelle V2 beim Bewegen vom positiven zum negativen Terminal getroffen und erscheint daher als −V2. Die zweite Zeile der Matrix B ist dann:

$$\begin{bmatrix} 0 & -1 & 0 \end{bmatrix} \tag{7.10}$$

Da Schleife3 keine Spannungsquelle hat, wird die dritte Zeile [0 0 0] sein. Die vierte Zeile der Matrix B wird [0 0 −1] sein. Auf diese Weise bildet die Matrix B die Spannungsquellen in den Schaltkreisen im Vektor **u** auf die Schleifengleichungen ab. Die Matrix B ist:

$$\mathbf{B} = \begin{bmatrix} 1 & 0 & 0 \\ 0 & -1 & 0 \\ 0 & 0 & 0 \\ 0 & 0 & -1 \end{bmatrix} \tag{7.11}$$

Mit diesem Hintergrund wird der Algorithmus zur Erzeugung der Matrizen **A**, **E** und **B** beschrieben.

1. Jede Schleife entspricht einer Zeile in den Matrizen **A**, **E** und **B**. Daher, wenn eine Schaltung N unabhängige Schleifen hat, werden die Matrizen **A** und **E** von der Größe NxN sein, während die Matrix **B** von der Größe NxM sein wird, wobei M die Anzahl der Spannungsquellen in der Schaltung ist.
2. Betrachten Sie Schleife j und daher Zeile j der Matrizen. Wie zuvor gesagt, wird das Diagonalelement anders bestimmt als die außerdiagonalen Elemente. Daher hat der Algorithmus zwei separate Fälle für das Element (j, j) der Matrizen **A** und **E** und die anderen Elemente (j, k) mit k ungleich j.
3. Für das Diagonalelement (j, j) iterieren Sie durch alle Zweige in Zeile j (Schleife j) von LoopMap. Wenn ein Zweig m existiert, was bedeutet, dass das Element (j, m) von LoopMap FW oder RV ist, wird der Gesamtwiderstand des Zweigs zum Element (j, j) der Matrix **A** hinzugefügt und die Gesamtinduktivität des Zweigs wird zum Element (j, j) der Matrix **E** hinzugefügt. Wie zuvor besprochen, gibt es kein Konzept von positiven oder negativen Zeichen für die Diagonalelemente von **A** und **E**. Diese Diagonalelemente sind immer positiv. Wenn der Zweig m eine Spannungsquelle mit dem Index k hat, überprüfen Sie die Richtung, in der die Spannungsquelle von der Schleife getroffen wird. Wenn es vom negativen Terminal zum positiven Terminal ist, wird eine +1 zum Element (j, k) der Matrix **B** hinzugefügt. Wenn die Richtung der Schleife vom

positiven zum negativen Terminal ist, wird eine -1 zum Element (j, k) der Matrix **B** hinzugefügt.

4. Für die außerdiagonalen Elemente in Zeile j der Matrizen betrachten Sie die Interaktion zwischen Schleife j und einer anderen Schleife l. Überprüfen Sie, welche Zweige zwischen der Schleife j und der Schleife l gemeinsam sind. Wenn die Richtung des Zweiges in Bezug auf Schleife j und Schleife l gleich ist, unterstützen sich die beiden Schleifen in Bezug auf diesen Zweig. Die Gesamtsumme des Widerstands des Zweiges wird zu den Elementen (j, l) und (l, j) der Matrix **A** und die Gesamtsumme der Induktivität des Zweiges wird zu den Elementen (j, l) und (l, j) der Matrix **E** hinzugefügt. Andererseits, wenn die Richtung des Zweiges gleich der Richtung einer der Schleifen ist, aber in eine entgegengesetzte Richtung zur anderen Schleife zeigt, stehen sich die beiden Schleifen in Bezug auf diesen Zweig gegenüber. Die Gesamtsumme des Widerstands des Zweiges wird von den Elementen (j, l) und (l, j) der Matrix **A** und die Gesamtsumme der Induktivität des Zweiges wird von den Elementen (j, l) und (l, j) der Matrix **E** subtrahiert.

7.3 Lösen der Matrixgleichung

Nach der Diskussion darüber, wie die Matrizen für die Schleifengleichungen erhalten werden, wird dieser Abschnitt beschreiben, wie sie gelöst werden. Die Matrixgleichung, die die Schleifengleichungen einer Schaltung beschreibt, wird in einer allgemeinen Form wie folgt geschrieben:

$$\mathbf{E}\frac{d\mathbf{x}}{dt} + \mathbf{A}\mathbf{x} = \mathbf{B}\mathbf{u} \tag{7.12}$$

Der Vektor **x** enthält die Schleifengleichungen, während der Vektor **u** die Spannungsquellen in der Schaltung enthält. Um kurz zu beschreiben, wie die Gleichungen gelöst werden, ersetzen wir die obige Matrixgleichung durch eine einfache Skalargleichung:

$$e\frac{dx}{dt} + ax = bu \tag{7.13}$$

In der obigen Gleichung sind alle Variablen bei t = 0s null. Obwohl in vielen Fällen das Vorhandensein von Nicht-Nullanfangswerten für Variablen die Simulation beschleunigen könnte, startet dieser Schaltungssimulator das System bei null. Mit einem Simulationsschritt von dt wird der nächste Simulationsschritt t = dt sein. Zu diesem Zeitpunkt werden die Werte der Spannungsquellen im Vektor u aktualisiert und die folgende Gleichung wird erhalten:

$$dx(t = dt) = \frac{dt}{e} * (-ax(t = 0) + bu(t = dt)) \tag{7.14}$$

Mit dem bei t=dt erhaltenen Wert von dx kann der Schleifenstrom bei t=dt wie folgt aktualisiert werden:

$$x(t = dt) = x(t = 0) + dx(t = dt) \tag{7.15}$$

Im Allgemeinen gilt:

$$dx(t = t_{n+1}) = \frac{dt}{e} * (-ax(t = t_n) + bu(t = t_{n+1})) \tag{7.16}$$

$$x(t = t_{n+1}) = x(t = t_n) + dx(t = t_{n+1}) \tag{7.17}$$

Die Simulation erfolgt daher iterativ auf die oben beschriebene Weise. Das Konzept ist ähnlich für die Matrixgleichung, außer dass bestimmte Matrixtechniken eingeführt werden müssen.

Theoretisch kann die Matrixgleichung, die die Schleifengleichungen beschreibt, auf ähnliche Weise wie folgt gelöst werden:

$$d\mathbf{x} = dt * \mathbf{E}^{-1} * (\mathbf{Ax} + \mathbf{Bu}) \tag{7.18}$$

Jedoch ist das Berechnen der Inverse einer Matrix, außer für kleine Schaltkreise, die in Matrizen von relativ kleiner Größe resultieren, eine ziemlich instabile Operation. Wenn ein Schaltkreis größer wird und Zweige hat, die kleine Induktivitäten haben, wird die Matrix **E** nahezu singulär sein. Darüber hinaus, wenn man berücksichtigt, dass alle Schleifengleichungen keine Differentialgleichungen sind, wird die Matrix **E** singulär sein. Tatsächlich ist für beide in diesem Kapitel gegebenen Beispiele die Matrix **E** singulär. Um die obige Matrixgleichung zu lösen, leihen wir uns ein Konzept aus der linearen Algebra aus, das sehr oft zur Lösung eines Systems von linearen Gleichungen verwendet wird. Im Falle einer Matrixgleichung wie der oben genannten, werden alle elementaren Zeilenoperationen, die auf den Matrizen auf beiden Seiten der Gleichung durchgeführt werden, die Lösungsmenge nicht ändern. Eine elementare Zeilenoperation kann eine der folgenden sein:

1. Multiplizieren einer Zeile aller Matrizen mit einer von null verschiedenen Konstanten
2. Hinzufügen einer Zeile zu einer anderen Zeile
3. Austauschen von zwei Zeilen

Um sicherzustellen, dass die Lösung sich nicht ändert, wenn eine der oben genannten Operationen durchgeführt wird, muss sie auf alle Matrizen in den Gleichungen angewendet werden. Der nächste Schritt wird sein, das Ziel dieser Zeilenoperationen zu beschreiben.

Wenn in der Matrixgleichung die Matrix **E** eine der folgenden Strukturen aufweist, wird sie als Dreiecksmatrix bezeichnet.

$$\begin{bmatrix} e_{11} & \times & \dots & \times \\ 0 & e_{22} & \dots & \times \\ \vdots & \vdots & \ddots & \vdots \\ 0 & 0 & \dots & e_{NN} \end{bmatrix} \begin{bmatrix} e_{11} & 0 & \dots & 0 \\ \times & e_{22} & \dots & 0 \\ \vdots & \vdots & \ddots & \vdots \\ \times & \times & \dots & e_{NN} \end{bmatrix} \tag{7.19}$$

Die Matrix auf der linken Seite wird als obere Dreiecksmatrix bezeichnet, während die auf der rechten Seite als untere Dreiecksmatrix bezeichnet wird. Die Diagonalelemente sowie die als „x" markierten Elemente können null oder nichtnull sein. Für die Matrix auf der linken Seite müssen jedoch alle Elemente in der unteren Hälfte der Matrix unterhalb der Diagonalen null sein und für die Matrix auf der rechten Seite müssen alle Elemente in der oberen Hälfte der Matrix oberhalb der Diagonalen null sein. Betrachten wir die obere Dreiecksmatrix auf der linken Seite im Detail, da diese Matrix für den Schaltungssimulator relevant ist, obwohl genau die gleichen Ergebnisse erzielt worden wären, wenn stattdessen die untere Dreiecksmatrix gewählt worden wäre. Für die obere Dreiecksmatrix können die Matrixgleichungen wie folgt erweitert werden:

$$\begin{aligned} e_{11}\frac{dx_1}{dt} + e_{12}\frac{dx2}{dt} + \ldots + e_{1N}\frac{dx_N}{dt} &= A_1x + B_1u \\ e_{22}\frac{dx_2}{dt} + \ldots + e_{2N}\frac{dx_N}{dt} &= A_2x + B_2u \\ \vdots &= \vdots + \vdots \\ e_{NN}\frac{dx_N}{dt} &= A_Nx + B_Nu \end{aligned} \tag{7.20}$$

wobei

$$A = \begin{bmatrix} A_1 \\ A_2 \\ \vdots \\ A_N \end{bmatrix} \quad \text{and} \quad B = \begin{bmatrix} B_1 \\ B_2 \\ \vdots \\ B_N \end{bmatrix} \tag{7.21}$$

Die Matrizen **A** und **B** werden als Sammlung von Zeilenvektoren geschrieben, da ihre Struktur nicht von Bedeutung ist. Wie aus der linken Seite der Gleichung ersichtlich ist, liegt die Matrix **E** in oberer Dreiecksform vor, sodass sie auf recht bequeme Weise rückwärts gelöst werden kann. Beginnend mit der letzten Zeile kann die Ableitung von x_N berechnet werden, um in der vorletzten Zeile die Ableitung von x_{N-1} zu berechnen. Auf diese Weise, die nun ähnlich der Lösung der einfachen skalaren Differentialgleichung erscheint, können alle Ableitungen von **x** auf der linken Seite zur Zeit t=tk+1 berechnet werden, während die Werte von **x** auf der rechten Seite zur Zeit t=tk liegen, wobei die Werte der Eingabe **u** ebenfalls zur Zeit t=tk+1 liegen.

Nachdem wir die Vorteile der Umwandlung der Matrix **E** in eine obere Dreiecksform erklärt haben, werden wir nun den Algorithmus dazu beschreiben. Wie zuvor erwähnt, müssen die elementaren Zeilenoperationen, die an der Matrix **E** durchgeführt werden, um diese Umwandlung zu erreichen, auch an der Matrix **A** und der Matrix **B** in der Matrixgleichung durchgeführt werden, damit die Lösung unverändert bleibt. Beginnen wir mit der Betrachtung der folgenden generischen Matrix **E**:

$$\mathbf{E} = \begin{bmatrix} e_{11} & e_{12} & \dots & e_{1N} \\ e_{21} & e_{22} & \dots & e_{2N} \\ \vdots & \vdots & \vdots & \vdots \\ e_{N1} & e_{N2} & \dots & e_{NN} \end{bmatrix} \tag{7.22}$$

Um diese Matrix in eine obere Dreiecksform umzuwandeln, betrachten wir jedes Diagonalelement e11 bis eNN. Das Ziel ist es, alle Elemente unter einem Diagonalelement durch Zeilenoperationen auf null zu setzen. Um z. B. e21 auf null zu setzen, kann die Operation Zeile2 = Zeile2 - e21*Zeile1/e11 durchgeführt werden. Gleiches gilt für die verbleibenden Zeilen Zeile3 bis ZeileN. Es besteht jedoch die Möglichkeit, dass e11 null ist, aber einige der anderen Elemente unter e11, d. h. e21 bis eN1, nicht null sind. Wenn e11 null ist, ist es durch Zeilenoperationen unmöglich, eines der Elemente darunter auf null zu setzen. Daher ist die einzige Lösung in diesem Fall, Zeile 1, die e11 enthält, mit einer der Zeilen auszutauschen, die ein von null verschiedenes Element in der ersten Spalte enthält. Danach können die Zeilenoperationen durchgeführt werden, um alle Elemente unter dem neuen e11 auf null zu setzen. Das Ergebnis der Durchführung von Zeilenoperationen von Zeile 2 bis Zeile N ist die Matrix:

$$\mathbf{E} = \begin{bmatrix} e_{11} & e_{12} & \dots & e_{1N} \\ 0 & e'_{22} & \dots & e'_{2N} \\ \vdots & \vdots & \vdots & \vdots \\ 0 & e'_{N2} & \dots & e'_{NN} \end{bmatrix} \tag{7.23}$$

Zeile 1 wird sich nicht ändern, es sei denn, es wurde ein Zeilenaustausch durchgeführt, falls Element e11 null ist. Die verbleibenden Zeilen haben sich jedoch geändert. Durch Wiederholung der oben genannten Sequenz von Zeilenoperationen auf Zeile 2 bis Zeile N-1 in Bezug auf die verbleibenden Diagonalelemente kann die Matrix auf eine obere Dreiecksform reduziert werden.

Der letzte Schritt dieses Abschnitts ist eine kurze Diskussion über die numerische Methode, die zur Lösung der Differentialgleichungen verwendet wird. Obwohl die verwendete Methode einen tiefgreifenden Einfluss auf die Lösung in Bezug auf Genauigkeit, Geschwindigkeit der Lösungsfindung und auch die Stabilität des Solvers haben kann, ist das Thema der Lösung von Differentialgleichungen umfangreich und liegt weitgehend außerhalb des Rahmens dieses Buches. Der Schwerpunkt dieses Buches liegt auf dem Verständnis, wie Schaltungen dargestellt und simuliert werden können. In dem Schaltungssimulator kann die numerische Methode in der Funktion mat_ode in der Datei solver.py gefunden werden. Drei Solver wurden getestet und ausprobiert und eine kurze Beschreibung folgt dazu. Für eine detailliertere Beschreibung wird dem Leser empfohlen, sich separat zu diesem Thema zu informieren.

1. Trapezregel: Dies ist ein ziemlich einfacher Solver, der die am Anfang dieses Abschnitts gezeigte Technik verwendet. Er enthält die Berechnung einer Steigung dx/dt, die dann verwendet wird, um die Schleifengleichungen x zu

aktualisieren. Der Solver ist leichtgewichtig, aber mit zunehmender Komplexität der Schaltung sind kleinere Zeitschritte erforderlich, um eine Schaltung simulieren zu können, ohne instabil zu werden.
2. Runge-Kutta-Verfahren vierter Ordnung: Dies ist der Solver, der von der Schaltungslösung verwendet wird. Er ist im Vergleich zur Trapezregel fortgeschrittener, da er vier Steigungen der Differentialgleichung berechnet und den gewichteten Durchschnitt zur Aktualisierung der Lösung verwendet. Er ist zwar rechenaufwendiger, bietet aber bei angemessenen Werten für den Simulationszeitschritt eine recht stabile Leistung.
3. Runge-Kutta-Verfahren fünfter Ordnung: Dies ist eine fortgeschrittene Version der vorherigen Methode vierter Ordnung. Bei diesem Solver werden fünf Steigungen der Differentialgleichung berechnet. Der Solver ist in Bezug auf die Rechenlast sehr rechenintensiv und wird, obwohl er kurz getestet wurde, normalerweise nicht verwendet, da die Simulationen deutlich längere Ausführungszeiten haben.

Die Lösung der Matrixgleichung liefert die Werte der Schleifenströme. Diese Schleifenströme dienen jedoch nur der Schaltungsanalyse und die Ströme, deren Werte benötigt werden, sind die Zweigströme. Der nächste Abschnitt wird beschreiben, wie die Zweigströme aus den Schleifenströmen berechnet werden können.

7.4 Abbildung von Zweigströmen und Schleifenströmen

Wie im abschließenden Teil des vorherigen Abschnitts erwähnt, dienen die Schleifenströme der Analyse, aber es sind die Zweigströme, die von größter Bedeutung sind. Zum Beispiel muss ein Amperemeter in einem Zweig den durch ihn fließenden Strom berechnet haben. Oder eine Diode in einem Zweig muss den Strom im Zweig berechnet haben, um bestimmen zu können, wann sie abschaltet. Dieser Abschnitt wird die Methode beschreiben, mit der Zweigströme auf Schleifenströme abgebildet werden. Darüber hinaus wird, wie später im Buch gezeigt wird, wenn wir die Nichtlinearität in Schaltungen untersuchen, ein Bedarf bestehen, die Schleifenströme zu einem bestimmten Zeitpunkt aus den Zweigströmen zu bestimmen. Eine detailliertere Beschreibung dieses Bedarfs wird in den folgenden Kapiteln gegeben. Aber dieser Abschnitt wird beschreiben, wie die Schleifenströme aus den Zweigströmen der Schaltung berechnet werden können.

Betrachten wir den Schaltkreis aus dem vorherigen Abschnitt, der in Abb. 7.4 dargestellt ist. Die LoopMap für den Schaltkreis in Abb. 7.4 ist in Abb. 7.5 dargestellt. Die LoopMap wurde bisher verwendet, um die Systemmatrizen zur Durchführung der Schleifenanalyse zu generieren. Die LoopMap liefert jedoch im Wesentlichen Informationen über die Zweige in jeder Schleife und ihre Richtung in Bezug auf die Richtung der Schleife. Daher können diese Informationen verwendet werden, um Zweigströme aus Schleifenströmen zu

Abb. 7.4 Beziehung zwischen Schleifenströmen und Zweigströmen

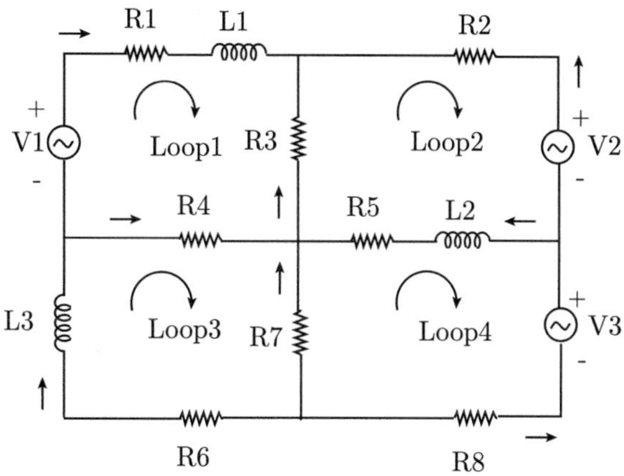

	{V1,R1,L1}	{V2,R2}	R3	R4	{R5,L2}	{R6,L3}	R7	{V3,R8}
Loop1	FW		RV	RV				
Loop2		RV	FW		FW			
Loop3				FW		FW	RV	
Loop4					RV		FW	RV

Abb. 7.5 LoopMap

berechnen. Zum Beispiel erscheint in der obigen LoopMap der Zweig {V1, R1, L1} nur in Loop1, wobei seine Richtung mit der Richtung von Loop1 übereinstimmt. Der Strom durch den Zweig ist daher derselbe wie der Schleifenstrom. Andererseits erscheint der Zweig {R3} in Loop1 und Loop2, wobei seine Richtung gleich der Richtung von Loop2 und entgegengesetzt zur Richtung von Loop1 ist. Daher wird der Strom in Zweig R3 i2-i1 sein. Im Allgemeinen lautet der Algorithmus zur Berechnung der Zweigströme aus den Schleifenströmen wie folgt:

1. Durchlaufen Sie alle Zweige im Schaltkreis.
2. Initialisieren Sie für einen beliebigen Zweig k seinen Strom auf null.
3. Durchlaufen Sie alle Schleifen und prüfen Sie, ob der Zweig in dieser Schleife vorhanden ist. Wenn der Zweig in die gleiche Richtung (FW) wie die der Schleife zeigt, wird der Schleifenstrom zum Zweigstrom addiert. Wenn die Zweigrichtung entgegengesetzt (RV) zur Richtung der Schleife ist, wird der Schleifenstrom vom Zweigstrom subtrahiert.

Nun zur Beschreibung des umgekehrten Prozesses – der Berechnung der Schleifenströme aus den Zweigströmen. Dieser Prozess verwendet ebenfalls LoopMap, kann aber in zwei Teile unterteilt werden. In fast jeder LoopMap gibt es zwei Fälle, die sich auf das Vorhandensein von Zweigen in Schleifen beziehen. Erstens gibt es die Zweige, die nur in einer einzigen Schleife vorhanden sind, wie z. B. der Zweig {V1, R1, L1}. Zweitens gibt es die Zweige, die in zwei oder mehr Schleifen vorhanden sind, wie z. B. der Zweig {R3}. Für die Zweige, die nur in einer Schleife gefunden werden, besteht eine Eins-zu-eins-Beziehung zwischen dem Zweigstrom und den Schleifenströmen. Daher kann der Strom im Zweig {V1, R1, L1} aus dem Strom in Loop1 berechnet werden und umgekehrt. Dies kann mit dem folgenden Algorithmus formuliert werden:

1. Durchlaufen Sie alle Schleifen.
2. Für eine bestimmte Schleife k durchlaufen Sie alle Zweige. Wenn ein Zweig in der Schleife vorhanden ist, prüfen Sie, ob er in anderen Schleifen vorhanden ist. Wenn er nicht in anderen Schleifen vorhanden ist, bedeutet dies, dass es eine Eins-zu-eins-Beziehung zwischen diesem Zweig und der Schleife gibt.
3. Fügen Sie die Schleife und den Zweig zu einem Paar hinzu, um diese Eins-zu-eins-Beziehung zu markieren.

Der Grund für den oben beschriebenen Prozess ist, dass in jedem Schaltkreis viele Zweige nur in einer Schleife vorhanden sein werden. Daher gelten die oben genannten Eins-zu-eins-Beziehungen für viele Zweige, wenn nicht sogar für eine überwiegende Mehrheit. Im Vergleich zu dem unten beschriebenen Verfahren für die Schleifen, die nur Zweige haben, die in zwei oder mehr Schleifen vorhanden sind, hat der oben beschriebene Prozess keine Berechnung, sondern nur eine Überprüfung auf Vorhandensein oder Abwesenheit von Zweigen. Dies reduziert die gesamte Rechenlast.

Nun zur Beschreibung des Prozesses der Berechnung der Ströme jener Schleifen, die nur Zweige in zwei oder mehr Schleifen haben. Da es eine solche Schleife im Schaltkreis von Abb. 7.4 nicht gibt, betrachten Sie den Schaltkreis in Abb. 7.6.

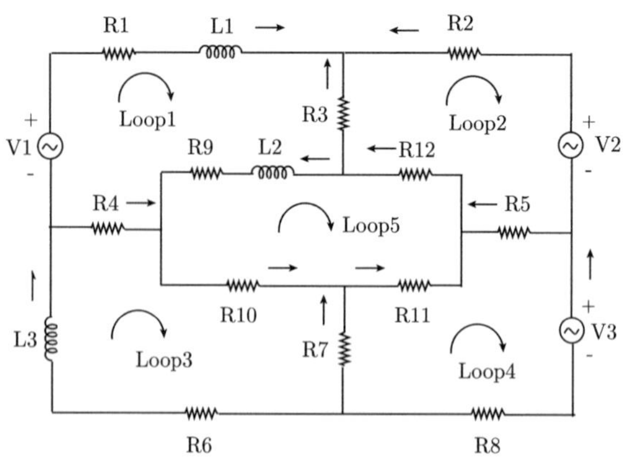

Abb. 7.6 Schleife, die keinen eindeutigen Zweig hat

	{V1,R1,L1}	{V2,R2}	R3	R4	R5	{R6,L3}	R7	{V3,R8}	{R9,L2}	R10	R11	R12
Loop1	FW		RV	RV					FW			
Loop2		RV	FW		FW							FW
Loop3				FW		FW	RV			FW		
Loop4					RV		FW	RV			FW	
Loop5									RV	RV	RV	RV

Abb. 7.7 LoopMap für den Schaltkreis

Durch bloße visuelle Inspektion hat die innere Schleife 5 keinen Zweig, der nur in dieser Schleife vorhanden ist, was durch die LoopMap in Abb. 7.7 bestätigt werden kann. Aus der obigen LoopMap kann der Strom in Loop5 aus einer der vier Gleichungen berechnet werden:

$$\begin{aligned}
i_{loop1} - i_{loop5} &= i_{\{R9,L2\}} \\
i_{loop3} - i_{loop5} &= i_{\{R10\}} \\
i_{loop4} - i_{loop5} &= i_{\{R11\}} \\
i_{loop2} - i_{loop5} &= i_{\{R12\}}
\end{aligned} \tag{7.24}$$

In dem oben genannten Fall sind, mit Ausnahme von iloop5, alle anderen Schleifenströme aus Zweigströmen bestimmt worden, da sie Eins-zu-eins-Beziehungen zu Zweigen haben. Es kann vorkommen, dass mehrere Schleifen wie oben berechnet werden müssen. In diesem Fall müssen diese Schleifenströme durch gleichzeitiges Lösen der Gleichungen als Matrixgleichungen in einer ähnlichen Weise wie zuvor beschrieben berechnet werden, mit dem Unterschied, dass die Matrixgleichungen die Form haben von:

$$\mathbf{Ax} = \mathbf{b} \tag{7.25}$$

In der obigen Gleichung wird **x** alle Ströme in den Schleifen enthalten, die keine Eins-zu-eins-Beziehung zu einem Zweig haben, während **b** die Zweigströme und die Schleifenströme enthalten wird, die aus Eins-zu-eins-Beziehungen mit Zweigen bestimmt werden können.

Dieser Abschnitt schließt das Grundkonzept der Simulation des Schaltkreises mit Hilfe der Schleifenanalyse ab, mit der sowohl Schleifenströme als auch die Ströme in jedem Zweig des Schaltkreises berechnet werden können. Der nächste Abschnitt wird beschreiben, wie dieses Konzept für extrem einfache lineare Schaltkreise ausreichend sein kann, aber Nichtlinearität und Zeitkonstanten werden Ergänzungen zum Simulator benötigen.

7.5 Auswirkungen von Zeitkonstanten auf die Schleifenanalyse

Der vorherige Abschnitt hat beschrieben, wie die Schleifenanalyse an einem Schaltkreis durchgeführt wird, indem die Systemmatrizen aus der LoopMap erzeugt werden. Der vorherige Prozess würde mit akzeptabler Genauigkeit und in angemessenen Zeiträumen funktionieren, wenn die Parameter des Schaltkreises nicht zu stark unterschiedlich sind. In diesem Abschnitt beschreiben wir nun, wie die Parameter des Schaltkreises die Zeitkonstanten des Schaltkreises bestimmen und welchen Einfluss sie auf Simulationen haben. Betrachten Sie den sehr einfachen Schaltkreis in Abb. 7.8. Die Spannungsquelle V ist eine sinusförmige Spannung mit einer Frequenz von 60 Hz und einer RMS-Spannungsmagnitude von 120 V. Beginnen wir mit einem Widerstand von R=50 Ohm und L=0,001 H. Wir wählen einen Simulationsschritt von 10 µs und eine Zeitdauer von 0,1 s. Die Differentialgleichung für den Strom in dem oben genannten Schaltkreis wird sein:

$$V - Ri - L\frac{di}{dt} = 0 \tag{7.26}$$

Daher lautet die Stromaktualisierungsgleichung zur Zeit $t = t_{k+1}$:

$$i(t = t_{k+1}) = i(t = t_k) + \frac{V(t = t_{k+1}) - Ri(t = t_k)}{L}dt \tag{7.27}$$

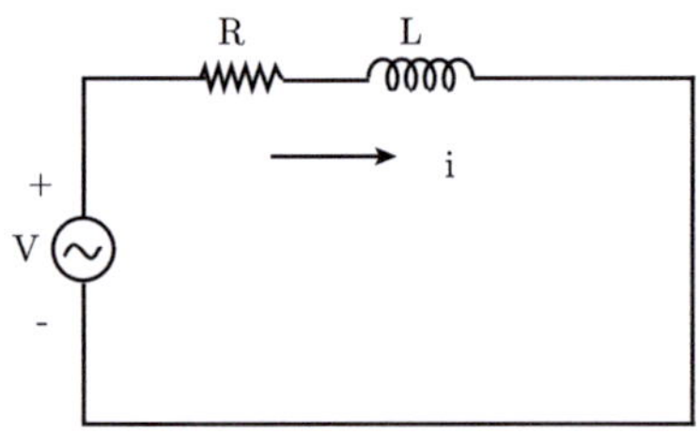

Abb. 7.8 Ein einfacher R-L-Schaltkreis

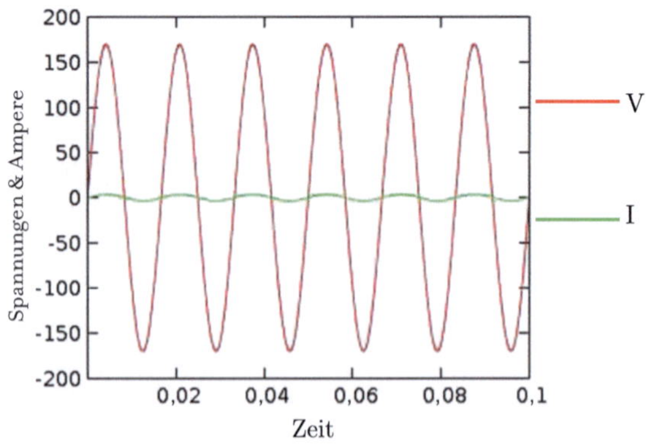

Abb. 7.9 Ergebnis einer stabilen Simulation

Die Zeitkonstante des obigen Schaltkreises wird nach grundlegenden Netzwerkprinzipien L/R sein. In der obigen Aktualisierungsgleichung wird die Zeitkonstante daher eine Rolle spielen, da das Verhältnis L/R zu erscheinen scheint, wenn die Gleichung erweitert wird. Um die Rolle der Zeitkonstante zu beschreiben, werden wir uns nun ansehen, wie der durch die Simulation erzeugte Strom sich ändert, wenn der Widerstand erhöht wird, was zu abnehmenden Zeitkonstanten führt. Abb. 7.9 zeigt die Spannung und die Stromwellenform zusammen. Da wir hauptsächlich an der Stromwellenform interessiert sind, betrachten wir diese in Abb. 7.10. Die obige Simulation scheint stabil zu sein. Die Zeitkonstante des Schaltkreises beträgt $0{,}001/50 = 200\ \mu s$. Da der Simulationsschritt $10\ \mu s$ beträgt, sollte er klein genug sein, um den Schaltkreis mit einer Zeitkonstante von $200\ \mu s$ zu simulieren. Lassen Sie uns nun den Widerstand R auf 200 Ohm erhöhen. Die Simulation ist immer noch stabil, wie aus Abb. 7.11 zu sehen ist. Die Zeitkonstante des Schaltkreises beträgt jedoch jetzt $0{,}001/200 = 20\ \mu s$. Das nächste Simulationsergebnis wird zeigen, dass dies ein Grenzfall ist. Lassen Sie uns den Widerstand weiter auf 200,1 Ohm erhöhen. Das Ergebnis in Abb. 7.12 zeigt, dass die Simulation instabil wird. Der für das Beispiel verwendete Schaltkreis ist recht einfach und daher ist es möglich, die Zeitkonstante des

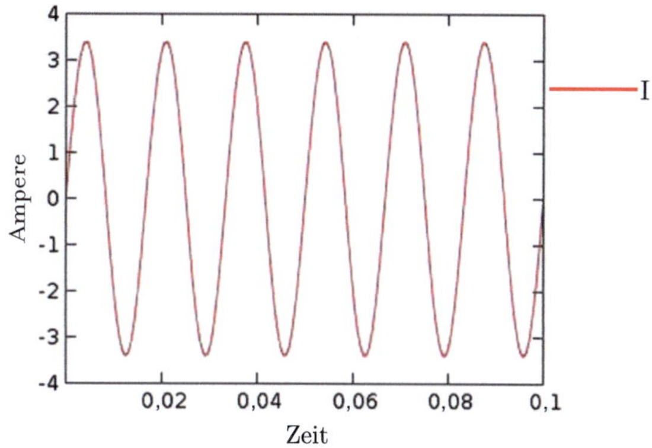

Abb. 7.10 Stromwellenform in der stabilen Simulation

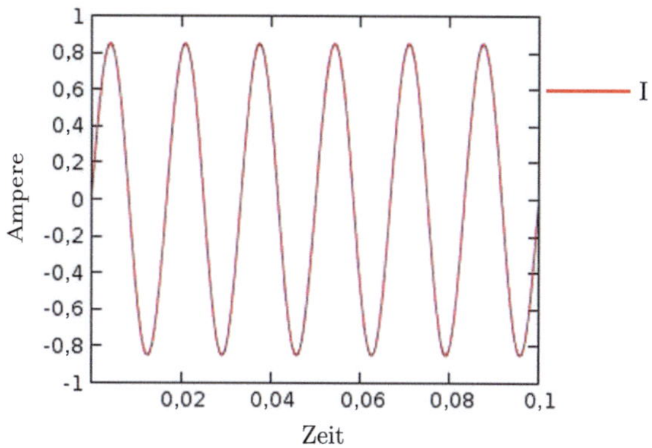

Abb. 7.11 Stromwellenform in der marginal stabilen Simulation

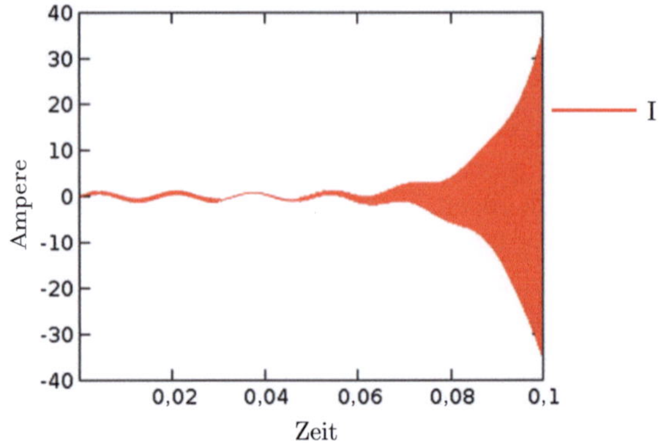

Abb. 7.12 Stromwellenform in der instabilen Simulation

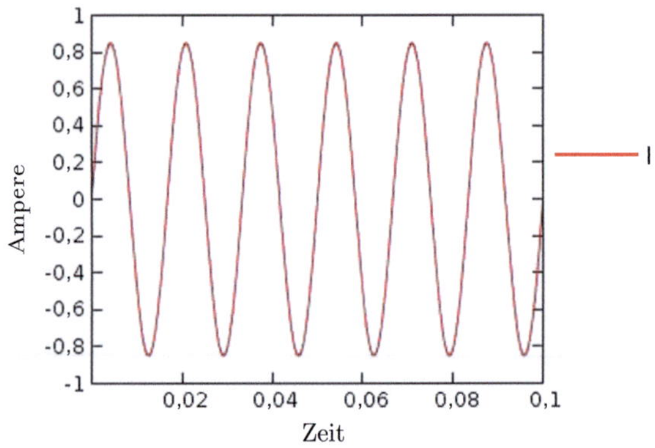

Abb. 7.13 Stromwellenform, wenn der Zeitschritt verringert wird

Schaltkreises zu untersuchen und sie mit dem Simulationsschritt zu vergleichen. In diesem Beispiel ist der Grund für die Instabilität, dass die Simulation nicht schnell genug ist, um die Dynamik des Schaltkreises zu erfassen –10 µs gegenüber 19,9 µs. Eine einfache Möglichkeit, dieses Problem zu lösen, wäre die Verringerung des Simulationsschritts. Die Abb. 7.13 zeigt das Simulationsergebnis mit einem Schritt von 5 µs. Diese Lösung kann jedoch nicht für beliebige Werte der Schaltkreisparameter verwendet werden, da dies bedeuten könnte, dass der Simulationsschritt unrealistisch klein sein müsste. Normalerweise sollte für Leistungselektronikschaltungen ein Simulationsschritt von 1 µs ausreichen, während für Hochfrequenzwandler ein Schritt von 100 ns akzeptabel ist. Wenn jedoch kleinere Schritte als diese benötigt werden, sollte entweder die Anwendung eine spezielle sein oder die Schaltkreisparameter müssen geändert werden, um die Stabilität der Simulation zu verbessern.

Differentialgleichungen mit extrem niedrigen Zeitkonstanten werden als steife Gleichungen bezeichnet. In einem großen Schaltkreis könnten ein oder mehrere Zweige so sein, dass sie eine niedrige Zeitkonstante haben, weil das L/R-Verhältnis des Zweiges extrem niedrig ist. Diese Zweige führen zu Schleifengleichungen, die extrem niedrige Zeitkonstanten haben und daher als steife Zweige bezeichnet werden. Es gibt normalerweise zwei Gründe für steife Zweige. Erstens haben einige Zweige nur eine parasitäre Induktivität, die in der Größenordnung von einigen Mikrohenry sein kann. Zum Beispiel eine Last, die durch einen Widerstand von 20 Ohm und eine parasitäre Induktivität von 10 μH modelliert wird. Zweitens hat ein Zweig einen sehr großen Widerstand, sodass er den Zweig zu einem offenen Stromkreis macht oder einen vernachlässigbaren Strom zieht. Zum Beispiel wird ein Voltmeter als großer Widerstand modelliert, sodass es nicht mehr als 1 μA Strom für die maximal mögliche Spannung zieht. Dies führt dazu, dass das Voltmeter einen Widerstand in der Größenordnung von Megaohm hat. Ein weiteres Beispiel wäre eine Diode, die zu einem hohen Widerstand wird, wenn sie abschaltet, sodass sie bei der maximal zulässigen Spannung einen vernachlässigbaren Strom zieht. In beiden Fällen wird jede Schleife, die ein Voltmeter oder eine Diode im ausgeschalteten Zustand enthält, eine extrem niedrige Zeitkonstante für jeden praktischen Wert der Induktivität haben. Da das Messen der Spannung in einem Schaltkreis etwas ist, das jeder Benutzer so viel wie möglich möchte und da dieser Simulator speziell auf Leistungselektronikschaltungen abzielt, ist es unerlässlich, dass der Simulator in der Lage ist, mit steifen Zweigen umzugehen, ohne instabil zu werden.

Nach einer Beschreibung des Problems der Instabilität, das durch steife Zweige und Schleifen verursacht wird, wird der nächste Abschnitt die in dem Schaltungssimulator verwendete Lösung beschreiben.

7.6 Effekt von steifen Schleifen

In der Schleifenanalyse, wenn eine Schaltung durch eine Menge von linear unabhängigen Schleifengleichungen dargestellt wird, wird jeder Zweig in der Schaltung in mindestens einer Gleichung erscheinen. Ein Zweig kann in mehreren Gleichungen vorhanden sein und im Extremfall in einer Mehrheit der Gleichungen. Der erste Schritt im Umgang mit steifen Zweigen besteht darin, die Präsenz von steifen Zweigen auf die geringstmögliche Anzahl von Gleichungen zu beschränken. Um dieses Konzept zu veranschaulichen, betrachten Sie die Schaltung in Abb. 7.14. Die Schaltung enthält ein Voltmeter Vm. Dieses Voltmeter ist ein

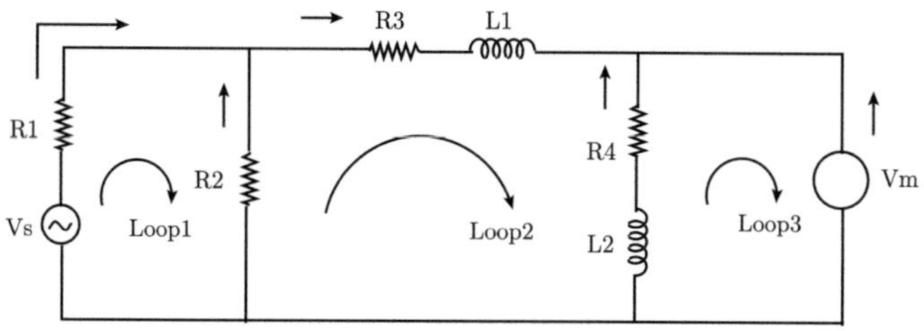

Abb. 7.14 Beispielschaltung mit einem steifen Zweig

extrem großer Widerstand, sodass es bei seiner maximal spezifizierten Spannung einen vernachlässigbaren Strom ziehen wird. Dieses Voltmeter ist daher ein steifer Zweig in der Schaltung. Nehmen wir an, dass alle anderen Zweige nicht steif sind und Zeitkonstanten haben, die vernünftig groß sind. Das Voltmeter erscheint nur in Loop3. Diese Schleife L3 wird eine Zeitkonstante von L2/(R4+Rvm) haben, die vernachlässigbar ist und eine extrem niedrige Simulationsschrittzeit benötigt, um eine stabile Simulation erzeugen zu können. Um dies zu vermeiden und mit dem spezifizierten Simulationsschritt fortzufahren, ist die einzige Lösung, die Induktivität L2 in Schleife 3 zu ignorieren und sie als statische Gleichung anstelle einer Differentialgleichung zu lösen. Dadurch wird Instabilität ausgeschlossen, aber auf Kosten der Genauigkeit. Das Voltmeter Vm misst die Spannung über den Zweig, der R4 und L2 enthält. Dies impliziert den Spannungsabfall über R4 und L2. Durch das Ignorieren von L2 wird die von Vm gemessene Spannung entweder leicht ungenau oder offensichtlich falsch sein, abhängig davon, wie groß der Abfall über L2 im Vergleich zu R4 ist. Dieses Problem ist komplexer und wird später beschrieben. Zunächst jedoch befassen wir uns mit dem Problem, einen steifen Zweig auf die minimale Anzahl von Schleifen zu beschränken.

Betrachten Sie die Schaltung in Abb. 7.15, die lediglich die Schleifengleichungen für die obige Schaltung in einer anderen Weise umschreibt. Durch bloße visuelle Inspektion kann man feststellen, dass die Schleifen unabhängig sind und die Schaltung angemessen repräsentieren würden. Der Schleifensuchalgorithmus ist ein zufälliger Suchalgorithmus, der mit verschiedenen Zweigen beginnt und nach geschlossenen Pfaden sucht. Je nachdem, wie ein Stromkreis gezeichnet wird und wie die Verzweigungen angeordnet sind, kann ein auf unterschiedliche Weise gezeichneter Stromkreis somit zu sehr unterschiedlichen Schleifen führen. Daher ist der Satz von Schleifen in Abb. 7.15 durchaus möglich. Das Problem ist jetzt, dass jede Schleife das Voltmeter Vm enthält und also steif ist. Wenn die vorherige Lösung des Ignorierens aller Induktivitäten in den Schleifen angewendet wird, wird die Schaltung keine Dynamik haben, und mit allen Schleifen, die extrem große Widerstände haben, werden die Schleifenströme und die resultierenden Zweigströme extrem klein sein – all dies sind völlig falsche Ergebnisse. Daher ist das erste Problem, das gelöst werden muss, dass das Voltmeter Vm nicht in allen Schleifen erscheinen kann. Um dies zu erreichen, kehren wir zur LoopMap zurück und führen das Konzept der Schleifenmanipulationen ein.

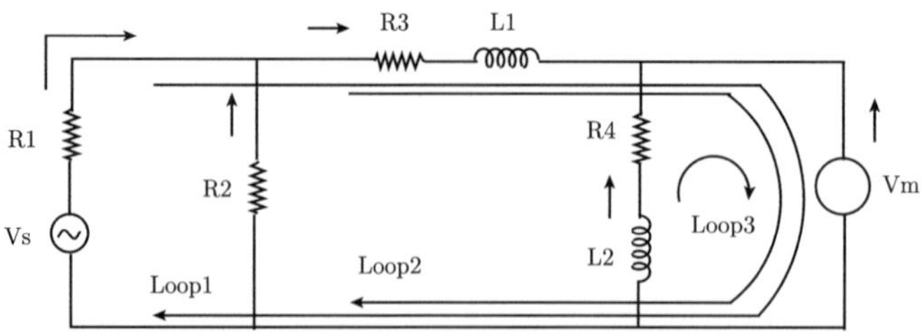

Abb. 7.15 Alle Schleifen, die in einer steifen Verzweigung geschrieben werden

Abb. 7.16 LoopMap für den oben genannten Satz von steifen Schleifen

	{Vs,R1}	R2	{R3,L1}	R4L2	Vm
Loop1	FW		FW		RV
Loop2		FW	FW		RV
Loop3				FW	RV

Abb. 7.17 Modifizierte LoopMap

	{Vs,R1}	R2	{R3,L1}	{R4,L2}	Vm
Loop1	FW	RV			
Loop2		FW	FW	RV	
Loop3				FW	RV

Die LoopMap für die Schaltung in Abb. 7.15 kann wie in Abb. 7.16 gezeigt geschrieben werden. Für die obige Schaltung könnten elementare Operationen an den Schleifengleichungen durchgeführt werden, um Vm aus einigen der Gleichungen zu eliminieren. Zum Beispiel die Operationen:

```
Row1 = Row1 - Row3
Row2 = Row2 - Row3
```

Diese Operationen würden in der LoopMap resultieren, die in Abb. 7.17 gezeigt ist. Eine Untersuchung der obigen LoopMap zeigt, dass die Schleifen genau die Schleifen sind, die in der Schaltung von Abb. 7.14 dargestellt sind, wo Vm nur in Schleife 3 erscheint. Daher haben wir durch Zeilenoperationen auf der LoopMap es geschafft, Vm auf eine einzelne Schleife zu isolieren, wo die Annahme des Ignorierens von L2 und des Lösen von Schleife 3 als statische Gleichung angewendet werden kann. Jetzt, da dieses Konzept mit einem Beispiel veranschaulicht wurde, wird eine detaillierte Beschreibung dieses Prozesses gegeben.

7.7 Schleifenmanipulationen

Für eine Schaltung mit B Zweigen und N Knoten, die vollständig mit Schleifen dargestellt werden soll, wird die Anzahl der unabhängigen Schleifen B-N+1 betragen. Jeder Zweig wird in mindestens einer dieser Gleichungen erscheinen müssen. Wenn ein Zweig nicht in einer einzigen Gleichung erscheint, repräsentieren die Schleifengleichungen die Schaltung nicht genau, da die Dynamik eines Zweiges vernachlässigt wurde. Umgekehrt, wenn ein Zweig in einer einzigen Schleife erscheint und die Schleifen unabhängig bleiben, werden die Schleifen den Zweig weiterhin genau repräsentieren. Daher ist es möglich, die Schleifen so zu manipulieren, dass die Präsenz bestimmter Zweige auf eine minimale Anzahl von Schleifen, vorzugsweise sogar auf eine einzige Schleife, beschränkt wird. Dies ist das Konzept, das mit steifen Zweigen verwendet wird und im vorherigen Abschnitt demonstriert wurde, wo die Schleifen so manipuliert wurden, dass das Voltmeter Vm auf eine einzige Schleife beschränkt wurde.

Bevor wir das Konzept der Schleifenmanipulationen vorstellen, ist es notwendig, zwischen Schleifenmanipulationen und elementaren Operationen an Gleichungen zu unterscheiden. Betrachten wir einen einfachen Fall von N Gleichungen mit N Variablen, die in der folgenden Matrixform geschrieben sind:

$$\mathbf{Ax} = \mathbf{B} \tag{7.28}$$

Hier ist **x** der Vektor der N Variablen und **A** ist eine NxN Matrix, während **B** ein Vektor der Größe N ist. Eine elementare Zeilenoperation, die auf den obigen Satz von Gleichungen angewendet wird, ändert die Lösungsmenge nicht. Daher würde, wenn die obigen Gleichungen unabhängig sind, dies implizieren, dass die Matrix **A** invertierbar ist. Wenn die Gleichungen nicht unabhängig wären, wäre die Matrix **A** nicht invertierbar, und durch eine Reihe von Zeilenoperationen könnte man zeigen, dass eine oder mehrere Zeilen der Matrix **A** null sind. In jedem Fall werden jedoch Zeilenoperationen, die auf den obigen Satz von Gleichungen angewendet werden, die Lösung nicht ändern.

Im Gegensatz dazu kann das gleiche Konzept nicht direkt auf Schleifen angewendet werden. Eine Sammlung von Schleifen in einer LoopMap kann nicht auf die gleiche Weise behandelt werden wie Gleichungen, insbesondere wenn es um die Anwendung von Zeilenoperationen geht. Eine Schleife ist eine Menge von Zweigen, die in einem elektrischen Schaltkreis einen geschlossenen Pfad bilden. Wenn eine Zeilenoperation auf zwei Schleifen ausgeführt wird, z. B. eine Schleife von einer anderen Schleife subtrahiert wird, muss die resultierende Menge von Zweigen keine Schleife bilden. Dies liegt daran, dass diese Zweige möglicherweise keinen geschlossenen Pfad bilden oder eine der anderen Bedingungen einer Schleife, wie eine Wiederholung von Knoten, verletzen können. Betrachten Sie

Abb. 7.18 Inkompatible Schleifen

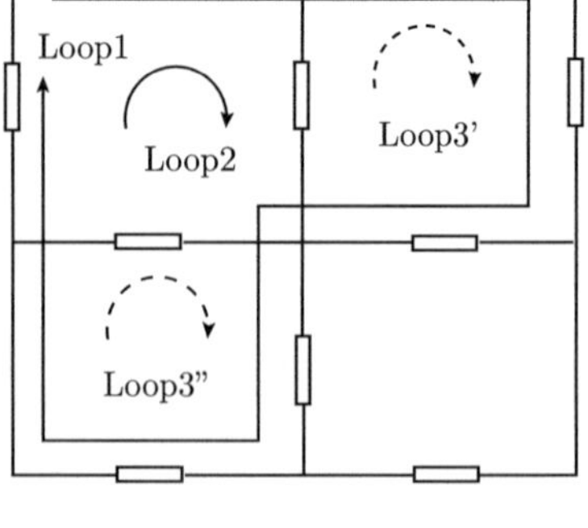

das folgende Beispiel von Schleifen in Abb. 7.18. In diesem Schaltkreis wird die Schleifenmanipulation Loop2 – Loop1 durchgeführt. Aber bei visueller Inspektion kann gesehen werden, dass das Ergebnis nicht eine einzige geschlossene Schleife, sondern zwei Schleifen Loop3' und Loop3" ist und daher als Ergebnis nicht akzeptabel ist. Mehrere andere Beispiele sind möglich. Aus diesem Grund ist es nach einer Schleifenmanipulation notwendig zu überprüfen, ob die resultierende Menge von Zweigen eine Schleife gemäß den für eine Schleife festgelegten Richtlinien bildet:

1. Es sollte ein geschlossener Pfad sein, d. h. einen Knoten als Start- und Endknoten haben.
2. Es sollte keine Wiederholung eines anderen Knotens haben, da dies zu Unterschleifen führt.
3. Jeder Knoten sollte genau in zwei Zweigen erscheinen – mehr würde wieder Unterschleifen bedeuten, d. h., dass es eine Gabel anstelle eines einzigen geschlossenen Pfades gibt, während weniger als zwei bedeutet, dass es einen Bruch in einer Schleife gibt.

Die für Schleifenmanipulationen verwendete Logik ist ziemlich intuitiv. Zunächst können zwei Schleifen nur dann manipuliert werden, wenn es mindestens einen gemeinsamen Zweig zwischen den Schleifen gibt, da sonst die beiden Schleifen vollständig getrennt sind. Wenn es N Zweige im Schaltkreis gibt und Schleife k und Schleife j manipuliert werden, wird der Zweig m der resultierenden Schleife wie folgt entschieden:

1. Wenn Zweig m in beiden Schleifen Loop k und Loop j existiert, wird Loop k – Loop j dazu führen, dass der Zweig gelöscht wird, wenn (Branchm)Loopk = „FW“ und (Branchm)Loopj = „FW“ oder (Branchm)Loopk = „RV“ und (Branchm)Loopj = „RV“, d. h., die Verzweigung verläuft in beiden Schleifen in dieselbe Richtung. Andererseits wird Loop k + Loop j dazu führen, dass der Zweig gelöscht wird, wenn (Branchm)Loopk = „FW“ und (Branchm)Loopj = „RV“ oder (Branchm)Loopk = „RV“ und (Branchm)Loopj = „FW“, d. h., die Schleifen stehen sich in Bezug auf diesen Zweig gegenüber.
2. Wenn ein Zweig nur in einer Schleife existiert, z. B. nur in Schleife k, wird Loop k – Loop j den gleichen Zweig ergeben, den Loop k hat. Das bedeutet, wenn (Branchm)Loopk = „FW“ und (Branchm)Loopj = „–“, wird die resultierende Schleife (Branchm)result = „FW“ haben, während die resultierende

Abb. 7.19 Schleifenmanipulation in einer Schleifenkarte

	{Vs,R1}	{R3,L1}	{R4,L2}	Vm	
Loop1	FW	FW		RV	
Loop3			FW	RV	
Result	FW	FW	RV		

Schleife (Branchm)result = „RV“ haben wird, wenn (Branchm)Loopk = „RV“ und (Branchm)Loopj = „–“, .

Lassen Sie uns nun die Schleifenmanipulation untersuchen, die zwischen Schleife 1 und Schleife 3 für die Schaltung in Abb. 7.15 durchgeführt wurde, wie sie in der Schleifenkarte von Abb. 7.19 dargestellt ist. Das Ziel der Schleifenmanipulation besteht darin, den Zweig Vm aus Schleife 1 zu eliminieren. Da Vm in der gleichen Richtung „RV“ in Schleife 1 und Schleife 3 erscheint, ist die durchgeführte Manipulation Schleife 1 – Schleife 3. Im Falle der Zweige {Vs, R1} und {R3, L1} hat Schleife 1 diese Zweige als „FW“, während sie in Schleife 3 nicht existieren. Das Ergebnis in beiden Fällen ist daher ein „FW“. Im Falle des Zweiges {R4, L2} existiert der Zweig nicht in Schleife 1, ist aber ein „FW“ in Schleife 3. Das Ergebnis ist daher ein „RV“. Da Vm in beiden Schleifen als „RV“ existiert, ist das Ergebnis, dass es wie erwartet eliminiert wird. Die verbleibenden Zweige existieren in keiner der Schleifen und werden daher auch im Ergebnis nicht existieren.

Wie im obigen Beispiel gezeigt, wird der Zweig mit dem Voltmeter Vm aus Schleife 1 und Schleife 2 eliminiert. Die Schaltung war einfach, aber für eine komplexe Schaltung mit mehreren steifen Zweigen muss ein Algorithmus entwickelt werden. Der erste Schritt dieses Algorithmus besteht darin, die steifen Zweige auf der Schleifenkarte zu markieren. Wenn ein Zweig steif ist und in die gleiche Richtung wie die Richtung der Schleife zeigt, wird er als „SF“ markiert, während er als „SR“ gekennzeichnet wird, wenn die Richtung des Zweiges der der Schleife entgegengesetzt ist. Betrachten wir eine kompliziertere Schaltung in Abb. 7.20 mit vier steifen Zweigen als Voltmeter. Die Schleifenkarte für die Schaltung mit den Schleifen ist in Abb. 7.21 dargestellt. Wie aus der Schleifenkarte ersichtlich ist, treten die Voltmeter Vm2 und Vm4 nur in Schleife 4 bzw. Schleife 8 auf und müssen nicht aus anderen Schleifen eliminiert werden. Die Voltmeter Vm1 und Vm3 hingegen treten in mehreren Schleifen auf – Vm1 in Schleife 2 und Schleife 3, während Vm3 in Schleife 6 und Schleife 7 vorkommt.

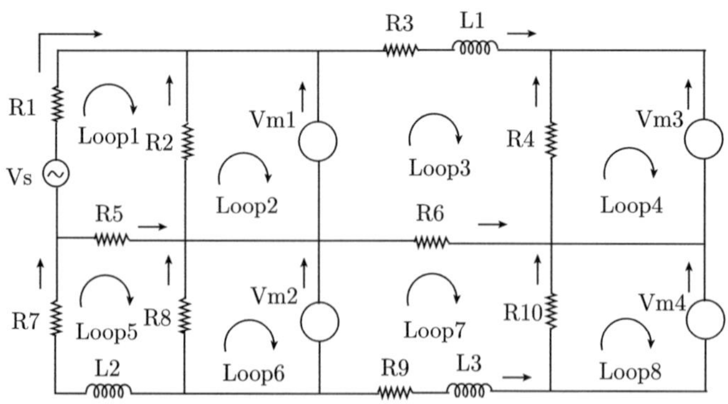

Abb. 7.20 Schaltung mit mehreren Schleifen

	{Vs,R1}	R2	Vm1	{R3,L1}	R4	Vm1	R5	R6	{R7,L2}	R8	Vm3	{R9,L3}	R10	Vm4
Loop1	FW	RV					RV							
Loop2		FW	SR											
Loop3			SF	FW	RV			RV						
Loop4					FW	SR								
Loop5									FW	RV				
Loop6										FW	SR			
Loop7								FW			SF	RV	RV	
Loop8													FW	SR

Abb. 7.21 Schleifenkarte

	{Vs,R1}	R2	Vm1	{R3,L1}	R4	Vm1	R5	R6	{R7,L2}	R8	Vm3	{R9,L3}	R10	Vm4
Loop1		FW	SR											
Loop2			SF	FW	RV			RV						
Loop3					FW	SR								
Loop4										FW	SR			
Loop5								FW			SF	RV	RV	
Loop6													FW	SR

Abb. 7.22 Manipulierte Schleifenkarte

Der erste Teil des Prozesses der Schleifenmanipulationen besteht darin, alle Schleifen, die steife Zweige enthalten, an die Spitze der Schleifenkarte zu bringen. Dies wird bei der Lösung der Schleifengleichungen helfen, da die Schleifen nun als jene steifen Schleifen unterteilt sind, deren Zeitkonstanten absichtlich ignoriert wurden, im Gegensatz zu den verbleibenden Schleifen. Lassen Sie uns nun nur die ersten sechs steifen Schleifen dieser Schleifenkarte untersuchen, wie in Abb. 7.22 dargestellt. Es gibt vier steife Zweige in der Schaltung, das Ziel ist es, diese steifen Zweige auf die minimale Anzahl von Schleifen zu beschränken. Da es vier steife Zweige gibt, wäre die minimale Anzahl von Schleifen, die benötigt werden, um diese Zweige zu enthalten, ebenfalls vier, da jeder Zweig der Schaltung in mindestens einer Schleife erscheinen muss. Daher versuchen wir, diese Schleifenkarte in Bezug auf die steifen Zweige diagonal zu machen, ähnlich wie bei der Lösung von Schleifengleichungen. Der Algorithmus wäre wie folgt:

Abb. 7.23 Prozess der Schleifenmanipulation

	R2	Vm1	{R3,L1}	R4	R6
Loop1	FW	SR			
Loop2		SF	FW	RV	RV
Result	FW		FW	RV	RV

1. Beginnen Sie mit jeder steifen Schleife. Wenn eine steife Schleife gefunden wurde, suchen Sie nach dem ersten steifen Zweig in dieser Schleife. Dieser steife Zweig soll als Diagonalelement behandelt werden und das Ziel ist es, diesen steifen Zweig mit Zeilenoperationen aus allen anderen steifen Schleifen zu eliminieren.
2. Zum Beispiel ist Schleife 1 eine steife Schleife. Der erste steife Zweig ist Vm1. Der steife Zweig existiert auch in Schleife 2; jedoch ist die Richtung des Zweiges entgegen der Schleife in Schleife 1 und in der gleichen Richtung wie Schleife 2. Daher ist die durchgeführte Zeilenoperation Schleife2 = Schleife2 + Schleife1. Die Schleifenoperation ist unten in Abb. 7.23 dargestellt und es ist zu sehen, dass das Ergebnis eine gültige Schleife ist und keine steifen Zweige hat. Dieses Ergebnis wird dann Schleife2 zugewiesen.
3. Die nächste steife Schleife ist Schleife 3, aber der einzige steife Zweig ist Vm2. Vm2 erscheint jedoch in keiner anderen Schleife und daher besteht keine Notwendigkeit, eine Schleifenmanipulation durchzuführen.
4. Für Schleife 4 und Schleife 5 sind Schleifenmanipulationen notwendig, da Vm3 in beiden Schleifen vorhanden ist. Diese können auf die gleiche Weise wie oben durchgeführt werden.
5. Schließlich hat Schleife 6 nur einen steifen Zweig Vm4 und Vm4 erscheint in keiner anderen Schleife und kann so belassen werden.

Mit der Technik der Schleifenmanipulationen können die steifen Äste auf vier Schleifen mit einem steifen Ast in jeder Schleife begrenzt werden. Im Falle von Schaltungen mit mehreren steifen Ästen und nur wenigen nicht steifen Ästen kann es jedoch vorkommen, dass mehrere steife Äste in einer einzigen Schleife auftreten. Dies liegt daran, dass die Anzahl der Äste in einer Schaltung typischerweise größer ist als die Anzahl der Schleifen und daher, wenn es so ist, dass die Anzahl der steifen Äste größer ist als die Anzahl der Schleifen, ist es unmöglich, einen einzigen steifen Ast pro Schleife zu haben. In diesem Fall, obwohl mehrere steife Äste in einer einzigen steifen Schleife auftreten und auch ein steifer Ast in mehreren steifen Schleifen auftreten kann, hilft die Technik, die nicht steifen Schleifen herauszuziehen, die keinen einzigen steifen Ast haben. Der Differentialgleichungslöser kann nun diese nicht steifen Schleifen lösen. In den späteren Kapiteln wird gezeigt, wie in einigen Schaltungen mit Leistungselektronikwandlern, nicht steife Schleifen, die die Schaltung repräsentieren, erst in einem späteren Stadium der Simulation auftreten.

Dies deckt den größten Teil des Aspekts der Schleifenanalyse ab. An dieser Stelle möchten wir beschreiben, warum die Schleifenanalyse allein nicht ausreicht, um eine nichtlineare Schaltung zu simulieren. Der nächste Abschnitt wird diesen Aspekt beschreiben und die Grundlage für das nächste Kapitel legen, das beschreibt, wie die Knotenanalyse im Simulator verwendet wird.

7.8 Begrenzung der Schleifenanalyse

Die Schleifenanalyse ist ziemlich genau, wenn alle Äste und nachfolgenden Schleifen in der Schaltung nicht steif sind. Bei steifen Ästen in einer Schaltung müssen die resultierenden steifen Schleifen jedoch approximiert werden, wie im vorherigen Abschnitt gezeigt. In diesem Abschnitt werden wir dieses Problem im Detail beschreiben. Zunächst einmal könnte ein steifer Ast aus mehreren Gründen einen großen Widerstand haben – es könnte ein Voltmeter sein, es könnte ein nichtlineares Element (eine Diode) im ausgeschalteten Zustand sein oder es könnte ein großer Widerstand sein, den der Benutzer verwenden möchte, um einen Ast zu Testzwecken zu unterbrechen. Da die Hauptcharakteristik eines steifen Astes darin besteht, dass er rein resistiv ist, werden Strom und Spannung in einem steifen Ast eine einfache V/I=R-Beziehung haben. Wie unten gezeigt wird, wird es mehr zu einem Problem, die Spannung über den steifen Ast zu bestimmen, als den Strom in einem steifen Ast zu bestimmen.

Betrachten wir erneut die Schaltung in Abb. 7.24, die den einzelnen steifen Ast als Vm enthielt. Schleife 3 wird, wie zuvor erwähnt, eine extrem kleine Zeitkonstante L2/(R4+Rvm) haben. Diese wird vernachlässigt, indem die Induktivität L2 ignoriert wird. Dies mag als vernünftige Annäherung erscheinen, aber wenn wir die Möglichkeit in Betracht ziehen, dass der Spannungsabfall über der Induktivität L2 genauso hoch sein kann wie der des Widerstands R4, könnte das Ignorieren der Induktivität zu einem offensichtlich falschen Ergebnis führen. Dies liegt daran, dass der Strom in Schleife 3 gleich dem Strom durch den Zweig Vm und daher die vom Voltmeter gemessene Spannung iloop3*Rvm wäre. Daher misst das Voltmeter Vm nicht den Spannungsabfall über den Ast, sondern nur den Spannungsabfall über den Widerstand R4. Dieses Problem kann minimiert wer-

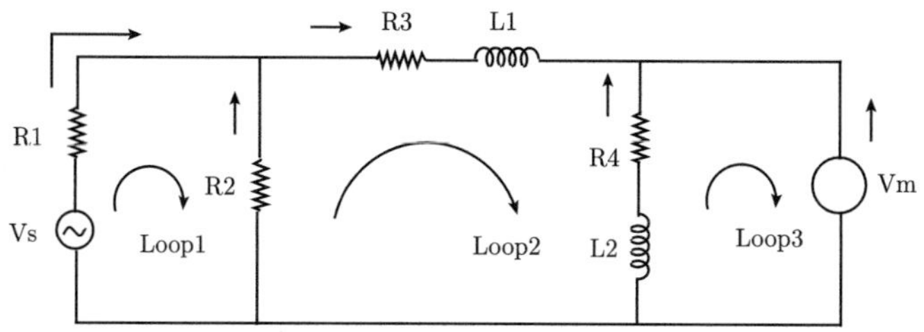

Abb. 7.24 Schaltung mit einem steifen Zweig

den, indem man die Induktivität nicht vollständig aus den Berechnungen der steifen Schleife ignoriert. Im obigen Fall kann die vollständige Schleifengleichung für Schleife 3 wie folgt geschrieben werden:

$$R4 * i_{loop3} + Rvm * i_{loop3} + L2 * \frac{di_{loop3}}{dt} = R4 * i_{loop2} + L2 * \frac{di_{loop2}}{dt} \quad (7.29)$$

Da es sich bei Schleife 3 um eine steife Schleife mit einer sehr niedrigen Zeitkonstante handelt, ist –L2/(Rvm+R4) aufgrund des hohen Widerstands Rvm des Voltmeters Vm vernachlässigbar. Daher wird di_{loop3}/dt ignoriert, was zu folgender Annäherung führt:

$$R4 * i_{loop3} + Rvm * i_{loop3} = R4 * i_{loop2} + L2 * \frac{di_{loop2}}{dt} \quad (7.30)$$

Aus der obigen Gleichung geht hervor, dass der Einfluss des Spannungsabfalls über der Induktivität in die Berechnung des Stroms in Schleife 3 durch den Term $L2 * di_{loop2}/dt$ eingeführt wird. Dies führt zu einer ziemlich genauen Voltmeterablesung.

Es gibt jedoch ein weitaus tiefer verwurzeltes Problem mit steifen Ästen. Dies ergibt sich aus der Tatsache, dass steife Äste auf die kleinstmögliche Anzahl von Schleifen isoliert werden, um die Auswirkungen auf den Rest der Schleifengleichungen zu reduzieren. Obwohl dies technisch korrekt ist, stellt es in einer numerischen Simulation eine Herausforderung in Bezug auf die Stabilität dar. Betrachten Sie das Segment einer Schaltung, das in Abb. 7.25 gezeigt ist. Die beiden auf der linken Seite vorgestellten Schalter sind Teil einer größeren Schaltung mit Leistungselektronikwandlern. Wenn ein Voltmeter auf diese Weise über parallele Äste angeschlossen ist, sind die Spannungen über diesen parallelen Ästen immer gleich. Allerdings hat einer der Äste einen dominanten Einfluss auf die Spannung. Wenn z. B. beide Schalter aus sind, dominiert die Kondensatorspannung, während wenn beide Schalter eingeschaltet sind, wird der Kondensator kurzgeschlossen und selbst wenn er eine Spannung hat, ist der Spannungsabfall über den Ästen fast null. Wenn die oben genannte Technik der Schleifenmanipulationen verwendet wird und der Voltmeterast auf eine einzige Schleife beschränkt wird, wird er nur mit einem der Äste in der Gruppe der parallel angeschlossenen Äste assoziiert sein. Daher wird der kumulative Effekt der parallel angeschlossenen Äste nicht vollständig erfasst und im obigen Fall noch mehr, da einer der Äste nichtlinear ist. Simulationen von Schaltungen ähnlich der oben gezeigten zeigten ein Flat-

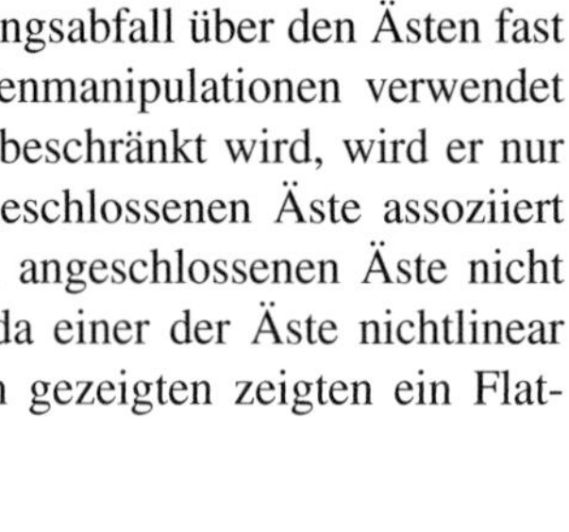

Abb. 7.25 Steife Äste parallel zu nicht steifen Ästen

tern in der Voltmeterablesung bei Verwendung der Schleifenanalyse und die einzige Lösung bestand darin, den Simulationsschritt zu verringern, um Fehler in der Schleifenanalyse zu verringern.

Eine andere Lösung besteht darin, eine Technik zu untersuchen, die die Spannungen über den Ästen oder anders ausgedrückt die Spannungen an den Knoten berechnet. Dies impliziert auch eine Knotenanalyse. Das Konzept der Knotenanalyse wird im nächsten Kapitel erklärt. Wie beschrieben wird, wird die Knotenanalyse nicht nur verwendet, um mit steifen Ästen umzugehen, sondern auch mit nichtlinearen Schaltungen.

7.9 Schlussfolgerungen

Wie zuvor erwähnt, stellt LoopMap die Schleifen in einer Schaltung als eine Sammlung von Zweigen dar. Diese praktische Darstellung ermöglicht es dem Schaltungssimulator, eine Vielzahl von Berechnungen durchzuführen. Zunächst ermöglicht LoopMap dem Simulator bei der Erzeugung der Schleifengleichungen, den Gesamtwiderstand, die Gesamtinduktivität und die Gesamtspannung im geschlossenen Pfad, den die Schleife darstellt, zu bestimmen. Darüber hinaus ermöglicht LoopMap eine schnelle Bestimmung der Wechselwirkung zwischen Schleifen – Schleifen, die sich über einen Satz von Zweigen unterstützen oder Schleifen, die sich über einen Satz von Zweigen entgegenwirken. Dies erleichtert wiederum die Erzeugung eines Algorithmus zur Erzeugung der Schleifengleichungen und deren Ausdruck als Matrixgleichung. Das Kapitel hat diesen Prozess im Detail mit Beispielschaltungen beschrieben.

Obwohl die Lösung von Matrixdifferentialgleichungen nicht im Rahmen dieses Buches liegt, wurde eine Beschreibung der Methode zur Lösung der aus LoopMap erzeugten Matrixgleichungen bereitgestellt. Insbesondere wurde die Transformation der Matrizen der Gleichung mit Hilfe von elementaren Zeilenoperationen vor ihrer Lösung beschrieben. Die Lösung der Matrixgleichung sind die Ströme in allen Schleifen von LoopMap. Für die notwendige Nachbearbeitung müssen jedoch die Ströme in allen Zweigen der Schaltung bestimmt werden. Auch hier liefert LoopMap Informationen über die in jeder Schleife vorhandenen Zweige und damit auch Informationen über die Schleifen, die durch einen Zweig verlaufen. Dies ermöglicht die Berechnung der Zweigströme aus den Schleifenströmen durch Bildung der algebraischen Summe der Ströme der Schleifen, in denen ein Zweig auftritt. Umgekehrt wurde auch gezeigt, wie die umgekehrte Berechnung möglich ist. LoopMap kann verwendet werden, um die Ströme in den Schleifen aus den Strömen in den Zweigen zu bestimmen.

Da dieser Schaltungssimulator hauptsächlich für Anwendungen in der Leistungselektronik vorgesehen ist, ist es äußerst wichtig, dass er mit ständig wechselnden Schaltungen umgehen kann. Das Kapitel führt das Konzept eines steifen Zweiges ein – ein Zweig mit einer extrem niedrigen Zeitkonstante (L/R) aufgrund einer vernachlässigbaren Induktivität oder eines sehr großen

Widerstands. Ein leistungsstarkes Elektronikgerät, wie z. B. eine Diode, stellt im ausgeschalteten Zustand einen sehr großen Widerstand dar, der so groß ist, dass kein Strom durch ihn fließen kann. Daher ist die Fähigkeit, mit steifen Zweigen und Zweigen, die ihren Zustand von steif zu nicht steif und umgekehrt ändern, äußerst wichtig. Das Kapitel beschreibt anhand eines einfachen Beispiels, wie steife Schaltungen Instabilität verursachen können, wenn sie nicht angemessen behandelt werden. Die Technik zur Behandlung von steifen Zweigen ist eine Kombination aus Schleifenmanipulationen und Annäherung.

Das Kapitel hat gezeigt, wie Schleifen auf willkürliche Weise erzeugt werden und oft dazu führen können, dass alle Schleifen in LoopMap steif sind, obwohl nur wenige Zweige steif sind. Durch den Prozess der Schleifenmanipulationen können die Schleifen so transformiert werden, dass die steifen Zweige auf die kleinstmögliche Anzahl von Schleifen isoliert werden. Daher kann eine Schaltung effektiv in steife und nicht steife Teile unterteilt werden, wobei ein Segment von LoopMap nur Zweige hat, die nicht steif sind, während das andere Segment die steifen Zweige hat. Diese Trennung macht es dann möglich, dass die steifen Schleifen als statische Gleichungen approximiert werden, während die nicht steifen Schleifen als Differentialgleichungen gelöst werden.

Obwohl Schleifenmanipulationen eine wirksame Technik zur Sicherstellung der Stabilität einer Simulation in Anwesenheit von steifen Zweigen sind, sind sie oft nicht ausreichend, um den Strom durch steife Zweige genau zu bestimmen. Dies liegt einfach daran, dass steife Schleifen isoliert und dann approximiert werden, was dazu führt, dass die Ströme der steifen Schleifen keine genaue Darstellung der Ströme in den steifen Zweigen sind. Das Kapitel liefert ein Beispiel, bei dem ein Zittern in der Messung von Voltmetern in Schaltungen mit parallelen Zweigen, die nichtlineare Elemente enthalten, auftreten kann. Um dieses Problem zu lösen, berechnet der Schaltungssimulator separat die Spannungen an den Knoten der Schaltung, aus denen die Zweigströme bestimmt werden können. Das nächste Kapitel wird diesen Prozess durch Knotenanalyse beschreiben, die auch eine entscheidende Rolle bei der Bestimmung der Leitung von nichtlinearen Geräten in einer Schaltung spielt.

Kapitel 8
Schaltkreisanalyse—Knotenanalyse

Zusammenfassung Dieses Kapitel beschreibt, wie die Knotenanalyse verwendet werden kann, um die Ströme durch steife Zweige (die eine sehr niedrige Zeitkonstante haben) in der Schaltung zu bestimmen. Mit dem Beispiel eines einfachen Buck-Konverters zeigt das Kapitel, warum die Schleifenanalyse unzureichend ist, um die Leitung von Leistungsvorrichtungen während Schaltvorgängen zu bestimmen. Das Kapitel erläutert dann, wie die Knotenanalyse effektiv verwendet werden kann, um zu bestimmen, wie Leistungsvorrichtungen leiten und wie der Strom von einem Gerät zum anderen übertragen wird. Das Kapitel führt das Konzept von Ereignissen ein und wie die Matrixgleichungen für die Schaltung konstant bleiben, bis ein Ereignis eintritt. Schließlich beschreibt das Kapitel den logischen Ablauf der Prozesse im Simulator, während er die Schleifenanalyse und die Knotenanalyse nacheinander durchführt.

Schlüsselwörter Knotenanalyse · Buck-Konverter · Gleichstrom-Wechselstrom-Wandler · Leitungszustand · Freilauf · Schaltungsvorgänge · Simulationsablauf

8.1 Einführung

Das vorherige Kapitel beschrieb die Schleifenanalyse als Grundlage der Schaltkreisanalyse im Simulator. Wie bereits erwähnt, ist der Fokus des Simulators auf Anwendungen in der Leistungselektronik gerichtet, was die Schleifenanalyse leicht anwendbar macht. Darüber hinaus dient die Schleifenanalyse als Tutorial zum Erlernen der Funktionsweise von Leistungselektronikschaltungen, indem sie die geschlossenen Pfade erzeugt, durch die der Strom fließt. Kap. 6 stellte das Konzept der LoopMap und KCLBranchMap vor, die die Konnektivität des Schaltkreises enthält und für die Durchführung der Schaltkreisanalyse verwendet wird. Der Simulator verwendet die Knotenanalyse als Notwendigkeit unter zwei Bedingungen – um den Strom durch steife Zweige und die Leitfähigkeit von nichtlinearen Geräten bestimmen zu können.

S. V. Iyer, *Simulation nichtlinearer Schaltungen in der Leistungselektronik mit Python*, https://doi.org/10.1007/978-3-031-58981-2_8

Wie im vorherigen Kapitel erwähnt, neigt die Schleifenanalyse dazu, instabil zu sein, während sie den Strom durch steife Zweige bestimmt. Dies liegt an der Art und Weise, wie die Schleifenanalyse mit steifen Zweigen umgeht – sie isoliert und approximiert sie. Eine weitaus stabilere und genauere Methode zur Bestimmung der Ströme durch steife Zweige wäre die Bestimmung der Spannungsabfälle über ihnen. Hier verwendet der Simulator die Knotenanalyse. Die Schleifenanalyse führt dazu, dass die Ströme der nicht steifen Zweige mit einem hohen Grad an Genauigkeit berechnet werden. Diese Ergebnisse der Schleifenanalyse bilden die Grundlage der Knotenanalyse.

Die Knotenanalyse, wie sie im Simulator durchgeführt wird, basiert auf der Lösung des Schaltkreises zu einem bestimmten Zeitpunkt anstatt iterativ wie bei der Schleifenanalyse. Die Knotenanalyse verwendet nicht die in der Schleifenanalyse verwendeten Integrationsmethoden, um die Zweigströme schrittweise in Bezug auf einen vorherigen Zeitpunkt zu berechnen. Andererseits wird die Knotenanalyse die aus der Schleifenanalyse erzeugten Zweigströme und Zweigspannungen verwenden, um die Knotenspannungen und danach die Ströme in den steifen Zweigen zu berechnen, die die einzigen Lücken sind, die nach der Schleifenanalyse noch ausgefüllt werden müssen. Die Knotenanalyse verwendet Spannungsquellen, Induktionsströme und Kondensatorspannungen als treibende Eingaben und ergibt eine recht stabile Berechnung der Knotenspannungen unter Berücksichtigung der Auswirkungen der Nichtlinearität.

Da dies das letzte Kapitel des Buches ist, wird dieses Kapitel sich damit befassen, wie mit Leistungselektronikschaltungen im Simulator umgegangen wird. Das Kapitel wird einen einfachen Leistungswandler verwenden, um zu zeigen, wie die Schleifenanalyse nicht vollständig ausreicht, um nichtlineare Schaltungen zu simulieren. Das Beispiel verdeutlicht die Notwendigkeit der Knotenanalyse, um die Leitfähigkeit von nichtlinearen Geräten nach jedem Schaltvorgang zu bestimmen. Insbesondere wird die Knotenanalyse verwendet, um das Freilaufen des Induktionsstroms und umgekehrt die Auswirkung des Induktionsstroms auf die Verhinderung der Leitfähigkeit einiger Geräte zu bestimmen. Das Kapitel wird beschreiben, wie der Simulator ein Ereignis verwendet, um zu signalisieren, wie eine Änderung in einem oder mehreren Zweigen dazu führt, dass der Schaltkreis in Bezug auf LoopMap und KCLBranchMap neu verarbeitet wird. Das Kapitel wird auch die Reihenfolge beschreiben, in der der Simulator die Schleifenanalyse und die Knotenanalyse durchführt.

8.2 Konzept der Knotenanalyse

Das Konzept der Knotenanalyse, das in diesem Schaltungssimulator verwendet wird, unterscheidet sich von dem traditionellen Ansatz zur Implementierung der Knotenanalyse. Dies liegt daran, dass die Knotenanalyse eine unterstützende Rolle für die Schleifenanalyse spielt. Zunächst werden wir untersuchen, wie die Knotenanalyse nach der Schleifenanalyse bei jedem Zeitschritt der Simulation implementiert wird. Später in diesem Kapitel werden wir beschreiben, wie die Knotenanalyse verwendet wird, um die Leitfähigkeit von Schaltern und Dioden insbesondere in Bezug auf das Freilaufen in einer nichtlinearen Schaltung zu bestimmen. Betrachten wir die Schaltung in Abb. 8.1. Zur Vereinfachung enthält die obige Schaltung keine nichtlinearen Elemente. Die Schleifenmanipulationen haben den steifen Zweig Voltmeter Vm auf eine einzige Schleife, d. h. Schleife 3, isoliert. Nehmen wir an, dass die Schleifenanalyse durchgeführt wurde und die Ströme durch alle Zweige durch die Methode der Zuordnung von Zweigströmen und Schleifenströmen, wie im vorherigen Kapitel beschrieben, berechnet wurden. Mit diesem Ausgangspunkt werden wir nun beschreiben, wie die Knotenanalyse verwendet wird, um den Strom im Zweig mit dem Voltmeter Vm zu berechnen.

Das Ziel der Knotenanalyse besteht darin, die Spannungen Vx1 und Vx2 an den in der Schaltung gezeigten Knoten zu bestimmen. Eine detaillierte Knotenanalyse, die an der obigen Schaltung durchgeführt wird, würde die Lösung einer Differentialgleichung beinhalten, da die obige Schaltung einen Kondensator und eine Induktivität enthält. Wie jedoch zuvor erwähnt, ist die Knotenanalyse lediglich eine Ergänzung zur Schleifenanalyse; daher wird die Knotenanalyse nicht im gleichen Detail durchgeführt. Das Ziel der Knotenanalyse besteht darin, den Strom durch den steifen Zweig zu bestimmen, der in diesem Fall der Zweig mit dem Voltmeter Vm ist. Um eine vereinfachte Knotenanalyse durchzuführen, werden die folgenden Annahmen getroffen:

1. Ein Zweig mit einer Induktivität wird als Stromquelle betrachtet. Dies liegt daran, dass der Strom durch die Induktivität, der durch die Schleifenanalyse berechnet wurde, sich durch die Knotenanalyse nicht ändern wird. Eine Ausnahme von der Regel wäre, wenn der Zweig mit der Induktivität auch einen großen Widerstand hat, der den Zweig zu einem steifen Zweig macht. In diesem Fall wird die Induktivität vernachlässigt und der Zweig wird als resistiver Zweig behandelt.
2. Alle Kondensatoren werden als Spannungsquellen betrachtet. Auch dies liegt daran, dass die Kondensatorspannung durch die Schleifenanalyse bestimmt wird, die den Strom in einem Zweig mit einem Kondensator berechnet und anschließend die Kondensatorspannung ermittelt. Weder der Strom im Kondensatorzweig noch die Spannung des Kondensators werden sich mit der Knotenanalyse ändern.

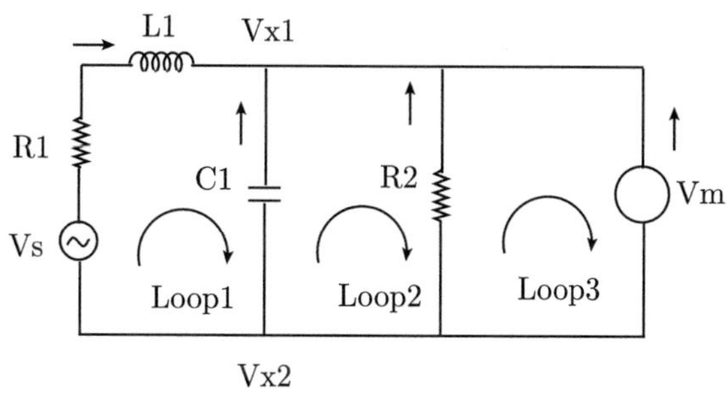

Abb. 8.1 Knotenanalyse für einen Beispielkreis

Es gibt zwei Gründe, warum Induktivitäten als Stromquelle gewählt werden. Erstens, wie bereits gesagt, wird sich der Strom durch eine Induktivität nicht augenblicklich ändern; daher kann in der Knotenanalyse ein Zweig mit einer Induktivität als eine Quelle betrachtet werden, die einen Strom an einen Knotenpunkt liefert oder entnimmt. Zweitens, wenn die Knotenanalyse ohne Induktivitäten als Stromquellen durchgeführt werden sollte, wäre die einzige andere Option, sie als äquivalente Spannungsabfälle zu betrachten. Dies würde bedeuten, Ldi/dt zu berechnen, was ziemlich instabil sein kann, da das di/dt insbesondere in nichtlinearen Schaltungen mit Schaltelementen ziemlich hoch und schwankend sein kann.

In der oben gezeigten Schaltung wird der Zweig {Vs, R1, L1} als Stromquelle betrachtet, vorausgesetzt, R1 ist nicht zu groß und macht den Zweig steif. Die anderen Zweige werden als normale resistive Zweige behandelt, einschließlich des Kondensators C1, der als Spannungsquelle mit einem parasitären Widerstand behandelt wird. Es sollte beachtet werden, dass die Ströme in diesen Zweigen bereits mit der Schleifenanalyse bestimmt wurden. Sie werden jedoch in der Knotenanalyse immer noch als resistive Zweige betrachtet, anstatt als reine Stromquellen. Dies liegt daran, dass, wenn alle Zweige außer dem steifen Zweig als Stromquellen betrachtet werden, die Berechnung die Bestimmung des Flusses des Nettostroms all dieser Zweige in den steifen Zweig beinhalten würde. Für die obige einfache Schaltung könnte dies möglich sein, aber für größere Schaltungen ist dies fehleranfällig, da die Matrizen mit nur steifen Zweigen schlecht geformt und die resultierenden Knotenspannungen instabil sein werden. Andererseits werden die nicht steifen Zweige, obwohl sie als resistive Zweige betrachtet werden, die Ströme durch sie nicht nach der Knotenanalyse aktualisieren, sondern die Werte, die aus der Schleifenanalyse erhalten wurden, beibehalten. Dies dient dazu, die Rechenlast zu minimieren, indem die Ströme nur durch die steifen Zweige berechnet werden.

Die Knotenanalyse beinhaltet das Lösen von statischen Gleichungen. Die Matrixgleichung für die Knotenanalyse kann wie folgt geschrieben werden:

$$\mathbf{Yx} = \mathbf{I} \tag{8.1}$$

Der Vektor **x** ist eine Sammlung der Spannungen an den Knoten. An dieser Stelle muss speziell darauf hingewiesen werden, dass die betrachteten Knoten die Kurzschlussknoten ausschließen, die im vorherigen Kapitel beschrieben wurden. Beispielsweise gibt es in der Schaltung von Abb. 8.1, die als Beispiel genommen wird, vier Knoten. Die beiden oberen Knoten sind jedoch durch einen Draht verbunden, sodass ihre Spannungen gleich sind, und dasselbe gilt für die beiden Knoten unten. Der Knoten, der zur Darstellung einer solchen Gruppe von durch Drähte verbundenen Knoten gewählt wird, wird willkürlich unter ihnen ausgewählt und als KCL-Knoten bezeichnet, da dies der Knoten ist, dessen Spannung durch die Knotenanalyse berechnet wird. Eine detaillierte Erklärung dieses Konzepts finden Sie in Kap. 6, wo Kurzschlussknoten und KCLBranchMap vorgestellt werden. Wie bei der Schleifenanalyse werden wir mit dem Schreiben der Gleichungen für die Knotenanalyse beginnen und es für größere Schaltungen verallgemeinern. Be-

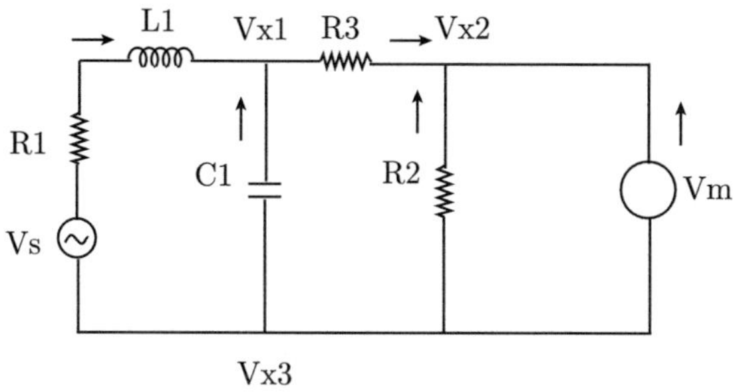

Abb. 8.2 Erweiterte Schaltung

trachten wir eine Schaltung mit drei Knoten wie die in Abb. 8.2. Die Anwendung von KCL an den drei Knoten, deren Spannungen als Vx1, Vx2 und Vx3 markiert sind, ergibt die folgenden Gleichungen:

$$-I_{L1} + \frac{V_{x1} - V_{c1} - V_{x3}}{R_{c1}} + \frac{V_{x1} - V_{x2}}{R_3} = 0 \tag{8.2}$$

$$-\frac{V_{x1} - V_{x2}}{R_3} + \frac{V_{x2} - V_{x3}}{R_2} + \frac{V_{x2} - V_{x3}}{R_{Vm}} = 0 \tag{8.3}$$

$$I_{L1} - \frac{V_{x1} - V_{c1} - V_{x3}}{R_{c1}} - \frac{V_{x2} - V_{x3}}{R_2} - \frac{V_{x2} - V_{x3}}{R_{Vm}} = 0 \tag{8.4}$$

Der in einen Knoten eintretende Strom wird als negativ betrachtet, während der aus einem Knoten austretende Strom als positiv betrachtet wird. Die umgekehrte Regel könnte auch mit den gleichen Ergebnissen angewendet werden. Die Gleichungen können wie folgt in Matrixform geschrieben werden:

$$\begin{bmatrix} \frac{1}{R_{c1}} + \frac{1}{R_3} & -\frac{1}{R_3} & -\frac{1}{R_{c1}} \\ -\frac{1}{R_3} & \frac{1}{R_2} + \frac{1}{R_3} + \frac{1}{R_{Vm}} & -\left(\frac{1}{R_2} + \frac{1}{R_{Vm}}\right) \\ -\frac{1}{R_{c1}} & -\left(\frac{1}{R_2} + \frac{1}{R_{Vm}}\right) & \frac{1}{R_{c1}} + \frac{1}{R_2} + \frac{1}{R_{Vm}} \end{bmatrix} \begin{bmatrix} V_{x1} \\ V_{x2} \\ V_{x3} \end{bmatrix} = \begin{bmatrix} I_{L1} + \frac{V_{c1}}{R_{c1}} \\ 0 \\ -I_{L1} - \frac{V_{c1}}{R_{c1}} \end{bmatrix} \tag{8.5}$$

Einige Beobachtungen zu den obigen Matrixgleichungen. Die Matrix **Y** ist symmetrisch. Dies liegt daran, dass die außerdiagonalen Terme die Admittanzen der Zweige sind, die zwei Knoten verbinden. Daher sind die außerdiagonalen Terme (1, 2) und (2, 1) die Admittanz 1/R3 des Zweiges, der die Knoten mit den Spannungen Vx1 und Vx2 verbindet. Zweitens sind die Diagonalterme immer positiv, während die außerdiagonalen Terme negativ sind. Dies liegt an der Art und Weise, wie jeder Zweigstrom ausgedrückt werden kann, wenn die Knotengleichungen geschrieben werden. Betrachten Sie z. B. Gl. 8.3 am Knoten mit der Spannung Vx2. Alle Ströme, die in den Knoten Vx2 eintreten, werden als Spannung Vx2 im Verhältnis zu den anderen Knotenspannungen Vx1 und Vx3 ausgedrückt. Der erste Zweigstrom, der in Vx2 eintritt, wird als (Vx1 − Vx2)/R3 ausgedrückt, wird aber mit einem negativen Zeichen genommen, da dies der Strom ist, der in den

Knoten Vx2 eintritt. Daher ist der mit dem Knoten Vx2 aufgrund des Stroms im Zweig R3 verbundene Term immer noch +1/R3. Der zweite Term ist der Strom durch den Zweig R2, der den Knoten Vx2 verlässt und ist (Vx2 − Vx3)/R2. Da dieser Strom austritt, ist er positiv, was zu einem Term +1/R2 in Verbindung mit dem Knoten Vx2 führt. Dies impliziert, dass unabhängig von der angenommenen Stromrichtung bei der Durchführung der Knotenanalyse die Diagonalterme immer positiv sein werden. Im Gegensatz dazu werden die außerdiagonalen Terme immer negativ sein, was aus der Untersuchung der Knotengleichungen abgeleitet werden kann.

Wie in Kap. 7 zur Schleifenanalyse beschrieben, kann die obige Matrixgleichung durch elementare Zeilenoperationen in eine obere Dreiecksform umgewandelt werden. Die transformierten Matrizen erscheinen in der folgenden Form:

$$\begin{bmatrix} y_{11} & y_{12} & \dots & y_{1N} \\ 0 & y_{22} & \dots & y_{2N} \\ \vdots & \vdots & \ddots & \vdots \\ 0 & 0 & \dots & y_{NN} \end{bmatrix} \begin{bmatrix} V_1 \\ V_2 \\ \vdots \\ V_N \end{bmatrix} = \begin{bmatrix} I'_1 \\ I'_2 \\ \vdots \\ I'_N \end{bmatrix} \tag{8.6}$$

Die obigen Matrixgleichungen können in der Reihenfolge Vn, Vn−1,..., V1 rückwärts gelöst werden. Die ursprüngliche Matrix **Y** wurde erzeugt, indem KCL an allen Knoten im Schaltkreis angewendet wurde. Ein Referenz- oder Erdungsknoten wurde im Schaltkreis nicht zugewiesen. Typischerweise wird bei der Anwendung der Knotenanalyse einer der Knoten im Schaltkreis als Erdungsknoten angenommen oder ein Knoten wird angenommen, die Rolle des Erdungs- oder Referenzknotens zu spielen und eine Spannung von null zu haben. Bei der Analyse eines Schaltkreises kann ein Mensch einen Knoten als Referenzknoten aufgrund der Lage des Knotens zuweisen. Es ist jedoch äußerst schwierig, diese Wahl des Referenzknotens nur mit den Verbindungsinformationen des Schaltkreises zu programmieren. Die andere Option wäre, den Benutzer zu zwingen, einen Knoten als Erde zu bezeichnen. Das Problem mit dieser Methode ist, dass ein Knoten in einem Schaltkreis, der nicht annähernd 0 V ist, möglicherweise nur zu Analysezwecken als Erdungsknoten bezeichnet wird. Darüber hinaus könnte das Zuweisen von Erdungsknoten in jedem Teilkreis bei Systemen mit Transformatoren oder auf andere Weise elektrisch isolierten Systemen problematisch sein, da dies auch das Konzept eines isolierten Systems stören könnte. Aus diesem Grund geht der Schaltungssimulator nicht von einem Erdungsknoten aus oder erwartet, dass der Benutzer einen zuweist. Durch die Anwendung von KCL an allen Knoten im Schaltkreis wird die Matrix **Y** in der KCL-Gleichung singulär. Daher führen die auf die Knotenmatrixgleichung angewendeten Zeilenoperationen dazu, dass der letzte Diagonalelement ynn null ist und daher die letzte Zeile null ist. Aus diesem Grund ist die Spannung des letzten Knotens im Schaltkreis null. Da uns die Spannungen über den Zweigen interessieren, stellt ein Knoten mit einer Spannung von null zu Analysezwecken kein Problem dar.

Sobald alle Spannungen Vn, Vn−1,…, V1 bestimmt sind, wurden die Spannungen an den KCL-Knoten ermittelt. Der nächste Schritt besteht darin, diese KCL-Knotenspannungen zu verwenden, um die Spannungen an allen Kurzknoten zu bestimmen. Der letzte Schritt ist, die Ströme in den Zweigen berechnen zu können. Wie zuvor erwähnt, wird die Knotenanalyse verwendet, um die Ströme nur durch die steifen Zweige zu ermitteln. Mit dieser Beschreibung des grundlegenden Konzepts der Knotenanalyse werden wir nun beschreiben, wie die Knotenanalyse verwendet wird, um den Zustand einer nichtlinearen Schaltung nach der Änderung des Zustands einer oder mehrerer Komponenten zu bestimmen.

8.3 Begrenzung der Schleifenanalyse in nichtlinearen Schaltungen

Das vorherige Kapitel beschrieb eine Begrenzung der Schleifenanalyse, um die Ströme durch steife Zweige genau berechnen zu können. Die Knotenanalyse wird jedoch entscheidend für die Bestimmung der Leitung von nichtlinearen Elementen in Leistungselektronikschaltungen. Als Beispiel betrachten wir einen Buck-Konverter in Abb. 8.3. Der Schaltkreis hat drei mögliche Leitungszustände, wie unten im Schaltkreis gezeigt. Wenn die Diode oder der Schalter ausgeschaltet ist, haben sie hohe Widerstände, sodass sie bei der maximal angegebenen Spannung einen vernachlässigbaren Strom ziehen würden. Bevor wir darauf eingehen, wie der Schaltungssimulator damit umgeht, folgt eine grundlegende Beschreibung, wie der Konverter funktioniert [5]:

1. Schalter S1 wird eingeschaltet, während die Diode eingeschaltet ist, in welchem Fall die Diode abschaltet, da sie durch die Quelle Vin in Sperrrichtung vorgespannt ist. Wenn Schalter S1 eingeschaltet wird, wenn die Diode ausgeschaltet ist, wird die Diode durch die Quelle Vin umgekehrt vorgespannt und bleibt im ausgeschalteten Zustand. Die Eingangsgleichstromquelle lädt den Induktor und den Ausgangskondensator auf, was zu einem Anstieg sowohl des Induktorstroms als auch der Kondensatorspannung führt.
2. Schalter S1 schaltet ab. Der Strom durch den Induktor fließt nun durch die Diode D1 und der Induktorstrom nimmt allmählich ab. Der Kondensator versorgt die Last und die Kondensatorspannung nimmt ebenfalls ab.
3. Der Strom sinkt auf null, auch wenn die Diode abschaltet. Dieser Zustand tritt möglicherweise nicht auf, da der Schalter S1 möglicherweise wieder eingeschaltet wird, bevor der Strom auf null sinkt.

Obwohl es für jeden, der sich gut mit Leistungselektronik auskennt, offensichtlich sein mag, ist dies der Beginn einer Herausforderung in Bezug auf den Schaltungssimulator – wie wird der Strom bei Vorhandensein mehrerer nichtlinearer Elemente in einer Schaltung freilaufen? Lassen Sie uns den Übergang untersuchen – S1(ein)-D1(aus) zu S1(aus)-D1(ein) in Abb. 8.3. Wenn der Schalter S1 das

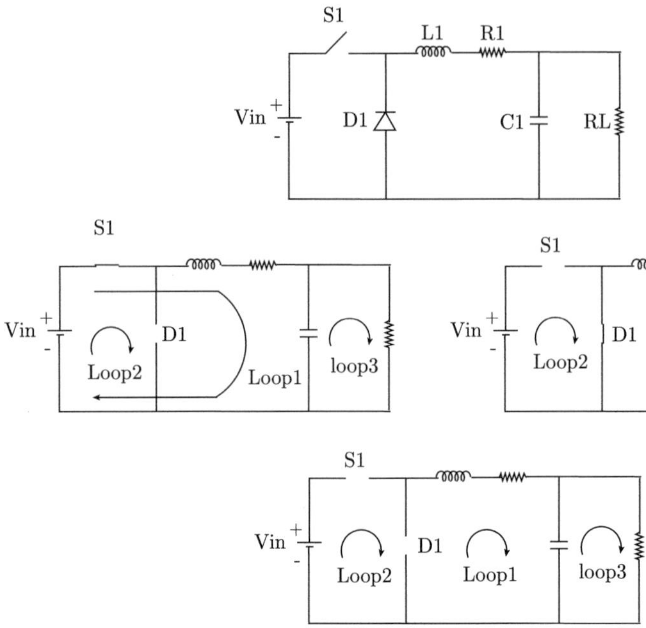

Abb. 8.3 Buck-Konverter als Beispiel für eine nichtlineare Schaltung

Abschaltsignal erhält, geht er im nächsten Simulationsschritt in einen hohen Widerstand über. Wenn die Schleifenanalyse wie gewohnt fortgesetzt würde, würde der Strom in Schleife 1 vernachlässigbar werden. Der Strom in Schleife 2 war von Anfang an vernachlässigbar. Die Schleifenmanipulationen würden nicht helfen zu bestimmen, ob die Diode D1 leiten würde, denn wenn man die zweite Figur betrachtet, hätte Schleife 2 einen Strom, sodass D1 durch die Spannungsquelle Vin in Sperrrichtung vorgespannt wäre. Daher würde laut Schleifenmanipulationen der Strom in der Spule L1 vernachlässigbar werden und dies so lange bleiben, bis der Schalter S1 wieder leitet. Um das Konzept des Freilaufens zu verstehen, müssen wir die Frage beantworten, warum findet Freilaufen statt? In der Schaltung von Abb. 8.3 würde das Freilaufen erfolgen, da der Strom in der Spule sich nicht augenblicklich ändern kann. Jede Änderung des Spulenstroms würde gemäß dem Lenz'schen Gesetz eine induzierte Spannung erzeugen, die versucht, die Ursache, die sie erzeugt, zu bekämpfen. Um dies zu veranschaulichen, werfen Sie einen Blick auf Abb. 8.4. Die Figur links zeigt, wie die induzierte Spannung der Spule so ist, dass sie dem Strom entgegenwirkt, der zunimmt, wenn der Schalter geschlossen ist. Andererseits, wenn der Schalter sich zu öffnen und der Widerstand zu steigen beginnt, verursacht der Stromabfall, dass die induzierte Spannung sich so ändert, dass sie dieser Änderung entgegenwirkt. Daher kehrt die Richtung um, um dieser Änderung (Abnahme) im Strom entgegenzuwirken. Wenn die induzierte Spannung aufgrund des fallenden Stroms die Kondensatorspannung übersteigt, wird die Diode D1 vorwärts vorgespannt und beginnt zu leiten. Der

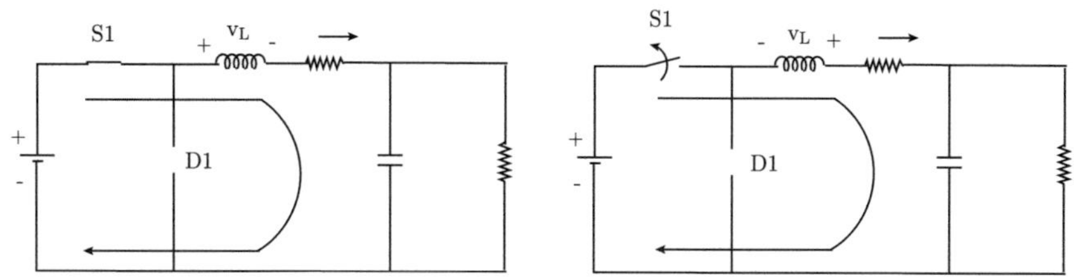

Abb. 8.4 Freilaufen einer Spule

Spulenstrom läuft nun durch die Diode D1 frei und versorgt weiterhin den Kondensator C1.

Es wurden mehrere Versuche unternommen, die Schleifenanalyse zu modifizieren, um das Freilaufen zu ermöglichen. Das grundlegende Problem in all diesen Fällen war jedoch, dass es der Spulenstrom war, der versuchte, einen anderen Weg zu finden, um weiterzufließen. Die Schleifenanalyse ist im Wesentlichen ein Spannungssummationsgesetz, das besagt, dass die Gesamtsumme der Quellenspannungen und Widerstandsabfälle in einer Schleife null sein muss. Dies übersetzt sich wiederum in die Fähigkeit, die Spule als Spannungsquelle zu modellieren. Obwohl es möglich ist, die Spule durch eine Spannungsquelle der Größe Ldi/dt im stationären Zustand zu ersetzen, stellt sich die Frage – wie wird dies bei Transienten helfen? Wenn der Schalter sich z. B. zu öffnen beginnt, erzeugt in der Praxis der fast unmerkliche Stromabfall eine induzierte Spannung, die das Freilaufen verursacht. Der Zeitrahmen für diesen Übergang ist jedoch extrem eng. Ein MOSFET oder ein IGBT kann in weniger als einer Mikrosekunde abschalten. Dies ist die Zeit, in der der Strom durch ihn auf null abfällt, wenn das Abschaltsignal angelegt wurde. Das Zeitintervall für den Beginn des Freilaufens wäre ein extrem kleiner Bruchteil davon – mit hoher Wahrscheinlichkeit in Nanosekunden oder Pikosekunden. Dies digital zu simulieren, wäre äußerst schwierig, da es möglicherweise einen variablen Zeitschritt erfordert, der sich ändert, wenn ein Übergang auftritt. Obwohl dies für kleine Schaltungen machbar sein mag, ist es für größere Schaltungen eine enorme Rechenlast.

Die Lösung für dieses Problem besteht darin, den Induktionsstrom als Eingangsquelle zu betrachten und zu untersuchen, durch welchen Zweig dieser potenziell fließen könnte. Betrachten wir erneut den Schaltkreis in Abb. 8.5, um dieses Konzept zu demonstrieren. Der Strom I_{L1} kann entweder durch den Schalterstrom I_{S1} oder den Diodenstrom I_{D1} bereitgestellt werden. Daher, unter der Annahme, dass sie aus Bequemlichkeit gleiche Abschaltwiderstände haben, wären diese beiden Ströme I_{S1} und I_{D1} gleich und die Hälfte von I_{L1}. Die nächste Frage wäre, welche dieser Zweige ihren Zustand aufgrund dieses neuen, durch Freilauf berechneten Stroms ändern könnten? Der Schalter S1 wurde durch ein Gatesignal ausgeschaltet und bleibt daher ausgeschaltet. Was die Diode betrifft, so würde sie, wenn ein Strom I_{D1} in der in der Abbildung gezeigten Richtung fließt, vorwärts vorgespannt und eingeschaltet werden. Daher ist dieses Konzept eine Lösung zur

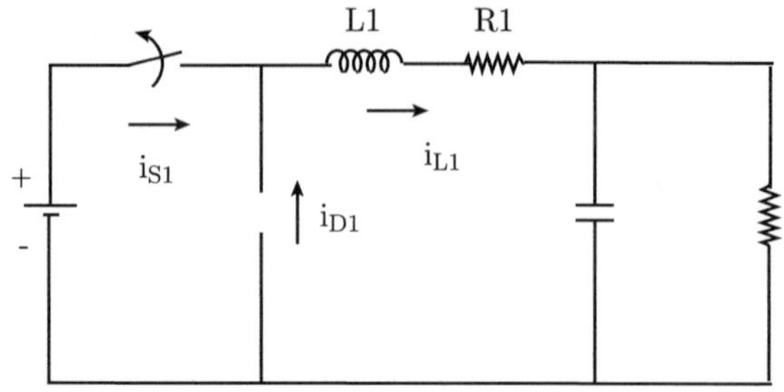

Abb. 8.5 Induktivität als Stromquelle zum Erreichen von Freilauf

Bestimmung des Freilaufs von nichtlinearen Geräten. Da dieses Konzept die Berechnung von Zweigströmen in Bezug auf einen anderen Zweigstrom erfordert, ist die einzige Möglichkeit, dies systematisch für einen großen Schaltkreis durchzuführen, die Knotenanalyse, wie sie im vorherigen Abschnitt beschrieben wurde. Dieser gesamte Prozess der Bestimmung des Freilaufs wird in den folgenden Abschnitten erläutert.

8.4 Anwendung der Knotenanalyse in nichtlinearen Schaltkreisen

Die Methode der Anwendung der Knotenanalyse ist fast identisch mit der, die zu Beginn dieses Kapitels beschrieben wurde. Um jedoch zu veranschaulichen, wie die Knotenanalyse hilft, den Leitungszustand von Geräten zu bestimmen, wird das Beispiel des Buck-Konverters betrachtet. Beginnen wir mit dem ersten Zustand des Schaltkreises, d. h., wenn der Schalter S1 geschlossen ist und die Diode D1 umgekehrt vorgespannt und ausgeschaltet ist. Abb. 8.6 zeigt, wie der Strom I_{L1} zunimmt, wenn der Schalter S1 eingeschaltet wird, bis zu dem Moment, in dem er ausgeschaltet wird. Der Schaltkreis zum Zeitpunkt, wenn der Schalter S1

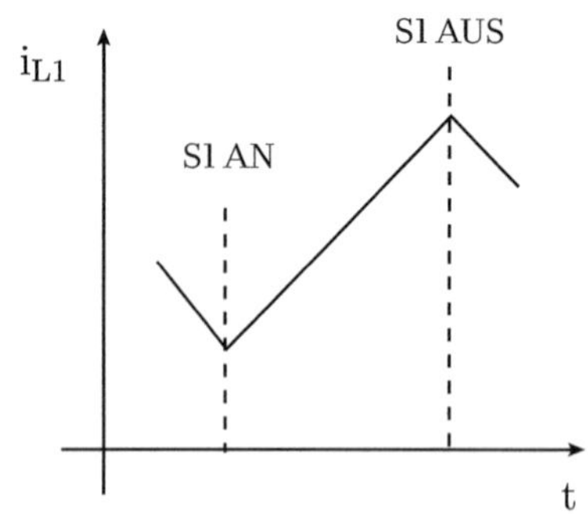

Abb. 8.6 Strom mit Schalterzustand

ausgeschaltet wird, ist in Abb. 8.7 dargestellt. Die Knotenmatrixgleichung für den oben genannten Schaltkreis lautet:

$$\begin{bmatrix} \frac{1}{R_{S1}}+\frac{1}{R_{D1}} & 0 & -\frac{1}{R_{S1}}-\frac{1}{R_{D1}} \\ 0 & \frac{1}{R_{c1}}+\frac{1}{R_L} & -\frac{1}{R_{c1}}-\frac{1}{R_L} \\ -\frac{1}{R_{S1}}-\frac{1}{R_{D1}} & -\frac{1}{R_{c1}}-\frac{1}{R_L} & \frac{1}{R_{S1}}+\frac{1}{R_{D1}}+\frac{1}{R_{c1}}+\frac{1}{R_L} \end{bmatrix} \begin{bmatrix} V_{x1} \\ V_{x2} \\ V_{x3} \end{bmatrix} = \begin{bmatrix} -I_{L1}+\frac{V_{in}}{R_{S1}} \\ I_{L1}+\frac{V_{c1}}{R_{c1}} \\ -\frac{V_{in}}{R_{S1}}-\frac{V_{c1}}{R_{c1}} \end{bmatrix} \tag{8.7}$$

Um die obige Gleichung zu lösen, nehmen wir einige Werte für die Schaltkreisparameter wie folgt an:

```
Vin = 100V,
L1  = 1 millihenry
R1  = 0.1 ohm
RL  = 100 ohm
C1  = 1000 microfarad
```

Im Moment, wenn S1 ausgeschaltet wird, nehmen wir an, dass der Induktionsstrom I_{L1} und die Kondensatorspannung V_{c1} sind:

```
IL1 = 10A
Vc1 = 50V
```

Darüber hinaus nehmen wir an, dass der Widerstand der Diode und des Schalters 1 MΩ beträgt. Also:

```
Rs1 = 1 megaohm
Rd1 = 1 megaohm
```

Der Simulator wird die oben genannten Werte verwenden, um die Matrixgleichung zu lösen und die Knotenspannungen V_{x1}, V_{x2} und V_{x3} zu ermitteln. Der Zweck dieser Knotenanalyse besteht darin, die Ströme durch alle Zweige mit nichtlinearen Elementen zu bestimmen, was in diesem Fall der Zweig {Vin, S1} und D1 sein wird. Daher wird der Simulator diese Ströme wie folgt berechnen:

$$I_{S1} = \frac{V_{x1} - V_{in} - V_{x3}}{R_{S1}} \tag{8.8}$$

$$I_{D1} = \frac{V_{x1} - V_{x3}}{R_{D1}} \tag{8.9}$$

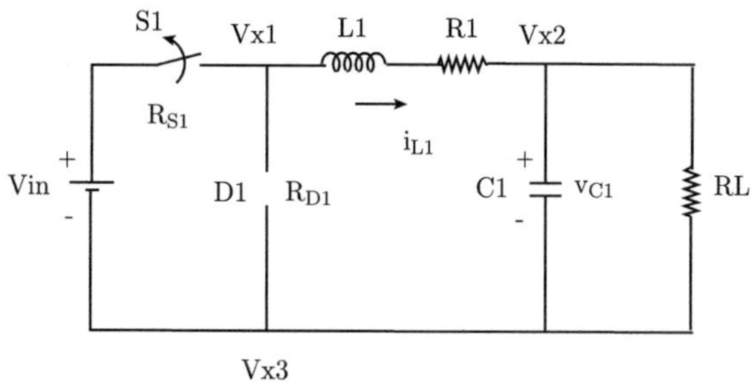

Abb. 8.7 Schaltkreis, wenn der Schalter ausgeschaltet wird

Lassen Sie uns die ungefähren Werte dieser Ströme ermitteln, ohne die gesamte Knotenmatrixgleichung berechnen zu müssen. Der Strom I_{L1} wird sich auf die Zweige {Vin, S1} und D1 aufteilen. Nehmen wir an, dass die Knotenspannung V_{x3} null ist, d. h., wir nehmen an, dass dies unser Referenzknoten ist. In diesem Fall lautet die KCL-Gleichung am Knoten V_{x1} wie folgt:

$$\frac{V_{x1} - V_{in}}{R_{S1}} + \frac{V_{x1}}{R_{D1}} = -I_{L1} \tag{8.10}$$

Das Ersetzen der oben gewählten Werte ergibt:

$$\frac{V_{x1} - 100}{1e + 6} + \frac{V_{x1}}{1e + 6} = -10 \tag{8.11}$$

was $V_{x1} = -4999950$ V ergibt. Dies führt wiederum zu den Strömen $I_{S1} = 5.00005$ A und $I_{D1} = 4.99995$ A. Die nächste Frage, die gestellt werden muss, lautet: Wenn diese Ströme durch diese Zweige fließen würden, gäbe es dann irgendwelche Änderungen im Zustand der Geräte in ihnen? Da der Schalter S1 durch das Gatesignal gesteuert wird, bleibt er ausgeschaltet, sobald er ausgeschaltet wird. Andererseits würde der Strom $I_{D1} = 4.99995$ A, der in der gezeigten Richtung fließt, dazu führen, dass die Diode einschaltet. In diesem Fall schaltet die Diode jedoch nicht auf herkömmliche Weise ein, da dies erfordert, dass die Diode durch eine über sie angelegte Spannung vorwärts vorgespannt wird, wenn sie ihre Schwellenspannung von etwa 0,7–1 V überschreitet. Aus diesem Grund wird die Diode-Klasse mit einer speziellen Funktion ausgestattet, um zu bestimmen, ob sie freilaufen kann. In dieser Funktion wird überprüft, ob der Spannungsabfall, der durch das Produkt des durch die Diode fließenden Stroms aus der Knotenanalyse und dem Widerstand der Diode zu diesem Simulationszeitpunkt erzeugt wird, größer als die Schwellenspannung ist. Da 4,9995*1e+6 ganz klar größer als 1 V ist, wird bestimmt, dass die Diode aufgrund des Stroms durch die Induktivität einschaltet.

Bevor wir damit fortfahren, wie der Simulator die oben genannten Informationen verarbeiten wird, betrachten wir auch den anderen Fall – wenn S1 einschaltet, während die Diode D1 freiläuft. Die Wellenform und die Schaltung sind in Abb. 8.8

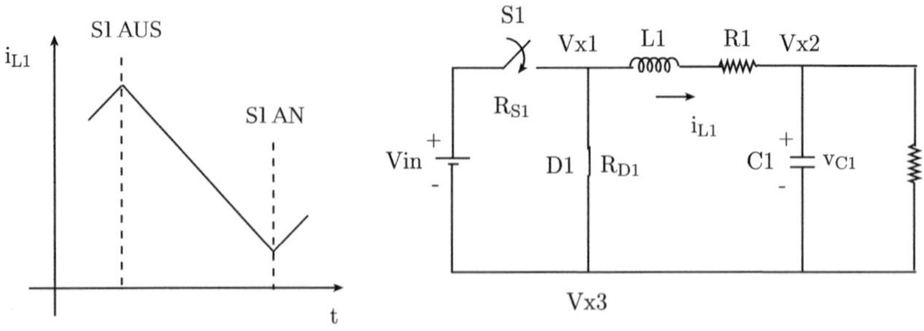

Abb. 8.8 Stromkreis beim Einschalten des Schalters

dargestellt. Wir werden das Schreiben der Knotenmatrixgleichungen überspringen und stattdessen untersuchen, wie die Ströme durch die Zweige mit nichtlinearen Elementen während des Übergangs sein werden. Die meisten Werte der Schaltungsparameter werden genauso sein wie im vorherigen Fall. Nehmen wir an, dass der Einschaltwiderstand der Diode D1 und des Schalters S1 0,01 Ω beträgt. Nehmen wir weiter an, dass im Moment des Ausschaltens von Schalter S1 der Induktionsstrom $I_{L1} = 2$ A beträgt. Die KCL-Gleichung am Knoten V_{x1} kann wie folgt geschrieben werden:

$$\frac{V_{x1} - 100}{0.01} + \frac{V_{x1}}{0.01} = -2 \tag{8.12}$$

was $V_{x1} = 49.99$ V ergibt. Die Ströme werden berechnet als $I_{S1} = 5001$ A und $I_{D1} = -4999$ A. Wie zuvor lautet die Frage: Würden diese Ströme eine Änderung des Zustands der Geräte in diesen Zweigen bewirken? Der Schalter S1 hat ein Einschaltsignal am Gate erhalten und aufgrund der Richtung und Größe des Stroms I_{S1} wird S1 beginnen zu leiten. Andererseits wird der Strom $I_{D1} = -4999$ A dazu führen, dass die Diode abschaltet, da eine Diode in umgekehrter Richtung nicht leitet. Daher wird, wie im vorherigen Fall, die Knotenanalyse helfen zu bestimmen, welche nichtlinearen Elemente ihren Zustand ändern werden.

Die beiden Zustände des Buck-Konverters zeigen, dass die Knotenanalyse bestimmen kann, wann nichtlineare Elemente ein- und ausschalten können, basierend auf dem Strom durch die Induktivität. Die Strategie ist auch in größeren und komplexeren Schaltungen anwendbar. Die Durchführung einer Knotenanalyse hilft, die Auswirkung eines Induktionsstroms zu bestimmen, selbst wenn das nichtlineare Element nicht in einem Zweig liegt, der am selben Knoten wie die Induktivität auftritt. Der nächste Abschnitt wird beschreiben, wie der Simulator die oben genannte Knotenanalyse mit der Schleifenanalyse verbindet.

8.5 Fortsetzung mit der Schleifenanalyse

Der vorherige Abschnitt hat das Konzept der Knotenanalyse zur Bestimmung der Leitfähigkeit von nichtlinearen Geräten beschrieben. Der Kern des Simulators bleibt jedoch die Schleifenanalyse. Daher lautet die Frage: Wie übersetzen wir den oben bestimmten Leitungszustand der Schaltung in die nächste Iteration der Schleifenanalyse? Es gibt zwei Teile des Problems – der erste Teil besteht darin, eine genaue Zweigstromkarte der Schaltung zu erstellen, nachdem der neue Leitungszustand der Schaltung bestimmt wurde. Und zweitens muss eine neue LoopMap für diese Schaltung erstellt und die Werte der Schleifenströme berechnet werden.

Wie im vorherigen Abschnitt gesehen, wenn die Knotenanalyse durchgeführt wird, um die Ströme durch nichtlineare Geräte für die Ströme durch Induktoren zu bestimmen, sind die erhaltenen Ströme nicht die tatsächlichen Ströme. Betrachten Sie z. B. den ersten Fall im obigen Beispiel, wenn der Schalter S1 ausgeschaltet wird. Die Knotenanalyse erzeugt die Ströme $I_{S1} = 5.00005$ A und $I_{D1} = 4.99995$ A. Diese Ströme helfen lediglich zu bestimmen, ob eines der nichtlinearen Geräte ihren Zustand ändern wird. In diesem Fall wurde festgestellt, dass die Diode ihren Zustand aufgrund von $I_{D1} = 4.99995$ A ändern würde. Dies wäre jedoch nicht der tatsächliche Strom, einfach aus dem Grund, dass mit dem ausgeschalteten Schalter S1 I_{S1} nicht gleich 5.00005 A sein kann. Wenn S1 ausgeschaltet ist und weiterhin ausgeschaltet bleibt, muss der Strom I_{S1} vernachlässigbar sein, da der Abschaltwiderstand des Schalters S1 in der Größenordnung von Megaohm liegen wird. Darüber hinaus würde fast der gesamte Induktorstrom $I_{L1} = 10$ A durch die Diode fließen, abgesehen von diesem vernachlässigbaren Strom durch den Schalter. Der zweite Fall, wenn der Schalter S1 eingeschaltet wird, während die Diode D1 leitet, ist noch offensichtlicher. Die Knotenanalyse erzeugt Ströme $I_{S1} = 5001$ A und $I_{D1} = -4999$ A, die ganz offensichtlich nicht die Ströme sind, die fließen würden, wenn der Induktorstrom nur 2 A beträgt. Daher dient die im vorherigen Abschnitt beschriebene Knotenanalyse nur dazu, den Leitungszustand der Schaltung zu bestimmen.

Um dies weiter auszuführen, wird eine Leistungselektronikschaltung mit mehreren nichtlinearen Elementen gleichzeitig eine Reihe von Steuersignalen empfangen oder es können Elemente aus verschiedenen Gründen ihren Zustand ändern. Bei jeder Änderung oder dem Versuch, den Leitungszustand der Schaltung zu ändern, muss entschieden werden, ob der Zustand der Schaltung bestimmte Änderungen zulässt. Um das oben recht komplexe Argument zu vereinfachen, betrachten wir einen einphasigen Spannungsquellenwechselrichter in Abb. 8.9. Nehmen wir an, dass ein einfaches Verfahren der Pulsweitenmodulation verwendet wird, um die Gatesignale für die vier Schalter S1 bis S4 zu erzeugen. Betrachten wir den Fall, wenn die Schalter S1 und S4 eingeschaltet und alle anderen Geräte ausgeschaltet sind. Der Strom I_{L1} in der Schaltung wird ansteigen. Nehmen wir an, dieser Strom I_{L1} ist positiv. Kurz darauf erhalten S1 und S4 Gatesignale zum Ausschalten und S2 und S3 erhalten Gatesignale zum Einschalten. Damit ein Schalter einschalten kann, muss er zwei Bedingungen erfüllen – er muss vorwärts vorgespannt sein und er darf nur Strom in positive Richtung leiten. Unter-

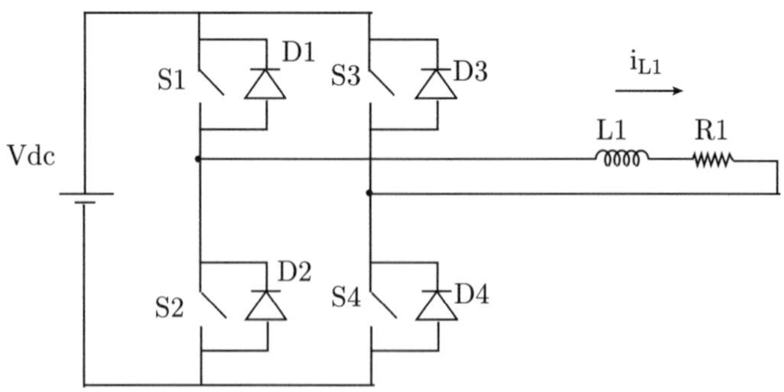

Abb. 8.9 Einphasiger Wechselrichter

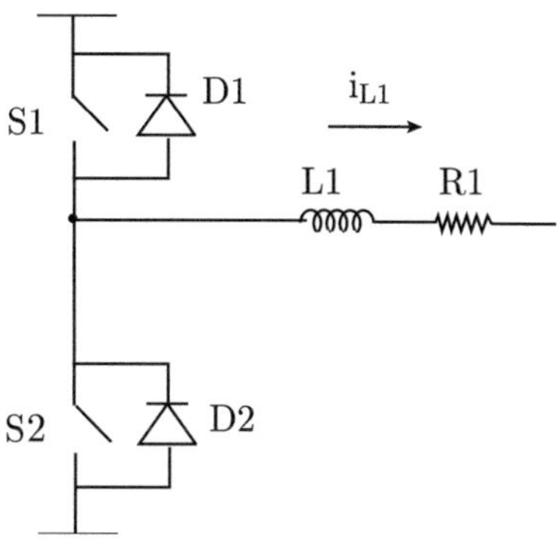

Abb. 8.10 Auswirkung des Induktionsstroms auf den Schalterzustand

suchen Sie das Diagramm in Abb. 8.10, das die Schalter S1 und S2 mit ihren antiparallelen Dioden D1 und D2 zeigt. Der Schalter S2 ist vorwärts vorgespannt, da selbst, wenn der Schalter S1 ausgeschaltet ist und einen hohen Widerstand hat, der Spannungsabfall über die beiden Schalter gleich Vdc/2 sein wird, vorausgesetzt, sie haben gleiche Ausschaltwiderstände. Die nächste Bedingung scheitert – aus der Richtung des Induktionsstroms I_{L1}, wenn der Schalter S2 leitet, müsste er einen Strom in umgekehrter Richtung leiten, was er nicht kann. Wie zuvor kann der Strom sich durch eine Induktivität nicht augenblicklich ändern. Da der Schalter S1 ausschalten wird, weil er ein Ausschaltsignal an seinem Gate erhalten hat, und S2 nicht leiten kann, wird die Diode D2 leiten und der Strom I_{L1} wird durch sie fließen. Dies ist genau der Grund, warum antiparallele Dioden in einem Spannungsquellenwechselrichter verwendet werden. In diesem Beispiel hat ein Schalter ein Einschaltsignal an seinem Gate erhalten, kann aber nicht leiten, weil die Induktivität an seinem Ausgang dies nicht zulässt. Wie beim Beispiel des Buck-Konverters kann die Knotenanalyse verwendet werden, um zu bestimmen, welches Gerät leiten wird und welches Gerät ausgeschaltet bleibt.

Sobald der Leitungszustand der Schaltung bestimmt ist, müssen die Ströme in allen Zweigen der Schaltung aktualisiert werden. An dieser Stelle sollte betont werden, dass die Ströme in allen Zweigen neu berechnet werden müssen, da die nichtlinearen Elemente, die als ein- oder ausgeschaltet bestimmt wurden, die Ströme in einem oder allen Zweigen der Schaltung verändert haben könnten. Die einzigen Ausnahmen sind die Ströme in Zweigen, die Induktivitäten haben. Dies liegt daran, dass sich der Strom durch eine Induktivität nicht augenblicklich ändern kann und daher werden diese Zweige in der kommenden Knotenanalyse als Stromquellen behandelt. Betrachten wir wieder den oben genannten Buck-Konverter als Beispiel. Die Wellenformen und die Schaltung sind zusammen in Abb. 8.11 [5] dargestellt. Um die Zweigströme bei den beiden Ereignissen zu bestimmen, kann eine Knotenanalyse mit der Matrixgleichung durchgeführt werden:

$$\begin{bmatrix} \frac{1}{R_{S1}} + \frac{1}{R_{D1}} & 0 & -\frac{1}{R_{S1}} - \frac{1}{R_{D1}} \\ 0 & \frac{1}{R_{c1}} + \frac{1}{R_L} & -\frac{1}{R_{c1}} - \frac{1}{R_L} \\ -\frac{1}{R_{S1}} - \frac{1}{R_{D1}} & -\frac{1}{R_{c1}} - \frac{1}{R_L} & \frac{1}{R_{S1}} + \frac{1}{R_{D1}} + \frac{1}{R_{c1}} + \frac{1}{R_L} \end{bmatrix} \begin{bmatrix} V_{x1} \\ V_{x2} \\ V_{x3} \end{bmatrix} = \begin{bmatrix} -I_{L1} + \frac{V_{in}}{R_{S1}} \\ -I_{L1} + \frac{V_{c1}}{R_{c1}} \\ -\frac{V_{in}}{R_{S1}} - \frac{V_{c1}}{R_{c1}} \end{bmatrix} \tag{8.13}$$

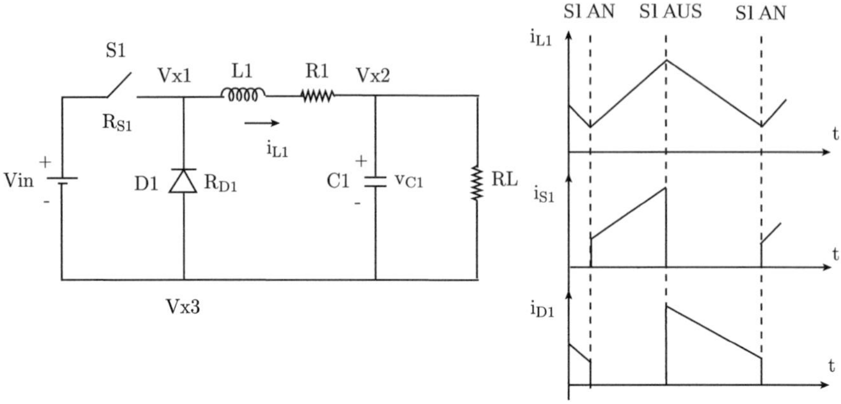

Abb. 8.11 Betrieb eines Buck-Konverters

Wenn der Schalter S1 ausgeschaltet wird und die Diode D1 anfängt freizulaufen, wird R_{D1} gleich dem Einschaltwiderstand der Diode sein, während R_{S1} gleich dem Ausschaltwiderstand des Schalters sein wird. I_{L1} und V_{c1} werden der Induktionsstrom und die Kondensatorspannung im Moment des Schaltens sein. Ebenso, wenn der Schalter S1 eingeschaltet wird und die Diode D1 ausschaltet ist, wird R_{D1} gleich dem Ausschaltwiderstand der Diode sein, während R_{S1} gleich dem Einschaltwiderstand des Schalters sein wird. Die Berechnung der Knotenspannungen V_{x1}, V_{x2}, V_{x3} kann in der Berechnung aller Zweigströme der Schaltung verwendet werden, mit Ausnahme des Zweiges mit der Induktivität.

Aus den Wellenformen ist zu erkennen, dass es eine Diskontinuität sowohl im Schalterstrom I_{S1} als auch im Diodenstrom I_{D1} gibt, wenn der Schalter S1 ein- oder ausgeschaltet wird. In dieser Schaltung ist es ein Zufall, dass nur die Ströme in Zweigen mit nichtlinearen Elementen eine Diskontinuität erfahren. In komplexeren Schaltungen ist es jedoch immer möglich, dass eine Diskontinuität in jedem Zweig auftritt, mit Ausnahme natürlich der Zweige mit Induktivitäten, da diese Stromquellen sind. Typischerweise wird eine Diskontinuität in jedem Zweig auftreten, der an einem Knoten liegt, an dem auch ein anderer Zweig liegt, an dem ein nichtlineares Element einen Zustandswechsel durchläuft. Dies liegt an dem einfachen Grund, dass nach dem Kirchhoff'schen Stromgesetz die Summe der Ströme an jedem Knoten null sein muss und daher eine plötzliche Änderung des Stroms durch einen an einem bestimmten Knoten liegenden Zweig den Strom durch alle an demselben Knoten liegenden Zweig beeinflussen wird. Daher ist es in diesem Fall unerlässlich, die Knotenanalyse zu verwenden, um die Ströme in allen Zweigen der Schaltung zu aktualisieren, mit Ausnahme der Zweige mit Induktivitäten.

Die Knotenanalyse kann daher verwendet werden, um zu bestimmen, auf welche Weise der Strom zwischen den Zweigen übertragen wird, wenn nichtlineare Elemente ihren Zustand ändern. Um jedoch mit der Simulation fortzufahren, muss der Simulator zur Schleifenanalyse zurückkehren. Einige Änderungen sind aufgrund des Zustandswechsels von nichtlinearen Elementen aufgetreten. Die Parameter der Zweige haben sich geändert – ganz speziell im Bereich der Leistungselektronik, einige Zweige, die sehr große Widerstände in der Größenordnung von Megaohm hatten und daher steif waren, können nun vernachlässigbare Widerstände in der Größenordnung von Milliohm sein. Das Gegenteil ist auch möglich – Zweige mit vernachlässigbarem Widerstand können nun steife Zweige mit großen Widerständen sein. Als Ergebnis muss die LoopMap mit den neuesten Informationen darüber, welche Zweige steif und welche nicht steif sind, aktualisiert werden. Und wie im vorherigen Kapitel beschrieben, kann es notwendig sein, Schleifenmanipulationen durchzuführen, um einige steife Zweige auf die minimale Anzahl von Schleifen zu beschränken. Dies liegt daran, dass nicht steife Schleifen, die mit einigen Zweigen gebildet wurden, die zuvor nicht steif waren, nun steif werden können, wenn diese Zweige nichtlineare Elemente hatten, die ausgeschaltet wurden. Mit Hilfe von Schleifenmanipulationen können die nicht steifen Schleifen extrahiert und dem Differentialgleichungslöser zugeführt werden. Allerdings ist die Schaltung nicht im „Ruhezustand“. Im vorherigen Kapitel, als Schleifenmanipulationen durchgeführt wurden, um den Voltmeter auf die minimale Anzahl von Schleifen zu beschränken, hatte die Simulation noch nicht begonnen und daher waren alle Zweigströme und Schleifenströme null, d. h., die Schaltung war im „Ruhezustand“. Jetzt sind weder die Zweigströme noch die Schleifenströme nicht null. Die Schleifenströme, die als Lösung der Differentialgleichung in der vorherigen Iteration erhalten wurden, waren mit einer völlig anderen LoopMap verbunden. Daher müssen, um die neuen Differentialgleichungen lösen zu können, die aus der neuen LoopMap erhalten werden, die Schleifenströme für diese neue LoopMap berechnet werden. Der einzige Weg, dies zu tun, ist die Verwendung der Zweigströme. Diese Methode wurde im letzten Kapitel beschrieben, wo gezeigt wurde, wie die LoopMap eine Beziehung zwischen den Schleifenströmen und den Zweigströmen herstellt. Die Methode zur Berechnung der Schleifenströme aus den Zweigströmen wurde im Detail in Kap. 7 beschrieben.

Jetzt, da die Schleifenströme berechnet wurden und die neuen Differentialgleichungen aus der LoopMap erhalten wurden, kann die im vorangegangenen Kapitel gezeigte Methode zur Lösung dieser Gleichungen verwendet werden. Die nächste Frage, die sich stellt, ist: Wann müssen diese Schaltkreis-Updates durchgeführt werden? Um diese Frage zu beantworten, führen wir das Konzept der ereignisgesteuerten Schaltkreis-Updates ein.

8.6 Ereignisgesteuerte Schaltkreis-Updates

Bevor wir das Konzept von Ereignissen in einem Leistungselektronikschaltkreis beschreiben, wollen wir untersuchen, wie ein passiver Schaltkreis gelöst wird. Betrachten wir den passiven Schaltkreis in Abb. 8.12. Der Schaltkreis enthält mindestens ein steifes Element, d. h. das Voltmeter Vm. Abhängig vom Wert der

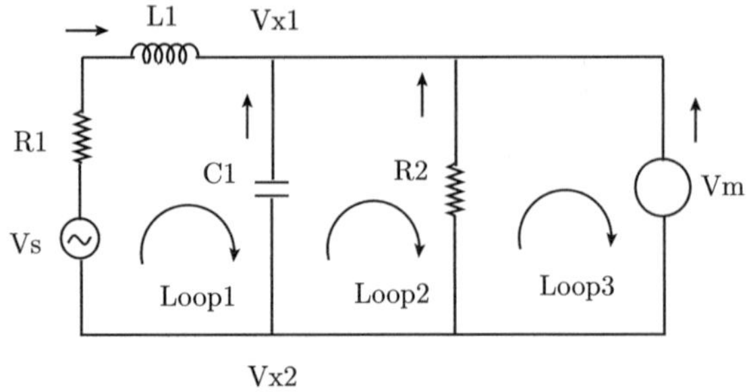

Abb. 8.12 Beispiel für einen passiven Schaltkreis

Widerstände R1 und R2 könnten auch diese Zweige steif sein. Nach dem Lesen des Schaltkreises aus der Tabelle werden die Knoten, Zweige und Schleifen bestimmt. Anschließend werden die BranchMap, LoopMap und KCLBranchMap ermittelt, um die Schleifenanalyse und Knotenanalyse durchzuführen. Die LoopMap muss mit Schleifenmanipulationen bearbeitet werden, um die steifen Zweige auf die minimale Anzahl von steifen Schleifen zu beschränken und daher die nicht steifen Schleifen zu extrahieren. Um sicherzustellen, dass dies geschieht, wird vor Beginn der Simulation der Zeitschritte sogar ein passiver Schaltkreis wie der oben genannte als ein Ereignis betrachtet. Ein Ereignis in einem Schaltkreis tritt auf, wenn ein Parameter eines beliebigen Elements sich in einem beliebigen Zweig des Schaltkreises ändert. Mit Parameter ist der Widerstand oder die Induktivität eines Elements gemeint, denn eine Änderung der Spannung einer Quelle wird als Eingabe in das System und nicht als Parameter betrachtet. Am Anfang trägt jeder Zweig im Schaltkreis eine Ereignisflagge, um sicherzustellen, dass der Schaltkreis verarbeitet wird. Sobald die LoopMap verarbeitet ist, werden alle Matrizen **E**, **A** und **B** in der Differentialgleichung für die Schleifenanalyse aktualisiert.

$$\mathbf{E}\frac{d\mathbf{x}}{dt} = \mathbf{Ax} + \mathbf{Bu} \tag{8.14}$$

Zudem wird die Matrix **Y** in der Knotenmatrixgleichung aktualisiert.

$$\mathbf{YV} = \mathbf{I} \tag{8.15}$$

Der Schaltkreis kann simuliert werden, indem die obigen Matrixgleichungen bei einem konstanten Zeitschritt gelöst und bei jedem Zeitschritt die Spannungen und Ströme, die Eingaben zu diesen Gleichungen sind, aktualisiert werden. Für diesen passiven Schaltkreis in Abb. 8.12 werden keine weiteren Ereignisse erzeugt und daher muss die LoopMap Schleifenmanipulationen nicht unterzogen werden.

Betrachten wir nun einen Buck-Konverter. Dieser Schaltkreis kann maximal drei Zustände haben, wie zuvor gezeigt – {S1 ein, D1 aus}, {S1 aus, D1 ein} und {S1 aus, D1 aus}. Es kann sein, dass der dritte Zustand nie auftritt, wenn der Konverter im kontinuierlichen Leitungsmodus gesteuert wird. Abb. 8.13 zeigt einen beliebigen nichtlinearen Schaltkreis, der für eine Zeitgrenze bis tn mit einem Zeitschritt von dt simuliert wird. Abhängig von der Art des Schaltkreises und der auf

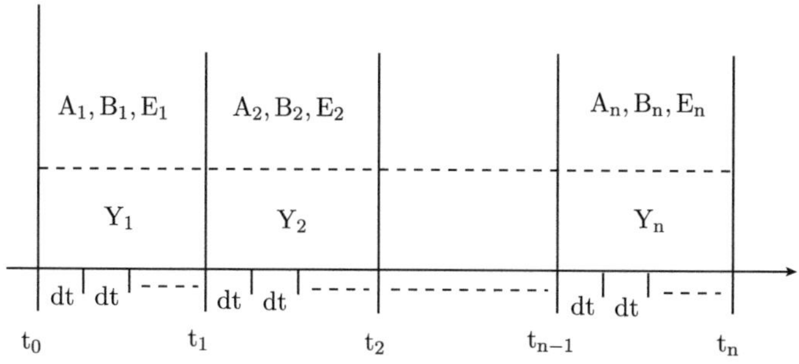

Abb. 8.13 Änderung des Stromkreiszustands

die Elemente angewendeten Steuerung nehmen wir an, dass der Schaltkreis seine Zustände zu den Zeitpunkten (t1, t2,. . ., tn-1, tn) ändert. Diese Zeitpunkte müssen nicht regelmäßig verteilt sein, was bedeutet, dass es möglich sein könnte, dass t2= t1+3*dt während t6=t5+10*dt ist. Zwischen den Zeitpunkten gibt es keine Änderung in den Parametern der Schaltung und daher bleiben die Matrizen **A**, **B** und **E** in der Schleifengleichung und die Matrix **Y** in der Knotengleichung konstant. Für einen Buck-Konverter könnten maximal drei mögliche Zustände auftreten—(**A1**, **B1**, **E1**, **Y1**), (**A2**, **B2**, **E2**, **Y2**) und (**A3**, **B3**, **E3**, **Y3**). Für einen Buck-Konverter erscheinen die Zustände in einer Sequenz aufgrund der Diode, die den Schalterstrom übernimmt, wenn der Schalter ausschaltet wird und umgekehrt. Im Allgemeinen könnten in einer nichtlinearen Schaltung alle diese Zustände beliebig oft wiederholt und in beliebiger Reihenfolge auftreten, denn wenn sie durch benutzerdefinierte Steuerung kontrolliert werden, könnten sie in einer zufälligen Reihenfolge sein.

Die erste Frage lautet: Wann und wie werden die Ereignisse erzeugt? Ein Ereignis wird erzeugt, wenn irgendein Element in irgendeinem Zweig eine Änderung des Widerstands oder der Induktivität erfährt. Diese Änderung könnte klein sein, z. B. ein Lastwiderstand, der allmählich an Wert zunimmt, während er sich aufheizt, oder könnte drastisch sein, wie das Abschalten einer Diode, in welchem Fall ihr Widerstand von Milliohm auf Megaohm wechselt. In jedem Fall wird das Element, das die Änderung aufgrund seiner Eigenschaft (Diode oder erhitzter Widerstand) oder aufgrund der Steuerung (Schalter) erfährt, ein Ereignis für den Zweig auslösen, in dem es sich befindet. Wenn in einem oder mehreren Zweigen im Schaltkreis ein Ereignis erzeugt wird, bedeutet dies, dass sich die Schaltkreisparameter geändert haben. Dies bedeutet wiederum, dass die Matrizen (**A**, **B**, **E**, **Y**) in den Schleifen- und Knotengleichungen sich ändern werden. Die zweite Frage – was passiert, wenn kein Ereignis erzeugt wurde? Dies bedeutet, dass sich die Schaltkreisparameter nicht geändert haben und wenn der Simulationszeitpunkt in irgendeinem gegebenen Zeitfenster (tm-1, tm) fällt, werden die Matrizen für die Schleifen- und Knotengleichung sein (**Am**, **Bm**, **Em**, **Ym**). Nur die Eingabevektoren **u** und **I**, die die Quellenspannungen und die Induktorenströme enthalten, werden sich ändern.

Der Vorteil der Definition von Ereignissen besteht darin, dass bei komplexen Schaltkreisen die kontinuierliche Berechnung der Matrizen (**A**, **B**, **E**, **Y**) eine erhebliche Rechenlast sein könnte. Um die Simulation zu beschleunigen, kann die Berechnung der Schleifen- und Knotenanalysematrizen auf die Zeiten beschränkt werden, in denen ein Ereignis vorliegt. Der nächste Abschnitt wird nun beschreiben, wie all diese Funktionen im Simulator geplant sind.

8.7 Ablauf im Simulator

Die Kombination von Schleifen- und Knotenanalyse in einer Schaltungssimulation könnte etwas verwirrend sein. Dies würde noch dadurch verstärkt, dass die Knotenanalyse verwendet wird, um die Leitung von nichtlinearen Elementen zu bestimmen und die Ströme in steifen Zweigen zu bestimmen. Dieser Abschnitt wird daher die Prozesse im Schaltungssimulator auflisten, um zu beschreiben, wie der Rechenfluss erfolgt. Dies würde helfen, die Bedeutung der verschieden Funktionen und ihre Rolle im Simulator zu verstehen.

Wie zuvor erwähnt, wird bei der Auslesung des Schaltkreises aus der Tabelle die Bestimmung von Zweigen, Knoten und Schleifen durchgeführt und anschließend die BranchMap, LoopMap und KCLBranchMap für die Schaltkreise erzeugt. Zu Beginn der Simulation werden alle Zweig- und Schleifenströme auf null initialisiert und normalerweise werden alle nichtlinearen Elemente ausgeschaltet. Der Anfangszustand des Systems kann auf verschiedene Weisen ermittelt werden und es ist immer möglich, eine vorläufige Berechnung durchzuführen, um die Anfangsbedingungen des Systems zu bestimmen, wenn ein Benutzer die Anfangsbedingungen für einige Parameter wie beispielsweise Induktionsströme und Kondensatorspannungen angibt. Dieser Schaltungssimulator beginnt jedoch mit dem Schaltkreis „im Ruhezustand", was in diesem Fall bedeutet, dass alle Ströme null sind. Wie im vorherigen Abschnitt angemerkt, werden zu Beginn der Simulation Ereignisse in jedem Zweig des Schaltkreises ausgelöst. Dadurch werden die ereignisgesteuerten Funktionen verarbeitet. Diese werden in der folgenden Reihenfolge beschrieben:

1. Das Ereignis wurde aufgrund von Änderungen in den Parametern eines oder mehrerer Zweige im Schaltkreis erzeugt. Wenn ein Ereignis in einem Schaltkreis auftritt, könnte dies auf das Umschalten eines nichtlinearen Leistungselektronikgeräts zurückzuführen sein. Wie zuvor im Kapitel erklärt, wird nach einem Ereignis die Leitung der Geräte wechseln und um zu prüfen, welche Geräte zu leiten beginnen oder welche aufhören zu leiten, wird eine Knotenanalyse durchgeführt. Im Falle eines passiven Schaltkreises mit einem variablen Widerstand wird kein anderes Element seinen Parameter ändern, außer den variablen Widerstand. Andererseits können bei einem nichtlinearen Leistungselektronikwandler mehrere Elemente ihren Zustand ändern. Wenn kein Ereignis erzeugt wurde, wird keine Knotenanalyse durchgeführt, da keine Änderung im Leitungszustand des Schaltkreises erwartet wird.

2. Sobald der Leitungszustand des Schaltkreises bestimmt wurde, können die Parameter aller Zweige in Bezug auf ihren Widerstand und ihre Induktanz aktualisiert werden. Eine Änderung der Parameter des Schaltkreises führt zu einer Änderung des Stromflusses im Schaltkreis. Um die Ströme in den Zweigen zu berechnen, wird die Knotenanalyse mit den Eingaben der Spannungsquellen, Kondensatorspannungen und Induktionsströme verwendet. Alle Zweigströme werden berechnet, außer den Strömen in Zweigen mit Induktanzen, da die Annahme getroffen wurde, dass der Strom sich durch eine Induktanz nicht augenblicklich ändern kann. Wenn kein Ereignis erzeugt wurde, wird auch diese Berechnung nicht durchgeführt, da keine Änderung der Parameter des Schaltkreises erwartet wird, die wiederum eine Änderung der Zweigströme aus der vorherigen Iteration verursachen würde.
3. Da sich die Parameter der Zweige im Schaltkreis geändert haben, ist es möglich, dass Zweige, die im vorherigen Simulationsschritt nicht steif waren, nun steif sind, während einige Zweige, die in der vorherigen Iteration steif waren, nun nicht steif sind. Die LoopMap wird mit diesen neuesten Informationen über die steifen und nicht steifen Zweige im Schaltkreis aktualisiert und Schleifenmanipulationen werden durchgeführt, um steife Zweige auf die kleinstmögliche Anzahl von Schleifen zu beschränken und die größtmögliche Anzahl von nicht steifen Schleifen für die Durchführung der Schleifenanalyse zu extrahieren. Wenn kein Ereignis erzeugt wurde, wird diese Berechnung nicht durchgeführt, da die LoopMap gleich bleiben wird.
4. Die Schleifenanalyse berechnet die neuen Werte der Schleifenströme aus den Schleifenströmen der vorherigen Iteration unter Verwendung der neuen Werte der Quellenspannungen als Eingaben. Mit der aktualisierten LoopMap nach der Änderung im Leitungszustand des Schaltkreises sind jedoch die Schleifenströme, die aus der vorherigen Iteration verfügbar sind, möglicherweise nicht mehr kompatibel mit der aktualisierten LoopMap. Die Ströme für jede Schleife in dieser aktualisierten LoopMap müssen neu berechnet werden, um sicherzustellen, dass die Schleifenströme für die neue LoopMap die neuen Schleifen widerspiegeln. Die Schleifenströme werden aus den Zweigströmen und der LoopMap berechnet. Wenn kein Ereignis erzeugt wurde, wird diese Berechnung nicht durchgeführt, da die Schleifenströme gleich bleiben werden, da die LoopMap nicht geändert wurde.
5. Mit diesen Schleifenströmen in der aktualisierten LoopMap wird die Matrixgleichung für die Schleifenanalyse erzeugt. Diese Matrixgleichung ist eine Kombination aus einfachen algebraischen Gleichungen und gewöhnlichen Differentialgleichungen. Wenn kein Ereignis erzeugt wurde, wird sich die Matrixgleichung für die Durchführung der Schleifenanalyse nicht ändern und es besteht keine Notwendigkeit, sie neu zu berechnen.
6. Die Berechnungen ab diesem Schritt werden durchgeführt, unabhängig davon, ob ein Ereignis erzeugt wurde oder nicht. Die Spannungsquellen und Kondensatorspannungen im Schaltkreis werden aktualisiert, da sie die Eingaben für die Schleifenanalyse sein werden. Die Schleifenanalyse wird nun durchgeführt, indem die Matrixgleichung gelöst wird, die die

Schleifengleichungen der LoopMap darstellt. Aus den Schleifenströmen, die aus der Schleifenanalyse erhalten wurden, werden die Zweigströme mit Hilfe der LoopMap aktualisiert. Diese Ströme werden jedoch nur die Ströme in den nicht steifen Zweigen des Schaltkreises sein.

7. Um die steifen Zweige des Schaltkreises zu aktualisieren, wird die Knotenanalyse angewendet. Die Knotenanalyse verwendet wie zuvor die Spannungsquellen, Kondensatorspannungen und Induktionsströme als Eingaben, um die Knotenspannungen zu berechnen. Nach diesem Schritt wurden die Ströme in allen Zweigen des Schaltkreises berechnet.
8. Der Simulator führt nun jeden vom Benutzer angegebenen Steuercode aus. Der Steuercode könnte die Werte der Parameter der Elemente des Schaltkreises ändern oder Steuersignale an nichtlineare Elemente wie Schalter liefern.
9. Der Simulator aktualisiert nun jedes Element in jedem Zweig im Schaltkreis basierend auf den berechneten Zweigströmen und der Steuerrückmeldung. Zum Beispiel würde ein Amperemeterstrom dem Zweigstrom gleichgesetzt werden. Oder eine Diode könnte einschalten, wenn sie vorwärts vorgespannt ist, oder ausschalten, wenn der Strom durch sie negativ wird. Bei gesteuerten Elementen könnte ein Schalter einschalten, wenn er vorwärts vorgespannt ist, ein Steuersignal erhält, das ihn einschaltet und Strom in Vorwärtsrichtung leitet, während er ausschalten könnte, wenn er rückwärts vorgespannt ist, ein Steuersignal erhält, das ihn ausschaltet oder einen Strom in Rückwärtsrichtung leitet. Wenn bei diesem Update ein Element eine Änderung in seinem Parameter erfährt, löst es ein Ereignismerkmal für den Zweig aus, zu dem es gehört.
10. Der Simulator aktualisiert den Zeitpunkt für die nächste Simulation. Diese Aktualisierung des Simulationszeitpunkts ist eine Kombination aus dem Zeitschritt für den Differentialgleichungslöser und den von den Benutzersteuerfunktionen erzeugten Zeitereignissen. Der gesamte Prozess wiederholt sich zum nächsten Simulationszeitpunkt.

Es sollte offensichtlich sein, dass der oben beschriebene Prozess ziemlich rechenintensiv ist. Dieser Schaltungssimulator ist jedoch speziell auf Anwendungen in der Leistungselektronik ausgerichtet, bei denen Übergänge häufig sind. Im Gegensatz zu herkömmlichen analogen Schaltkreisen, die größtenteils im aktiven Bereich arbeiten, funktionieren Leistungselektronikschaltkreise entweder im Cut-off-Bereich oder im Sättigungsbereich. Daher ist eine typische Eigenschaft von Leistungselektronikschaltkreisen, dass Geräte ihren Widerstand von Milliohm auf Megaohm und umgekehrt ändern. Sofern die zu simulierende Schaltung nicht recht einfach ist, ist die Simulation des Transienten eines Leistungselektronikgeräts im Allgemeinen sinnlos, da diese sehr kleine Simulationsschritte erfordern, um die Dynamik der Geräte während des Transienten zu erfassen. Der Fokus dieses Simulators liegt auf der Analyse von großen Systemen mit mehreren Leistungselektronikwandlern. Mit diesem Ziel vor Augen wurde der oben beschriebene Simulationsablauf erstellt. Der Simulationsablauf hat sich über einen

Zeitraum von mehreren Jahren entwickelt, da der Simulator kontinuierlich aktualisiert wurde, um mit komplexeren Schaltkreisen umgehen zu können. Die meisten Funktionen wurden hinzugefügt, als ihr Bedarf entstand. Um jedoch den Simulator zu beschleunigen und die Rechenlast zu verringern, wurden überflüssige Funktionen und Verfahren eliminiert. Dieser Prozess wird fortgesetzt, während der Simulator weiterentwickelt wird und die nachfolgende Beschreibung des Prozessablaufs kann leicht oder sogar erheblich abweichen.

8.8 Schlussfolgerungen

In Leistungselektronikschaltungen arbeiten die Leistungsgeräte entweder im Cutoff-Bereich oder im Sättigungsbereich und nicht im aktiven Bereich. Dies führt dazu, dass mehrere Zweige in der Schaltung von extrem hohen Widerständen zu fast null Widerständen und umgekehrt wechseln, aufgrund des Leitungszustands der Geräte. Dies stellt eine Herausforderung für die meisten Schaltungssimulatoren dar, die den Leitungszustand von Leistungsgeräten bestimmen müssen. In diesem Kapitel wurde die Knotenanalyse als effektive Technik gezeigt, um zu bestimmen, ob ein Leistungsgerät leiten oder aufhören zu leiten wird, wenn ein Ereignis in der Schaltung auftritt.

Die Knotenanalyse basiert auf dem Konzept der Kurzknoten und KCLBranchMap, wie in Kap. 6 beschrieben. Kurzknoten sind Knoten, die durch Zweige mit nur Drahtelementen verbunden sind und daher im Wesentlichen die gleiche Spannung haben. KCLBranchMap beschreibt, wie die Zweige zwischen den Knoten in der Schaltung verbunden sind und bildet somit eine schnelle Nachschlagetabelle, um die Matrixgleichung für die Durchführung der Knotenanalyse zu erzeugen. Das Kapitel beschreibt, wie Knotengleichungen geschrieben werden, indem ein Beispielkreislauf als Beispiel verwendet wird. Der erste Beispielkreislauf ist ein passiver Kreislauf, in dem die Knotenanalyse durchgeführt wird, um den Strom durch das Voltmeter zu bestimmen.

Die offensichtlichste Nützlichkeit der Knotenanalyse zeigt sich bei der Lösung nichtlinearer Schaltungen. Das Kapitel beschreibt mit einem einfachen Buck-Konverter, wie die Schleifenanalyse versagt, den Freilauf des Induktionsstroms zu bestimmen. Die Knotenanalyse kann jedoch verwendet werden, um die Wirkung aller Quellen in der Schaltung – Spannungsquellen, Kondensatorspannungen und Induktionsströme – zu untersuchen, um zu bestimmen, welches Gerät abschaltet und welches Gerät einschaltet. Es wurde gezeigt, wie der Induktionsstrom mit dem Beispiel des einphasigen Spannungsquellenwechselrichters nicht nur einen Freilauf einer Diode verursachen kann, sondern auch verhindern kann, dass ein Schalter einschaltet, obwohl er einen Gateimpuls erhalten hat. Die Knotenanalyse ist daher ein leistungsstarkes Werkzeug zur Simulation nichtlinearer Schaltungen.

Die Kernphilosophie des Schaltungssimulators ist die Einhaltung grundlegender Schaltungsgesetze – Kirchhoff'sches Spannungsgesetz und Kirchhoff'sches Stromgesetz. Eine Reihe von Annäherungen wurden in verschiedenen

Stadien des Simulators gemacht, um Stabilität zu gewährleisten und eine Lösung zu erreichen. Ein offensichtlicher Verstoß gegen die beiden Kirchhoff'schen Gesetze wurde jedoch immer vermieden. Die Schleifenanalyse stellt sicher, dass das Kirchhoff'sche Spannungsgesetz eingehalten wird und dass Induktionsströme durch sukzessive Integration ihrer di/dt berechnet werden. Dies stellt sicher, dass der Strom durch eine Induktivität keine Diskontinuitäten erlebt. Die Knotenanalyse wendet das Kirchhoff'sche Stromgesetz an, um sicherzustellen, dass ein Induktionsstrom, wenn möglich, immer einen Weg findet, um zu fließen, wodurch sichergestellt wird, dass keine Diskontinuität auftritt. Kondensatoren hingegen werden modelliert, indem der durch sie fließende Strom integriert wird, um ihre Spannungen zu berechnen. Daher könnten Kondensatorspannungen Diskontinuitäten erleben, wenn in der Schaltungsentwicklung keine Vorkehrungen getroffen werden, um Stromspitzen durch sie zu verhindern. Aus Sicht der Leistungselektronik handelt es sich jedoch eher um eine Entwurfsüberlegung als um eine Simulationsanforderung.

Das nächste Kapitel wird dieses Buch abschließen und dem Leser den zukünftigen Umfang dieses Projekts vorstellen.

Kapitel 9
Schlussfolgerungen

9.1 Vorteile des Simulators

In diesem abschließenden Kapitel des Buches ist es an der Zeit, die Vorteile hervorzuheben, die der Simulator bietet. Das Buch hat verschiedene Aspekte des Simulators in all seinen Kapiteln beschrieben. Das Buch wurde aus der Notwendigkeit heraus geschrieben, den Schaltungssimulator zu dokumentieren und auch die Lernerfahrung zu teilen, die aus der Entwicklung dieses Simulators gewonnen wurde. Für Energieingenieure ist die Anzahl der Bücher, die sich aus einer Simulations- und Programmiersicht mit Schaltungen und Systemen befassen, begrenzt. Es ist zu hoffen, dass dieses Buch eine gute Grundlage für junge Energieingenieure bietet, die lernen möchten, wie man Leistungselektronikschaltungen simuliert, selbst wenn sie sich dafür entscheidet, eine andere Simulationssoftware zu verwenden, allein durch die Tatsache, dass es eine Exposition gegenüber Schaltungen aus einer Programmierperspektive bietet.

Der größte Vorteil des Simulators ist, dass er kostenlos und Open Source ist. Die meisten kommerziellen Simulatoren für Leistungsanwendungen sind ziemlich teuer. Studenten haben in der Regel Zugang zu verschiedenen Simulationsprogrammen, da Universitäten Lizenzen besitzen und diese Lizenzen für akademische Zwecke in der Regel flexibler in ihren Nutzungsbedingungen sind. Bei Eintritt in die Arbeitswelt hat ein Ingenieur in einem Unternehmen jedoch in der Regel Zugang zu nur wenig ausgewählter Simulationssoftware, da industrielle Lizenzen prohibitiv teuer sind. Am stärksten betroffen von steigenden Softwarelizenzpreisen sind kleinere Unternehmen, insbesondere in Entwicklungsländern, und dies hat wiederum zu einem weiteren Problem geführt – Softwarepiraterie. Durch die Bereitstellung einer völlig kostenlosen Software soll eine langfristige Plattform für Ingenieure geschaffen werden, um Schaltungen simulieren zu können.

Eine Open-Source-Software führt zu aggressiver Community-Entwicklung durch talentierte Entwickler. Dies ist ganz offensichtlich der Fall bei Python und vielen der aus Python erstellten Module und Frameworks. Als Beispiele für wissenschaftliche Software, die auf Python basiert, sind NumPy, SciPy und Matplotlib die bedeutendsten Errungenschaften. Mit der Veröffentlichung von Python Power Electronics unter dem Open-Source-Banner soll die Community-

S. V. Iyer, *Simulation nichtlinearer Schaltungen in der Leistungselektronik mit Python*, https://doi.org/10.1007/978-3-031-58981-2_9

Entwicklung im Energiesektor gefördert werden. Die Software-Website enthält eine Reihe von Beispielsystemen, die simuliert wurden. Andere Open-Source-Software, die aktive Communitys haben, führen zur Zusammenarbeit zwischen Entwicklern und zum Teilen von Code und Daten. Der Energiesektor würde stark von einer Plattform profitieren, auf der Energieprofis zusammenarbeiten und Modelle teilen können. Eine kostenlose und Open-Source-Software könnte die Grundlage für eine solche kollaborative Plattform sein.

Die Benutzeroberfläche des Simulators wurde so einfach und automatisch wie möglich gestaltet, jedoch ohne eine grafische Benutzeroberfläche (GUI). Die Schaltpläne können in Tabellenkalkulationen eingegeben werden, anstatt sie mit dem Schaltplaneditor in anderer kommerzieller Software zu zeichnen. Obwohl der visuelle Reiz einer GUI fehlt, ist diese Methode zur Eingabe von Schaltplänen äußerst effektiv, leichtgewichtig und universell, da Tabellenkalkulationssoftware in jedem Betriebssystem verfügbar ist. Das Fehlen einer GUI verringert die Rechenlast auf dem Prozessor, was letztendlich zu einer besseren Ressourcenverwaltung führt. Der Simulator prüft auch auf Fehler in der Schaltung, wie z. B. defekte Zweige, doppelte Bauteilnamen oder fehlende Sprungverbinder. Der Simulator liest automatisch die Bauteile in den Schaltplänen und aktualisiert die Parametertabelle. Der Benutzer muss nur die Parameter bearbeiten und nicht manuell hinzufügen. Auch dies mag nicht so visuell ansprechend sein wie die Dialogfelder in einer GUI, aber für größere Schaltungen führt dies zu einer verkürzten Entwicklungszeit, da alle Parameter eines Schaltplans auf einer einzigen Tabelle aktualisiert werden können.

Einer der stärksten Motivatoren bei der Gestaltung eines Schaltungssimulators war die Bereitstellung einer flexiblen Plattform für einen Benutzer, um Steuerungsfunktionen einzubeziehen. Die meisten kommerziellen Programme bieten eine breite Palette von Schnittstellen für einen Benutzer, um Steuerungsfunktionen zu entwerfen, und der größte Vorteil der Verwendung einer dieser Software ist die Möglichkeit, Steuerungen auf einfache Weise mit Blöcken aus einer Bibliothek zu entwerfen. Obwohl dies eine sehr effektive Technik ist, um Konzepte schnell und ohne großen Aufwand zu überprüfen, muss ein Benutzer für komplexe Steuerungen fast immer Code schreiben. In Python Power Electronics kann ein Benutzer Steuerungsfunktionen nur durch Python-Code einbeziehen. Für einfache Anwendungen mag dies mühsam sein, aber für komplexere Schaltungen bietet der Simulator eine Reihe von Funktionen, die es einem Benutzer erlauben, flexible Steuerungen zu entwerfen. Der Simulator ermöglicht dem Benutzer, Zeitereignisse zu definieren und zu aktualisieren, die garantieren, dass eine Steuerungsfunktion zu diesem Zeitpunkt ausgewertet wird. Diese Zeitereignisse können völlig asynchron zum Simulationsschritt sein und sie können sogar dazu führen, dass eine Steuerungsfunktion schneller als die Schaltungslöser des Simulators ausgewertet wird. Dies ermöglicht es dem Benutzer, Steuerungen zu simulieren, die auf Hardware implementiert sind. Die andere Option wäre, den Simulationsschritt zu verringern, um die Hardwareauflösung zu erreichen, aber dies würde die Rechenlast und die Simulationszeit erhöhen.

Um den Einsatz der Software als Benutzerhandbuch für Interessierte zu ermöglichen, beschreibt Kap. 5 ein gesamtes System mit einem Leistungswandler und seinen zugehörigen Steuerungen. In der Beschreibung wird die Schaltung allmählich bis zu ihrer Endstufe aufgebaut, um zu veranschaulichen, wie eine Simulation schrittweise entwickelt werden kann. Parameter der Simulation und auch der Schaltungskomponenten wurden gegeben, um die Erzählung zu vereinfachen. Es wurde auch eine Beschreibung zur Gestaltung von Steuerungsfunktionen mit detailliertem Steuerungscode und der Bedeutung der verwendeten Variablen bereitgestellt. Jede Stufe der Simulation enthält Simulationsergebnisse, um dem Benutzer die Bedeutung des Simulierens in Stufen zu vermitteln, da dies zu einer Überprüfung von Entwürfen führt. Der Leser wird ermutigt, die Website des Simulators zu besuchen und fortgeschrittenere Fälle zu untersuchen und die Beschreibung in Kap. 5 mit den bereitgestellten Schaltungsdateien und Beschreibungen zu verbinden, um fortgeschrittene Schaltungen simulieren zu können.

Die Kap. 6, 7 und 8 wird der zentrale Simulationsmotor beschrieben. Dieser Teil des Simulators ist nicht wesentlich für jemanden, der nur diesen Simulator verwenden möchte. Die Funktionsweise des Simulators bietet jedoch einen großen Einblick in den Prozess der Schaltungssimulation. Eine Zielgruppe für diese Kapitel im Besonderen wären Neulinge im Bereich der Leistungselektronik, sei es ein fortgeschrittener Student oder ein frischgebackener Absolvent. Insbesondere die Open-Source-Natur des Schaltungssimulators ermöglicht es einem Benutzer, die Schleifen, Zweige und die gelösten Gleichungen anzuzeigen, um ein tieferes Verständnis für Strompfade und die Leitung von Geräten in nichtlinearen Schaltungen zu entwickeln. Daher könnte die Software neben einer Software, die bedeutende potenzielle Anwendungen in Energiesystemen mit verteilten Leistungswandlern hat, auch ein Lernwerkzeug für einen Energieingenieur sein.

Die Website des Schaltungssimulators enthält eine Reihe von Fällen. Diese Fälle steigen im Allgemeinen mit der Komplexität der simulierten Schaltungen. Das Ziel ist es, schließlich Fälle freizugeben, die den Energiesystemen ähneln, die das endgültige Ziel des Simulators sind. Den Lesern dieses Buches wird empfohlen, die Projektwebsite zu besuchen, um einige der freigegebenen Fälle zu untersuchen, falls einer von ihnen ihrem Testszenario nahekommt. Der Vorteil des Simulators besteht darin, dass er neben einer Software ein wachsendes Projekt in einem Forschungsbereich ist, der im Mittelpunkt großer Aufmerksamkeit steht. Wie bereits erwähnt, erlebt der Energiesektor drastische Veränderungen und der beste Ansatz für eine zuverlässige Zukunft besteht in umfangreichen Studien und Dokumentationen.

9.2 Nachteile des Simulators und Möglichkeiten für zukünftige Arbeiten

Nachdem der vorherige Abschnitt die Vorteile des Simulators beschrieben hat, ist es nur fair, dass auch einige Anstrengungen unternommen werden, um die Nachteile der Software anzusprechen. Um es vorwegzunehmen, fehlt diesem Simulator eine umfassende Benutzeroberfläche. Die Eingabe in den Simulator erfolgt in

Form von Tabellenkalkulationen und Befehlszeileneingaben. Es wurde versucht, die Befehlszeileneingaben auf ein Minimum zu reduzieren. Der Simulator informiert den Benutzer über die Dateien, die aktualisiert werden müssen, und gibt den Befehl zum Fortfahren nach der Aktualisierung. Darüber hinaus listet der Simulator den Zustand der Schaltung und die Art und Weise auf, in der die Simulationsausgabe in die Ausgabedatei geschrieben wird. Dies erfordert jedoch ein gewisses Hin und Her vom Benutzer, was einen großen Unterschied zu den Benutzeroberflächen kommerzieller Software darstellt, bei denen der Schaltplaneditor alle Informationen zur Schaltung enthält. Zum Zeitpunkt des Schreibens des Buches wurde noch nicht entschieden, ob das Format der Schaltungsentwicklung mit Tabellenkalkulationen durch eine GUI ersetzt wird. Oder ob das Aktualisieren von Parametern von Schaltungskomponenten mit Tabellenkalkulationen durch eine andere Schnittstelle ersetzt wird. Anstelle einer Befehlszeile könnte jedoch eine GUI entworfen werden, um die Schaltpläne auszuwählen und die Komponentenparameter zu bestätigen. Der Umfang der GUI ist nicht vollständig bekannt, aber die Vereinheitlichung der Schnittstelle würde die Verwendung des Simulators vereinfachen.

Der nächste Teil des Simulators betrifft die Steuerungsfunktionen. Es ist unwahrscheinlich, dass eine rein GUI-basierte Alternative entworfen wird, da die Realisierung der Steuerung mit Code der Hardwareimplementierung viel näher kommt. Die Gestaltung von Steuerungsbeschreibungen könnte jedoch insbesondere im Hinblick auf die Definition von Variablen und die Verbindung von Eingängen und Ausgängen vereinfacht werden. Derzeit muss ein Benutzer die meisten Eingänge und Ausgänge manuell definieren, was fehleranfällig ist. Eine GUI-basierte Option könnte dem Benutzer zur Verfügung gestellt werden, um aus verfügbaren Schaltungskomponenten auszuwählen, welche die Eingänge und Ausgänge sein würden, um diesen Prozess zu vereinfachen und Fehler zu vermeiden. Ein weiterer Aspekt der Steuerungsfunktionen ist, dass derzeit alle Codes als Python-2-Programme geschrieben werden müssen. Dies ist eine erhebliche Einschränkung, da Hardwareimplementierungen sehr selten mit Python-Code durchgeführt werden. Die C-Sprache ist am beliebtesten für die Programmierung von Mikrocontrollern und für andere Controller werden spezialisierte Software wie Very High Speed Integrated Circuit Hardware Design Language (VHDL) oder Verilog verwendet. Es würde die Entwicklungszeit für einen Leistungstechniker erheblich reduzieren, wenn der Simulator Steuerungsfunktionen akzeptieren könnte, die in einer dieser Sprachen geschrieben sind.

Der letzte Aspekt der Benutzeroberfläche ist das Plotten von Wellenformen gemessener Ströme, Spannungen und der Steuervariablen in Steuerungsfunktionen. Derzeit werden alle diese Mengen in einem bestimmten Format in eine Ausgabedatei geschrieben. Die erste Spalte enthält die Zeitpunkte, zu denen die Speicherung erfolgt. Die verbleibenden Spalten enthalten die gespeicherten Mengen, wobei der Simulator den Benutzer über die Reihenfolge informiert, in der sie gespeichert werden. Der Benutzer kann diese Größen gegen die Zeit oder auch gegeneinander auftragen, indem er eine beliebige Plot-Software wie Gnuplot verwendet. Gnuplot ist eine ziemlich leistungsfähige Plot-Software und hat auch eine

Reihe von praktischen Funktionen, um kleinere Berechnungen an Mengen durchzuführen, wie das Skalieren um einen Faktor oder das Plotten der Differenz von zwei Spalten. In den meisten Fällen handelt es sich jedoch um eine Befehlszeilensoftware und für einen einfachen Benutzer ist es eine unnötige Komplikation. Da das Ziel fast jeder Simulation darin besteht, Wellenformen zu beobachten, ist das Fehlen einer bequemen Schnittstelle mit dem Simulator ein Nachteil. Es gibt einen Plan, eine bequeme Schnittstelle zu entwerfen, bei der ein Benutzer automatisch die gespeicherten Variablen zu Plots hinzufügen kann, anstatt Benutzerbefehle dazuzugeben. Dies würde die Benutzeroberfläche erheblich vereinfachen.

Nun zu einigen der Nachteile des Kernsimulationsmotors. Eine Frage, die oft gestellt wurde, ist, warum der Simulator von Grund auf entwickelt wurde, wenn es Frameworks gegeben hätte, die als Grundlage hätten verwendet werden können. Ein Beispiel für ein solches Framework ist das Simulation Program with Integrated Circuits Emphasis (SPICE), das in den 1960er und 1970er Jahren an der University of California, Berkeley, entwickelt wurde. Seitdem SPICE eine große Beliebtheit erlangt hat, wurden viele kommerzielle Simulatoren auf der Basis von SPICE entwickelt. Im Gegensatz dazu wurde Python Power Electronics fast durch Versuch und Irrtum entwickelt, wenn der Leser den Blog durchgeht, um die ursprüngliche Entwicklung der Software nachzuvollziehen. Daher war die Entwicklung dieses Simulators größtenteils eine Neuerfindung des Rades. Der Grund dafür war, dass der Simulator aus dem Prozess der Simulation von Schaltungen mit Code entstanden ist. Diese Simulationen erforderten, dass jede Schaltung als Gleichungen modelliert und diese gelöst wurden. Dieser Ansatz ist wahrscheinlich nicht der beste, da er die Konzepte aus der Schaltungstheorie nicht nutzt, die die Grundlage für die Entwicklung von SPICE waren. Die Herangehensweise in Python Power Electronics erfolgte aus der Sicht eines Ingenieurs der Leistungselektronik und mit einem Verständnis für nichtlineare Schaltungen. Wie aus den Kap. 6, 7, und 8 hervorgeht, wurde ein Verständnis von Leistungselektronikschaltungen und die Anwendung grundlegender Netzwerkgesetze verwendet, um den Simulator zu entwickeln. Die Schaltungstheorie verfügt jedoch über eine ganze Reihe fortschrittlicher Konzepte, die zu einer vereinfachten Analyse, schnelleren Berechnungen und einer größeren Stabilität des Simulationsprozesses hätten führen können. Die Nichtnutzung dieser Ressource könnte ein Nachteil des Simulators sein.

Ein weiterer Aspekt des Simulators ist der mathematische Teil, der mit der Lösung von Gleichungen zu tun hat, seien es Differentialgleichungen oder bloße algebraische Gleichungen. Die Methode, die bei der Lösung von Gleichungen verwendet wird, kann einen großen Einfluss auf den Schaltungssimulator haben – Genauigkeit, Stabilität und Rechenlast. Python Power Electronics hat einen weit verbreiteten gewöhnlichen Differentialgleichungslöser (Runge-Kutta-Vierte-Ordnung-Löser) verwendet, der zwar effektiv ist, aber möglicherweise nicht die beste Methode zur Lösung von Differentialgleichungen in der implementierten Art und Weise ist. Die Fortschritte in der Mathematik können genutzt werden, um den Simulator auf verschiedene Weisen zu verbessern. Der Simulator, wie er in diesem Buch vorgestellt wurde und verfügbar ist, nutzt keine fortgeschrittenen mathematischen Techniken. Der Fokus lag darauf, grundlegende Schaltungsgesetze zu modellieren und sicherzustellen, dass sie angemessen verwendet wurden, um Schaltungen zu simulieren. Verbesserungen am Löser werden jedoch sowohl wünschenswert als auch notwendig sein, wenn größere und komplexere Schaltungen simuliert werden.

Schließlich ist der Schaltungssimulator als Software möglicherweise nicht optimal konzipiert. Der Fokus der Software lag auf der Implementierung von Netzwerkgesetzen zur Lösung nichtlinearer Schaltungen. Der Simulator hat sich über einen Zeitraum von Jahren durch ständiges Testen und Modifizieren entwickelt. Die Wirksamkeit des Simulators wurde an seiner Fähigkeit gemessen, nichtlineare Schaltungen zu lösen. Aus der Sicht der Softwareentwicklung gibt es jedoch eine ganze Reihe von Metriken, die nicht eingehalten wurden. Zum Beispiel müsste aus der Sicht der Softwarebewertung festgestellt werden, ob eine Funktion, die eine bestimmte Aufgabe im Simulator ausführt, die minimale Anzahl von Variablen verwendet, die minimale Anzahl von Berechnungen erfordert und den minimalen Speicherplatz nutzt. Darüber hinaus wurden die im Simulator verwendeten Datenstrukturen nicht so entworfen, dass sie die minimale Wiederholung und die maximale Nutzung erreichen. Obwohl einige Datenstrukturen wie LoopMap und KCLBranchMap das Rückgrat des Simulators bilden, gibt es eine Reihe anderer Strukturen, die Informationen über die Schleifen, Zweige und Knoten enthalten. Dies führt zu einer Wiederholung von Daten und einer schlechten Nutzung des Speichers.

Daher könnte Python Power Electronics aus Sicht der Softwareentwicklung in den kommenden Jahren erhebliche Neugestaltungen erfahren. Insbesondere wird die Software so modifiziert, dass sie einer geschichteten Struktur entspricht, bei der die Benutzeroberfläche die äußerste Schicht bildet und der Simulationsmotor den Kern bildet. Der Datenaustausch zwischen diesen beiden muss auf effiziente und minimale Weise gestaltet werden, um das Beste aus Speicher- und Rechenressourcen zu machen. In diesem Zeitalter von Multiprozessorcomputern und paralleler Verarbeitung könnte die effizienteste Nutzung von Rechenressourcen Multithreading und Multitasking erfordern, bei denen mehr als ein Prozess parallel ausgeführt wird. Dies bedarf einer effizienten Planung von Prozessen und den Austausch von Daten zwischen ihnen, um sicherzustellen, dass parallele Prozesse unabhängig sind und Daten an sequenzielle Prozesse liefern, um sicherzustellen, dass die verwendeten Daten nicht veraltet sind. Eine Vielzahl von Änderungen muss eingearbeitet werden, um Python Power Electronics von einem Ingenieurprojekt zu einer professionellen Software zu machen.

9.3 Zukunft des Projekts

Es sollte betont werden, dass Python Power Electronics nicht nur ein Schaltungssimulator ist, sondern ein Werkzeug zur Wissensgenerierung in der Energiebranche. Das Ziel ist es, einen kontinuierlichen Fluss von veröffentlichtem

Material im Bereich der Leistungselektronik und verteilten Systeme zu erzeugen. Die Kombination von Veröffentlichungen mit einer Open-Source-Software und Fallstudien würde zu einer nützlichen Informationsbank für Energieprofis führen, die die Ergebnisse von Fallstudien mit der in Veröffentlichungen präsentierten Theorie und Analyse kombinieren können. Da der Simulator kostenlos und Open Source ist, wird die Lizenzierung kein Anlass zur Sorge sein und bleibt zu hoffen, dass dies zu einer breiteren Nutzung der Software führt, einschließlich in Entwicklungsländern.

In Bezug auf den Simulator als Software werden einige der Verbesserungen, wie sie im vorherigen Abschnitt beschrieben wurden, vorgenommen. Eine grundlegende GUI wird für den Benutzer entworfen, um Schaltpläne und Parameter auszuwählen, Schnittstellen für Steuerungsfunktionen zu entwerfen und Plots von Wellenformen zu Variablen anzuzeigen, die in der Ausgabedatei gespeichert sind. Der Simulator wurde derzeit mit Python 2 entwickelt. Python 3 ist jedoch mittlerweile recht gut etabliert. Die Kompatibilität mit neueren Versionen von Python ist unerlässlich, um sicherzustellen, dass die neuesten Betriebssysteme, auf denen Python 3 standardmäßig installiert ist, weiterhin ohne die Installation von Legacy-Software verwendet werden können. Die Software wird umgestaltet, um das Speichermanagement zu verbessern und der Code wird effizienter sein. Multithreading zur Erhöhung der Ausführungsgeschwindigkeit wird implementiert. In Bezug auf den Kernsimulationsmotor wird die Forschung zu fortgeschrittenen Netzwerkanalysetechniken durchgeführt, die die Schaltungsanalyse potenziell vereinfachen und stabiler machen könnten. Hinsichtlich der numerischen Lösung von Gleichungen werden fortschrittliche Solver implementiert, um die Stabilität zu verbessern.

Da der Fokus des Simulators darauf liegt, verteilte Systeme simulieren zu können, wird ein großer Teil der Implementierung auf Steuerungsalgorithmen ausgerichtet sein. Als Beispiel könnte in einem Mikronetz mit mehreren Stromwandlern die geschlossene Regelungsleistung eines Stromwandlers einen großen Einfluss auf den Betrieb eines anderen Stromwandlers haben. Wie im Buch erklärt, verfügt der Simulator über eine äußerst vielseitige Steuerungsschnittstelle zur Implementierung von Steuerungsalgorithmen mit einer Genauigkeit, die einer Hardwareimplementierung entspricht. Diese Funktion wird verwendet, um die Stabilität und Leistung von verteilten Systemen zu untersuchen, was angesichts der ständig steigenden Anforderungen an die Stromqualität ein Anliegen ist. Zum Beispiel könnte ein Industriestromsystem, das für eine Reihe von Maschinen konzipiert wurde, unzureichend werden, wenn die Maschinen nachgerüstet werden, um ihre Leistung zu verbessern.

Ein Schwerpunkt des Projekts liegt auf erneuerbaren Energien in Stromsystemen. Um die Stromqualitätsprobleme zu adressieren, die von den Versorgungsunternehmen aufgeworfen werden, wird der Simulator verwendet, um detaillierte Modelle des Stromsystems mit erneuerbaren Energieerzeugern zu simulieren. Um jeden transienten Vorgang zu untersuchen, wird der Simulator jede Steuerschleife modellieren, die mit diesen erneuerbaren Energieerzeugern und ihren zugehörigen Stromwandlern verbunden ist. Darüber hinaus werden detaillierte Modelle des Stromsystems und der zugehörigen Versorgungsausrüstung entwickelt, um die Reaktion des Stromsystems auf erneuerbare Energieerzeuger zu untersuchen. Ziel dieser Studien ist es, Verbindungsprobleme im Zusammenhang mit erneuerbaren Energien zu untersuchen und praktikable Lösungen zu entwerfen, um einen zuverlässigen Betrieb des Stromsystems zu gewährleisten.

Das Verständnis von elektrischen Maschinen ist für die Untersuchung von Energiesystemen unerlässlich. Diese elektrischen Maschinen werden Stromsystemausrüstungen wie Transformatoren und Spannungsregler sein oder industrielle Maschinen wie Motoren und Generatoren. Wie bereits erwähnt, wurde die Leistung von Maschinen durch Verbesserungen in ihrem Entwurf und durch die Verwendung von Stromwandlern als Schnittstellen erheblich verbessert. Die Verbesserung der Leistung geht jedoch mit einer größeren Sensibilität und einer strengeren Regulierung der an diese Maschinen gelieferten Energie einher. Die Konstruktion von Einrichtungen zur Spannungsstabilisierung zur Verhinderung von Betriebsstörungen der Maschinen wird extrem detaillierte Simulationen erfordern.

Dieses Buch wurde für Elektroingenieure geschrieben und erfordert ein höheres Hintergrundwissen als das eines Hochschulabsolventen, um die Konzepte der Schaltungssimulation vollständig zu verstehen. Es wurde jedoch jede Anstrengung unternommen, Konzepte visuell und mit Beispielen anstatt mit detaillierter mathematischer Analyse darzustellen. Dieses Buch würde daher eine eher schwache akademische Arbeit darstellen. Das Ziel dieses Buches ist es, Ingenieure unabhängig in die Details der Schaltungssimulation einzuführen und dient nicht als Begleitung zu einem Universitätskurs. Obwohl das Buch keine leichte Lektüre ist, benötigt man keine Vorlesungen und Tutorials, um es vollständig zu verstehen. In ähnlicher Weise werden alle Veröffentlichungen, die mit dem Schaltungssimulator erstellt werden, so weit wie möglich verallgemeinert, um ein größeres Publikum von Energieprofis zu erreichen. Wie bereits erwähnt, ist das vollständige Ziel dieses Projekts die Erzeugung eines kontinuierlichen Informationsflusses im Zusammenhang mit der Energiebranche. Wir hoffen, dass dieses Projekt auch für praktizierende Ingenieure von Nutzen sein wird, die nicht die Zeit haben, die in der Wissenschaft gemachten Fortschritte vollständig zu verfolgen.

Literatur

1. Lutz, M. 2009.*Learning python*, Bd. 4. Limited: Shroff Publishers and Distributors Pvt.
2. Kaura, V., und V. Blasko. 1997. Operation of a phase locked loop system under distorted utility conditions.*IEEE Transactions on Industry Applications*33(1):58–63.
3. Ghosh, A., und A. Joshi. 2000. A new approach to load balancing and power factor correction in power distribution system.*IEEE Transactions on Power Delivery*15(1):417–422.
4. Kazmierkowski, M.P., und L. Malesani. 1998. Current control techniques for three-phase voltage-source pwm converters: a survey.*IEEE Transactions on Industrial Electronics*45(5):691–703.
5. Mohan, N., T.M. Undeland, and W.P. Robbins. 2002.*Power electronics: converters, applications, and design*, Bd. 3. New York: Wiley.
6. Valkenburg, M.E.V. 1974.*Network analysis*, Bd. 3. Prentice Hall College Div.

S. Iyer, *Simulation nichtlinearer Schaltungen in der Leistungselektronik mit Python*, https://doi.org/10.1007/978-3-031-58981-2

MIX
Papier aus verantwortungsvollen Quellen
Paper from responsible sources
FSC® C105338

If you have any concerns about our products,
you can contact us on
ProductSafety@springernature.com

In case Publisher is established outside the EU,
the EU authorized representative is:
Springer Nature Customer Service Center GmbH
Europaplatz 3, 69115 Heidelberg, Germany

Printed by Libri Plureos GmbH
in Hamburg, Germany